AF231943

li

# TRAITÉ
# D'ALGÈBRE ÉLÉMENTAIRE

CORBEIL. — Typ. et stér. de CRÉTÉ FILS.

# TRAITÉ
# D'ALGÈBRE ÉLÉMENTAIRE

A L'USAGE

## DES CANDIDATS AU BACCALAURÉAT ÈS SCIENCES

ET AUX ÉCOLES DU GOUVERNEMENT

PAR

## M. E. LAUVERNAY

ANCIEN ÉLÈVE DE L'ÉCOLE NORMALE, AGRÉGÉ DE L'UNIVERSITÉ
PROFESSEUR AU LYCÉE D'AMIENS

**Avec figures dans le texte**

# PARIS

## G. MASSON, ÉDITEUR

LIBRAIRE DE L'ACADÉMIE DE MÉDECINE

BOULEVARD SAINT-GERMAIN, EN FACE L'ÉCOLE DE MÉDECINE

M DCCC LXXVII

# PRÉFACE

Ce *Traité d'Algèbre*, destiné aux candidats au bacca-
lauréat ès sciences et aux Écoles navale, forestière et
de Saint-Cyr, est le fruit de conférences faites à l'École
normale supérieure en 1866 par M. Hermite. L'auteur
s'est surtout attaché à mettre en pratique cette définition d'un savant géomètre, que *l'Algèbre est la science de
l'ordre*.

L'ouvrage est divisé en quatre parties.

Dans la première, qui a rapport au calcul algébrique, les quantités dites positives et négatives sont introduites dès le début.

La seconde partie traite de la résolution des équations
et des inégalités du premier et du second degré ; elle
comprend en outre la discussion complète des systèmes
d'équations du premier degré à deux et trois inconnues :
discussion indispensable pour les élèves de la classe de
mathématiques élémentaires qui désirent poursuivre
l'étude des sciences mathématiques.

La troisième partie est l'application des propriétés de l'équation du second degré à l'étude des variations du trinôme, à la résolution des inégalités et à la recherche des maxima et minima dont les propriétés sont rattachées à la véritable doctrine dont ces valeurs remarquables dépendent.

La quatrième partie traite des logarithmes et de leurs applications.

E. LAUVERNAY.

Amiens, *juillet* 1876.

# TRAITÉ

# D'ALGÈBRE ÉLÉMENTAIRE

## PREMIÈRE PARTIE
### CALCUL ALGÉBRIQUE

## CHAPITRE 1
### CALCUL DES EXPRESSIONS ENTIÈRES

#### § 1. — Notions préliminaires.

**But de l'Algèbre.** — *L'algèbre est la science de la généralisation.* Dans le but de généraliser on étend à toutes les grandeurs possibles les définitions des opérations de l'arithmétique, de sorte qu'en algèbre, on ne fait qu'indiquer les opérations à exécuter sur les grandeurs, de manière à découvrir les formules générales propres à la solution de tous les problèmes d'un même genre.

Pour arriver à ces formules, on doit procéder avec beaucoup d'ordre pour reconnaître les lois de leur formation; c'est pourquoi l'algèbre a été appelée quelquefois la *Science de l'ordre.*

**Emploi des lettres et des signes.** — Les grandeurs, devant conserver ce caractère de généralité, sont représentées par des *lettres,* et les opérations à effectuer sur celles-ci sont indiquées par des *signes.* Les lettres employées sont généralement $a$, $b$, $c$, $d$... pour les données de la question à résoudre, et $x$, $y$, $z$, $u$ pour les inconnues; souvent, lorsque les grandeurs présentent entre elles quelque analogie, on les désigne par la même lettre accentuée une ou plusieurs fois ; exemple : $a'$, $a''$, $a'''$, ce qu'on énonce ainsi : *a prime, a seconde, a tierce*, etc. ; ou encore par la même lettre au bas de laquelle on inscrit en caractères plus petits les nombres 1, 2, 3... qui portent dans ce cas le nom d'*indices*. Ex. : $a_1$, $a_2$, $a_3$, ce qui s'énonce : *a indice un, a indice deux*, etc.

Les signes des opérations sont ceux de l'arithmétique, savoir :

$+$ signe de l'addition, on le nomme *plus ;*

$-$ signe de la soustraction, on le nomme *moins ;*

$\times$ ou . signe de la multiplication, on l'appelle *multiplié par*. Ainsi $a \times b$ ou $a \cdot b$ indique que $a$ est multiplié par $b$. Souvent on omet d'écrire l'un de ces deux signes, et on écrit simplement ces deux facteurs l'un à la suite de l'autre, sans les séparer par quoi que ce soit ; ainsi $ab$. Cette simplification d'écriture doit être rejetée lorsqu'on est en présence de deux facteurs numériques ; car elle conduirait à confondre, par exemple, $4 \times 8$ ou 32 avec le nombre 48.

Lorsque les facteurs sont représentés par la somme ou la différence de deux ou plusieurs quantités, on indique leur produit en les écrivant l'un à la suite de l'autre et mettant chacun entre deux parenthèses. Par exemple, l'écriture :

$$(a + b)(c - d)$$

indique qu'il faut multiplier la somme des quantités $a$ et $b$ par la différence entre les quantités $c$ et $d$.

: ces deux points entre deux grandeurs signifient *divisé par ;* on écrit aussi les deux grandeurs l'une au-dessous de l'autre pour indiquer la division de la première par la seconde, en les séparant par un trait horizontal. Ainsi les écritures

$$a : b, \quad \frac{a}{b}$$

indiquent le quotient de la division de $a$ par $b$.

$a^n$ représente le produit de $n$ facteurs égaux à $a$, ou la puissance $n^{\text{ième}}$ de $a$, et la lettre $n$ porte le nom d'*exposant* ou d'*indice de la puissance*.

$\sqrt[n]{a}$ indique la racine $n^{\text{ième}}$ de $a$, c'est-à-dire la quantité qui, élevée à la puissance $n$, reproduit $a$; ici le nombre $n$ prend le nom d'*indice de la racine*.

$=$ ce signe entre deux grandeurs en indique l'égalité; on le nomme *égal*.

$>$ s'énonce *plus grand que*, et indique que la quantité placée à gauche de ce signe est supérieure à celle de droite. S'il peut y avoir égalité, on l'indique par le signe $\geqslant$; ainsi $a \geqslant b$, signifie que $a$ est supérieur ou égal à $b$.

$<$ s'énonce *plus petit que*, et indique au contraire que la quantité placée à gauche de ce signe est inférieure à celle qui est à droite. S'il peut y avoir égalité, on l'indique par le signe $\leqslant$; ainsi $a \leqslant b$, signifie que $a$ est inférieur ou égal à $b$.

$\gtrless$ indique que les quantités placées de part et d'autre ne peuvent être égales entre elles et s'énonce *différent de*, ou encore *plus grand ou plus petit que*; ainsi $a \gtrless b$ se lit $a$ différent de $b$.

*Définition des quantités positives et des quantités négatives.* — La représentation algébrique d'une grandeur par une lettre isolée n'est pas généralement suffisante : en effet, *certaines grandeurs concrètes peuvent présenter deux états opposés directement l'un à l'autre dans leur formation, c'est-à-dire, qui sont engendrées par un même élément pouvant figurer en deux sens opposés.*

Ainsi l'état de la caisse d'un négociant présente soit un *actif*, soit un *passif*, la première expression indiquant que les recettes surpassent les dépenses, la seconde que les recettes sont surpassées par les dépenses; dans ces deux cas, le même élément, savoir la différence, figure donc soit à l'actif, soit au passif. De même, dans les opérations de nivellement, la même cote peut figurer dans deux sens opposés, selon que les points correspondants à cette cote sont situés au-dessus ou au-dessous du niveau de la mer.

Il faut donc, en algèbre, que l'on puisse reconnaître d'après des signes particuliers, quel est celui de ces deux états opposés l'un à l'autre qui figure dans les écritures. En outre, en vue de la généralisation, ces signes doivent être indépendants de l'espèce de la grandeur en question ; à cet effet, ces deux états d'une même grandeur, pourvu qu'ils soient opposés, seront constamment traduits par les expressions : *positif* et *négatif*. Ainsi le caractère distinctif de la quantité algébrique est que si on la regarde comme *positive*, lorsque la grandeur qu'elle représente résulte d'un certain mode de formation, elle sera regardée comme *négative*, lorsque celle-ci résultera du mode de formation directement contraire au premier ; ces deux modes de formation n'étant constitués que par les deux opérations inverses : l'addition et la soustraction. Il faut remarquer que dans cette définition des quantités positive et négative, il n'y a d'arbitraire que le but qu'on s'est proposé : la généralisation.

Enfin, les signes déjà adoptés pour représenter les opérations d'addition et de soustraction sont les seuls propres à spécifier ces deux sens opposés de formation, puisque ces deux modes d'une même grandeur ne résultent que des opérations d'addition et de soustraction.

**Définition.** — Une quantité est dite *algébrique* lorsqu'elle est précédée du signe $+$ ou du signe $-$ : dans le premier cas elle est appelée *positive*, et dans le second *négative*, et $+$ ou $-$ sont ce qu'on appelle les *signes* de la quantité. Par conséquent, en algèbre, l'appellation du signe d'une grandeur ne s'applique qu'à l'un des deux signes $+$ ou $-$, et non à tout autre signe de l'arithmétique.

Ex. : $+\, 6$, $-\, 5a^2$ sont des quantités algébriques, tandis que $6$, $a^2$ sont des grandeurs arithmétiques.

On appelle *valeur absolue* d'une quantité algébrique, le nombre ou la lettre représentant la valeur numérique dont cette quantité est formée, indépendamment du signe qui la précède.

Il arrivera souvent qu'une grandeur figurera dans un calcul algébrique sans être précédée du signe $+$ ou $-$ : l'usage a consacré la convention suivante de la regarder comme positive. De même, si une grandeur n'est susceptible que d'un seul sens de formation, comme on est forcé de la représenter algébriquement, on lui donne un seul des signes $+$ ou $-$, et c'est généralement le signe $+$.

REMARQUE I. — Si, plus tard, dans un problème, l'algèbre fournit une solution représentée par une quantité négative, on devra examiner si la grandeur en question est susceptible de deux sens de formation opposés : si oui, la solution sera admise; si non, elle sera rejetée, et elle indiquera générale-ment que l'énoncé était mal posé; de même, si on trouve une solution positive, lorsque la grandeur ne peut être interprétée que négativement, on rejettera cette solution; car, quoique la distinction des grandeurs en positives et négatives soit forcée, il reste à la convenance du calculateur de regarder comme positives les grandeurs formées dans le sens qu'il voudra, pourvu qu'il regarde celles formées en sens contraire comme négatives.

Pour éviter toute discussion à ce sujet, il convient, dès que l'on traduit algébriquement un problème, d'examiner si les grandeurs de la question sont susceptibles de deux sens de formation opposés, et dans ce cas de définir quel est le sens que l'on considère comme positif; par suite le sens contraire est regardé comme négatif.

REMARQUE II. — Il résulte des définitions précédentes que si une grandeur susceptible de deux sens de formation op-posés est d'abord positive et qu'elle décroisse d'une manière continue, elle sera nulle à un certain moment, ce que l'on traduit ainsi :
$$+ a > 0.$$
et, par opposition :
$$- a < 0;$$
par suite
$$- a < 0 < + a,$$

$a$ étant toujours une grandeur arithmétique; par conséquent toute grandeur négative est moindre qu'une grandeur positive quelconque.

En particulier, la suite des nombres considérés algébrique-ment, c'est-à-dire avec des signes, sera par ordre de grandeur croissante :
$$- 100, - 99, \dots - 3, - 2, - 1, \mp 0 \text{ ou } 0, + 1, + 2, - 3, \dots + 10.$$

**Classification des formules.** — On nomme *formule* un ensemble de quantités algébriques réunies par les signes de l'algèbre. On les divise en deux groupes : les formules dites *rationnelles*, lorsqu'il n'y entre aucun signe d'extraction de racines, et celles dites *irrationnelles*, lorsque, au contraire, il y entre un ou plusieurs radicaux. Ainsi : $\dfrac{a^3 b - b^2 c^2}{a - b}$ est une expression rationnelle, et $\sqrt[3]{(a^3 - b^3)\,c} - \sqrt[2]{a}$ est une expression irrationnelle.

Ces deux groupes se subdivisent chacun en deux autres : selon que le signe de la division y figure ou non, l'expression est appelée *fractionnaire* ou *entière*. Ex. : $7a^3 b - 4abc$ est une expression entière, et $\dfrac{a^3 - b^3}{a^2 + ab - b^2}$ une expression fractionnaire.

On appelle *monôme* ou *terme* toute expression ne renfermant aucune indication d'addition ni de soustraction. Ainsi

$$-7a^3 b^4, \qquad +15a^2 \sqrt{\dfrac{b}{c}}$$

sont des monômes.

Cette définition n'exclut point le signe $+$ ou le signe $-$ en avant de ces quantités, puisque le monôme est une quantité algébrique, par conséquent susceptible d'être positif ou négatif.

Dans tout monôme, il y a à distinguer trois éléments : 1° *son signe;* 2° le facteur numérique indiquant combien de fois doit être répété le produit ou le quotient formé par la partie littérale : ce facteur est appelé *coefficient;* 3° cette *partie littérale...* Quand un monôme ne possède pas de coefficient ou lorsqu'une lettre n'est pas affectée d'un exposant, on doit regarder le monôme comme ayant le coefficient 1 et la lettre l'exposant 1. Dans tout ce qui suit, on suppose les monômes entiers.

On appelle *degré d'un monôme par rapport à une lettre* l'exposant dont cette lettre est affectée dans le monôme, et *degré du monôme* la somme des exposants de toutes les lettres qui y entrent. Ex. : $+ 7a^3b^4c$ est du degré 3 par rapport à la lettre $a$, et son degré est 8.

On appelle *polynôme* l'expression formée en écrivant plusieurs monômes les uns à la suite des autres ; en particulier, on dit *binôme*, *trinôme*, si le polynôme est composé de deux, trois termes. Ainsi

$$3a^2x^4 - 5a^3x^2 + 48a^5$$

est un trinôme dont les termes sont :

$$+ 3a^2x^4, \quad - 5a^3x^2, \quad + 48a^5.$$

Le *degré d'un polynôme par rapport à une lettre* est le plus grand des exposants dont cette lettre est affectée ; le polynôme précédent est du degré 5 par rapport à $a$.

Un polynôme est dit *homogène*, lorsque tous ses termes sont du même degré ; ce degré est appelé *degré d'homogénéité* du polynôme. Ex. :

$$3a^4b^2c - 15a^3b^3c + 12a^2b^2c^3 - 2ab^2d^4$$

est un polynôme homogène de degré 7 ; tandis qu'il est du degré 4 par rapport à la lettre $a$, du degré 3 par rapport à $b$ et à $c$.

Un polynôme est dit *ordonné* par rapport à une lettre, lorsque ses termes se succèdent de manière que les exposants de cette lettre aillent constamment en croissant ou en décroissant. Le polynôme

$$14a^5 - 27a^3b + 21a^2b^2c - 15ab^4 + 2b^3c.$$

lu de gauche à droite, est ordonné par rapport aux puissances décroissantes de la lettre $a$ ; il en résulte que lu de droite à gauche, ou écrit en sens inverse, il constituera un polynôme ordonné par rapport aux puissances croissantes de cette même lettre.

La *valeur numérique* d'une expression algébrique est le nombre positif ou négatif que l'on obtient, lorsque, ayant remplacé les lettres par leurs valeurs numériques, on a effectué les opérations indiquées ; nous verrons plus loin comment on doit diriger les calculs.

Deux expressions renfermant les mêmes lettres sont *équivalentes,* si elles prennent des valeurs toujours égales entre elles, quelles que soient les valeurs particulières attribuées à toutes les lettres.

Telles sont les deux expressions :

$$a^3 - b^3, \qquad (a - b)(a^2 + ab + b^2).$$

On peut donc écrire qu'elles sont égales. Toute *égalité* entre deux expressions équivalentes s'appelle *identité.*

On appelle encore *identité* toute égalité évidente d'elle-même. Ex. :

$$7 = 7, \qquad a^2 + b^2 = a^2 + b^2.$$

Les deux expressions placées de part et d'autre du signe $=$ s'appellent *membres* de l'identité. Ces deux expressions qui peuvent être substituées l'une à l'autre sont appelées *équivalentes.*

Principe. — *On a le droit de changer les signes de tous les termes d'une identité sans que celle-ci cesse d'exister.*

**Réduction des termes semblables.** — On appelle *termes semblables* les termes composés des mêmes lettres affectées des mêmes exposants ; ils ne peuvent donc différer que par le signe ou le coefficient. Ex. :

$$-7a^3b^4c^2, \qquad -15a^3b^4c^2, \qquad +20a^3b^4c^2.$$

Si dans un polynôme il existe des termes semblables, celui-ci est susceptible d'une simplification appelée *réduction des termes semblables,* reposant sur la règle suivante :

*Si deux termes semblables ont le* MÊME SIGNE, *on les remplace par un seul de même signe dont le coefficient est égal à la* SOMME ARITHMÉTIQUE *des coefficients de ces deux termes; et si deux termes semblables ont des* SIGNES CONTRAIRES, *on les remplace par un seul de même signe que celui du terme possédant le plus grand coefficient, et dont le coefficient est égal à la* DIFFÉRENCE ARITHMÉTIQUE *des coefficients de ceux-ci : dans les deux cas, la partie littérale est identique à celle des termes en question.*

En effet, on a identiquement :

$$+5 + 3 = +8, \quad \text{et} \quad +5 - 3 = +2$$

et en changeant les signes des deux membres

$$-5 - 3 = -8, \quad -5 + 3 = -2 ;$$

donc :

$$+5a^2b^4 + 3a^2b^4 = +8a^2b^4.$$
$$-5a^2b^4 - 3a^2b^4 = -8a^2b^4.$$
$$+5a^2b^4 - 3a^2b^4 = +2a^2b^4.$$
$$-5a^2b^4 + 3a^2b^4 = -2a^2b^4.$$

De la règle précédente, il résulte que pour calculer la valeur numérique d'un polynôme, il suffit de *calculer la valeur absolue de chaque terme, puis de retrancher les deux sommes des termes de même signe l'une de l'autre en donnant au résultat le signe de la plus grande de ces deux sommes.* Ainsi, soit

$$+15 - 18 + 14 + 7 - 23$$

la suite des termes d'un polynôme après le calcul numérique de ceux-ci ; la valeur numérique du polynôme reste évidemment la même, si on change l'ordre de ses termes ; elle est donc égale à :

$$+15 + 14 + 7 - 18 - 23 \quad \text{ou} \quad +36 - 41 = -5.$$

Dans le calcul de la valeur numérique de chaque terme, on a supposé que l'on remplaçait les lettres par des valeurs arithmétiques ; après les opérations algébriques, on examinera le cas général.

## § 2. — Addition et soustraction algébriques.

Toute transformation d'une expression algébrique en une autre équivalente est appelée *opération algébrique ;* l'égalité de ces deux expressions constitue donc, d'après ce qui a été dit page 8, une *identité.*

**Définition de l'addition et de la soustraction algébriques.** — *Ajouter* une quantité à une autre, c'est la faire figurer à la suite de celle-ci avec *son signe.*

*Soustraire* une quantité d'une autre, c'est la faire figurer à la suite de celle-ci avec le *signe contraire* de celui qu'elle possède.

On a donc, par définition, les identités suivantes :

$$A + (+ B) = A + B,$$
$$A + (- B) = A - B,$$
$$A - (+ B) = A - B,$$
$$A - (- B) = A + B.$$

Les signes placés devant les parenthèses indiquent les opérations.

**Règle d'addition et de soustraction des polynômes.** — *Pour ajouter à une quantité* A *un polynôme* P, *on écrit à la suite de* A *les différents termes de ce polynôme avec leurs signes respectifs ; et pour soustraire de* A *le polynôme* P, *on écrit à la suite de* A *les différents termes de ce polynôme en changeant les signes de chacun d'eux.*

En effet, en vertu de cet axiome, que pour faire l'addition de deux quantités ou la soustraction d'une quantité d'une autre, on peut décomposer la première en plusieurs parties et ajouter ou soustraire successivement chacune de ces parties, si on considère les monômes constituant le polynôme P comme ses différentes parties, il faudra, dans la somme de P à A, à la suite de A, écrire ces monômes avec leurs signes respectifs, et dans la soustraction de P, écrire à la suite de A les monômes de P, chacun avec le signe contraire de celui qu'il possède. Soit

$$P = + a - b + c + d - e,$$

on a :

$$A + (+ a - b + c + d - e) = A + a - b + c + d - e,$$

et

$$A - (+ a - b + c + d - e) = A - a + b - c - d + e.$$

Remarque. — Les deux égalités précédentes lues en sens inverse montrent que si dans un polynôme, on veut écrire une partie de ses termes entre parenthèses, il suffira d'écrire ceux-ci avec leurs signes, ou avec le signe contraire, selon que l'on fera précéder la parenthèse du signe + ou du signe —.

Dans la pratique, en vue de la réduction des termes semblables, on écrit les polynômes les uns au-dessous des autres, de manière que les termes semblables se correspondent dans les mêmes colonnes verticales.

EXEMPLES. — *Effectuer l'addition des trois polynômes :*

$$+ 5a^2b - 4a^3b^2 + 7ab^2c, \quad - 3a^3b^2 + 15a^2b - 18ab^3c^2,$$
$$17ab^3c^2 - 2ab^2c - 7a^2b.$$

On les écrira ainsi en intervertissant l'ordre des termes :

$$+ \ 5a^2b - 4a^3b^2 + 7ab^2c,$$
$$+ 15a^2b - 3a^3b^2 \qquad\qquad - 18ab^3c^2,$$
$$- \ 7a^2b \qquad\qquad - 2ab^2c \ + 17ab^3c^2.$$

Leur somme est le polynôme

$$13a^2b - 7a^3b^2 + 5ab^2c - ab^3c^2.$$

*Soustraire le polynôme* $15a^2b - 3a^3b^2 + 5ab^2c - ab^3c^2$ *du polynôme* $13a^3b^2 + 7a^2b - 18ab^3 + 7ab^3c^2 + ab^2c$. On écrit au-dessous de celui-ci le premier polynôme en changeant les signes de chacun de ses termes, ce qui donne le tableau suivant :

$$+ 13a^3b^2 + \ 7a^2b - 18ab^3 + 7ab^3c^2 + \ ab^2c$$
$$+ \ 3a^3b^2 - 15a^2b \qquad\qquad + \ ab^3c^2 - 5ab^2c$$

et après réduction $\quad + 16a^3b^2 - \ 8a^2b - 18ab^3 + 8ab^3c^2 - 4ab^2c$

### § 3. — **Multiplication algébrique.**

**Définitions.** — *Multiplier* deux quantités entre elles, c'est les écrire l'une à la suite de l'autre en les séparant par le signe de la multiplication ; l'expression ainsi obtenue s'appelle *produit*, et les deux quantités s'appellent *facteurs*.

Ainsi le produit des deux expressions P et Q est représenté par l'une des écritures :

$$(P)\,(Q), \quad P \times Q, \quad P\,.\,Q \quad \text{ou} \quad PQ.$$

En particulier, d'après le sens attaché aux grandeurs positives et négatives, multiplier la quantité P par $(+ 1)$, c'est la faire figurer *dans le sens où elle est portée* une fois, et multiplier P par $(- 1)$, c'est la faire figurer une fois *dans le sens contraire de celui indiqué par son signe*.

Il résulte de là le principe suivant, qui permettra de simplier l'écriture P. Q lorsque les signes de P et de Q sont mis en évidence.

PRINCIPE. — *Si dans un produit de deux facteurs, l'un des facteurs change de signe, le produit change de signe*.

On distingue trois cas.

1° L'un des facteurs est un monôme positif réduit à son coefficient.

Soit à multiplier P par $+ 7$ ; puisque

$$+ 7 = + 1 + 1 + 1 + 1 + 1 + 1 + 1,$$

pour faire le produit, il faut faire figurer l'une à la suite de l'autre *sept* grandeurs égales à P *dans le même sens que l'indique le signe de* P ; par conséquent, si P est positif, le résultat sera positif et représenté en valeur absolue ; si on suppose

$$P = + A. \text{ par } 7A.$$

on a donc

$$(+ A) + 7 = + 7A.$$

Si P est négatif, le résultat sera négatif et représenté encore par 7A en valeur absolue. Si on a posé $P = - A$, pour mettre le signe de P en évidence, on a donc :

$$(- A) + 7 = - 7A.$$

2° L'un des facteurs est un monôme négatif réduit à son coefficient.

Soit à multiplier P par $- 7$ ; puisque

$$- 7 = - 1 - 1 - 1 - 1 - 1 - 1 - 1,$$

pour faire ce produit, il faut faire figurer l'une à la suite de l'autre *sept* grandeurs égales à P et *en sens contraire de celui indiqué par le signe de* P ; par conséquent, si P est positif, le résultat sera négatif, et représenté en valeur absolue, si on suppose

$$P = + A, \text{ par } 7A :$$

on a donc

$$(+ A)(- 7) = - 7A.$$

Si P est négatif, le résultat sera positif et représenté encore par 7A en valeur absolue, si on pose

$$P = - A.$$

on a donc

$$(- A)(- 7) = + 7A.$$

3° Les deux facteurs sont quelconques. Considérons les deux expressions

$$(P)(+ Q), \qquad (P)(- Q)$$

et remplaçons dans Q les lettres qui y entrent par des valeurs quelconques ; $+ Q$ et $- Q$ prendront des valeurs égales et de signes contraires, par ex. : $+ 7$ et $- 7$, ou $- 7$ et $+ 7$ ; or les deux expressions précédentes prennent, d'après les deux premiers cas, des valeurs égales et de signes contraires, quel que soit le signe de P ; donc les deux-produits $P (+ Q)$, $P (- Q)$ sont toujours égaux et de signes contraires, c'est-à-dire qu'on a l'identité :

$$P (- Q) = - P (+ Q) = - (PQ).$$

Ainsi, dans un produit de deux facteurs, si on change le signe de l'un des facteurs, pour ne rien altérer, il faut changer le signe du produit. D'ailleurs, si P est positif $(= + A)$, le produit est de même signe que le second facteur, c'est-à-dire que l'on a les identités :

$$(+ P)(+ Q) = + PQ,$$
$$(+ P)(- Q) = - PQ$$

d'après les deux premiers cas.

Et si P est négatif, égal à $- A$, on a d'après les deux mêmes cas :

$$(- A)(+ Q) = - AQ,$$
$$(- A)(- Q) = + AQ;$$

Il en résulte la règle des signes suivante :

Corollaire. — Le produit de deux facteurs est *positif*, si les deux facteurs sont de *même signe*, et est *négatif*, si les deux facteurs sont de *signes contraires*, ce que l'on traduit ainsi d'une manière abrégée :

$$+ \text{ par } + \text{ donne } +$$
$$+ \text{ par } - \text{ donne } -$$
$$- \text{ par } - \text{ donne } +$$
$$- \text{ par } + \text{ donne } -$$

Dans le cas où les expressions P et Q renferment une ou plusieurs lettres communes, le produit PQ peut être mis sous une autre forme qu'on appelle *produit effectué*. La recherche de cette forme équivalente comprend trois cas.

**Premier cas.** — *Les deux facteurs sont des monômes.*

Règle. — *Après avoir appliqué la règle des signes, on fait le produit des deux coefficients, et on écrit à la suite les lettres qui entrent dans les deux monômes en affectant chacune d'un exposant égal à la somme des exposants que cette lettre possède dans les monômes.*

En effet, soient

$$P = 7a^2b^3c^4d^2. \qquad Q = 12a^4b^2c^3.$$

on a identiquement, en intervertissant l'ordre des facteurs :

$$P \cdot Q = 7a^2b^3c^4d^2 \cdot 12a^4b^2c^3 = 7 \cdot 12a^2a^4b^3b^2c^4c^3d^2$$

ou

$$PQ = 84a^6b^5c^7d^2$$

en appliquant la règle de la multiplication de deux puissances d'un même nombre, démontrée en arithmétique.

Remarque. — Le degré du monôme produit est égal à la somme des degrés des monômes facteurs.

On doit suivre évidemment la même règle pour former le produit de plusieurs monômes. Ex. :

$$(+ 5a^4b^2x)(- 7a^3b^4x^2)(+ 8a^4d^2x^3)(- 17a^3d^5x) = + 4760a^{14}b^6d^7x^7.$$

**Puissance** $n^{ième}$ **d'un monôme.** — La $n^{ième}$ puissance d'une quantité est le produit de $n$ facteurs égaux à cette quantité.

Il résulte de la règle précédente que :

$$(+ 5a^4b^2c)^n = + 5^n a^{4n} b^{2n} c^n.$$

Si le monôme est négatif, sa puissance $n^{ième}$ a le signe $+$ ou le signe $-$ selon que $n$ est pair ou impair; car d'après la règle des signes on a

$$(- A)^2 = (- A)(- A) = + A^2$$
$$(- A)^3 = (- A)^2(- A) = (+ A^2)(- A) = - A^3.$$
$$(- A)^4 = (- A)^3(- A) = (- A^3)(- A) = + A^4,$$
$$(- A)^5 = (- A)^4(- A) = (+ A^4)(- A) = - A^5, \text{ etc.}$$

**Deuxième cas.** — *L'un des facteurs est polynôme, l'autre monôme.*

Règle. — *On multiplie chacun des termes du polynôme par le monôme, en appliquant les règles concernant le produit de deux monômes, et on écrit les différents produits partiels les uns à la suite des autres avec les signes respectifs obtenus.*

En effet, d'après ce principe, qui est la généralisation de celui de l'arithmétique, que si le multiplicande est la somme algébrique de plusieurs quantités, son produit par le multiplicateur est la somme algébrique des produits partiels de chaque terme du multiplicande par le multiplicateur, on aura l'identité :

$$(+ A + B - C + D - E) Q = + AQ + BQ - CQ + DQ - EQ.$$

Ex. : 1° Multiplier $5a^3b^3c^2 - 6a^4b^2c^5 + 7a^4b^5c^6 - 3a^5b^4c^3$ par $+ abc$, on a

$$(5a^3b^3c^2 - 6a^4b^2c^5 + 7a^4b^5c^6 - 3a^5b^4c^3)(abc) = 5a^4b^4c^3 - 6a^5b^3c^6$$
$$+ 7a^5b^6c^7 - 3a^6b^5c^4.$$

2° Multiplier $7a^3 - 5a^2b + 6ab^2 - 2b^3$ par $- 4ab^2c$, on a

$$(7a^3 - 5a^2b + 6ab^2 - 2b^3)(- 4ab^2c) = - 28a^4b^2c + 20a^3b^3c$$
$$- 24a^2b^4c + 8ab^5c.$$

Remarque. — Si un polynôme est homogène, son produit par un monôme est homogène, et a pour degré d'homogénéité la somme des degrés du monôme et du polynôme facteur.

Ainsi, dans le second exemple, le multiplicande est homogène et du degré 3, son produit par $- 4ab^2c$ est homogène et du degré $7 = 4 + 3$.

**Troisième cas.** — *Les deux facteurs sont polynômes.*

RÈGLE. — *Pour multiplier deux polynômes entre eux, on multiplie chacun des termes de l'un d'eux, successivement par chacun des termes de l'autre, en appliquant la règle de multiplication des monômes, et on écrit ces produits partiels les uns à la suite des autres avec leurs signes.*

Soit à multiplier le polynôme $+ A + B - C + D - E$ par le polynôme $+ a - b + c$ représenté par Q, on a identiquement

$$(+ A + B - C + D - E)(a - b + c) = (+ A + B - C + D - E)Q$$
$$= + AQ + BQ - CQ + DQ - EQ = A(a - b + c) + B(a - b + c)$$
$$- C(a - b + c) + D(a - b + c) - E(a - b + c) = Aa - Ab$$
$$+ Ac + Ba - Bb + Bc - Ca + Cb - Cc + Da - Db + Dc$$
$$- Ea + Eb - Ec.$$

Si on avait à multiplier plusieurs polynômes entre eux, on multiplierait le premier par le second, puis leur produit par le troisième, et ainsi de suite.

REMARQUE. — Le produit développé de deux polynômes se compose de tous les produits possibles formés avec deux termes dont l'un est pris dans le premier polynôme et l'autre dans le second.

COROLLAIRE I. — *Le nombre maximum des termes du produit de deux polynômes est égal au produit des nombres de termes de chacun des polynômes.*

COROLLAIRE II. — *Le carré d'une somme est égal à la somme des carrés de ses différents termes augmentée de deux fois la somme des produits que l'on peut former en prenant dans cette somme deux termes différents de toutes les manières possibles.*

Soit à élever au carré le polynôme

$$A + B + C + D.$$

D'après la remarque précédente, le produit suivant

$$(A - B + C + D)(A + B + C + D)$$

se compose de tous les produits possibles formés avec un terme du premier polynôme et un du second ; or ces produits sont de deux genres, soit que les lettres prises dans le premier et le second polynôme soient les mêmes, ce qui donne les carrés des termes ; soit que les lettres soient différentes, ce qui donne les produits de la forme AB ; or ces derniers doivent être affectés du coefficient 2 ; car, considérant le terme A dans le premier polynôme, on doit lui associer le terme B dans le second ; et considérant ensuite le terme B dans le second polynôme, on doit lui associer le terme A dans le premier ; on a donc les deux produits AB, BA, dont la somme est 2AB.

Si le polynôme à élever au carré contient des termes négatifs, la loi précédente est applicable en ayant soin de tenir compte, dans la formation de chaque double produit, des signes des termes. Ex. :

$$(A + B + C + D) = A^2 + B^2 + C^2 + D^2 + 2AB + 2AC + 2AD$$
$$+ 2BC + 2BD + 2CD ;$$
$$(A - B + C - D)^2 = A^2 + B^2 + C^2 + D^2 - 2AB + 2AC - 2AD$$
$$- 2BC + 2BD - 2CD.$$

*Exemples particuliers à connaître de mémoire :*

$$(A + B)^2 = A^2 + 2AB + B^2 ;$$
$$(A - B)^2 = A^2 - 2AB + B^2 ;$$
$$(A + B)(A - B) = A^2 - B^2 ;$$
$$(A + B)^3 = A^3 + 3A^2B + 3AB^2 + B^3 ;$$
$$(A - B)^3 = A^3 - 3A^2B + 3AB^2 - B^3.$$

*Multiplication de deux polynômes ordonnés par rapport à une même lettre.*

Généralement, les deux polynômes ont une ou plusieurs lettres communes, il en résulte dans ce cas que leur produit peut présenter des termes semblables ; alors, dans la pratique, pour faciliter la réduction de ces termes, on suit les dispositions suivantes qui constituent ce que l'on appelle la *règle de la multiplication de deux polynômes ordonnés : On ordonne chacun des polynômes par rapport à une lettre commune, on les écrit l'un au-dessous de l'autre, et les produits partiels du poly-*

*nôme multiplicande par chacun des termes du polynôme mul-tiplicateur sont disposés sur des lignes horizontales, de manière que les termes de même degré par rapport à la lettre ordonna-trice soient les uns au-dessous des autres, et on opère ensuite la réduction.*

L'exemple suivant suffit à faire comprendre la disposition de l'opération :

$$5a^2x^4 - 3a^4x^3 - 7a^3bx^2 + 2a^2b^2x - 7a^3b \quad \text{Multiplicande.}$$
$$2a^2x^3 - 6abx^2 + 3a^2b^2 \qquad\qquad\qquad \text{Multiplicateur.}$$

$$10a^4x^7 - 6a^6x^6 - 14a^5bx^5 + 4a^4b^2x^4 - 14a^5bx^3$$
$$- 30a^3bx^6 + 18a^5bx^5 + 42a^4b^2x^4 - 12a^3b^3x^3 + 42a^4b^2x^2$$
$$+ 15a^4b^2x^4 - 9a^6b^2x^3 - 21a^5b^3x^2 + 6a^4b^4x - 21a^5b^3$$

$$10a^4x^7 - 6a^6x^6 - 30a^3bx^6 + 4a^5bx^5 + 61a^4b^2x^4 - 14a^5bx^3 - 12a^3b^3x^3$$
$$- 9a^6b^2x^3 + 42a^4b^2x^2 - 21a^5b^3x^2 + 6a^4b^4x - 21a^5b^3 \quad \Big\} \text{ Produit.}$$

L'ordre qui préside dans cette disposition démontre claire-ment les deux remarques suivantes, qui trouveront leur application dans l'opération inverse, savoir : la recherche du quotient de deux polynômes ordonnés par rapport à une même lettre.

Remarque I. — Dans le produit de deux polynômes or-donnés par rapport à une même lettre, le terme de degré le plus élevé par rapport à la lettre ordonnatrice provient, sans réduction aucune, de la multiplication des deux termes de degré le plus élevé de chacun des polynômes facteurs.

Remarque II. — De même, le terme de degré le moins élevé dans le produit par rapport à la lettre ordonnatrice provient, sans réduction aucune, de la multiplication des deux termes de degré le moins élevé des deux facteurs.

Corollaire I. — Le nombre minimum des termes du pro-duit de deux polynômes est *deux*. Car, si on ordonne le produit, les deux termes extrêmes ne peuvent se réduire avec aucun autre, tandis que les autres termes étant semblables, deux à deux, trois à trois, etc. peuvent donner une somme algébrique nulle.

Ex. : $x^6 + ax^5 + a^2x^4 + a^3x^3 + a^4x^2 + a^5x + a^6$ multiplié par $x - a$ donne pour produit $x^7 - a^7$.

Corollaire II. — Le degré du produit de deux polynômes

par rapport à une lettre est égal à la somme des degrés de ceux-ci par rapport à cette lettre.

*Propriété du produit de deux polynômes homogènes.* — 1° En particulier, *si les deux polynômes sont homogènes, leur produit est homogène et d'un degré d'homogénéité égal à la somme des degrés d'homogénéité des deux polynômes;* car un terme quelconque du produit résultant de la multiplication d'un terme du multiplicande, dont le degré, par rapport à toutes les lettres, est toujours le même, par un terme du multiplicateur, terme dont le degré est également constant, la somme de ces degrés ou le degré du produit sera aussi un nombre constant. On établirait aussi facilement les propriétés suivantes :

2° Si le produit de deux polynômes est homogène, et que l'un des facteurs le soit, le deuxième l'est aussi ;

3° Si l'un des polynômes facteurs n'est pas homogène, le produit ne peut être homogène, et réciproquement...

**Puissance** $n^{ième}$ **d'un polynôme.** — Multiplier plusieurs polynômes entre eux, c'est multiplier le premier par le second, puis leur produit par le troisième, et ainsi de suite.

Élever un polynôme à la puissance $n$, c'est faire le produit de $n$ polynômes égaux. A ce sujet, il ne sera démontré que le théorème suivant utile principalement dans la théorie des logarithmes.

THÉORÈME. — *Si on ordonne par rapport aux puissances décroissantes de $x$ la puissance $n^{ième}$ du binôme $x + a$, les deux premiers termes sont $x^n + nax^{n-1}$.*

En effet, supposons que l'égalité suivante

$$(x + a)^n = x^n + nax^{n-1} + P \qquad (1)$$

ait lieu, P étant l'ensemble des termes complémentaires de la puissance $n^{ième}$ de $x + a$, et étant au plus de degré $n - 2$ par rapport à $x$; si on démontre que c'est la même loi qui préside à la formation des deux premiers termes lorsque l'exposant $n$ augmente d'une unité, comme cette loi a lieu dans le cas de $n = 2$, elle sera donc encore vraie pour $n = 2 + 1$ ou 3, puis pour $n = 3 + 1$ ou 4, et ainsi de suite, c'est-à-dire pour toute valeur de $n$.

Or, multipliant les deux membres de l'égalité (1) par $x + a$, on a :

$$(x + a)^{n+1} = x^{n+1} + nax^n + Px + ax^n + na^2 x^{n-1} + Pa,$$
$$(x + a)^{n+1} = x^{n+1} + (n+1)ax^n + na^2 x^{n-1} + Px + Pa.$$

Le polynôme P ne renfermant que des termes de degré inférieur à $n - 1$ par rapport à $x$, $Px$ sera au plus de degré $n - 1$ par rapport à $x$; par conséquent les deux premiers termes du développement de $(x + a)^{n+1}$ ordonné par rapport à $x$ sont $x^{n+1}$ et $(n+1)ax^n$; ce qu'il fallait établir.

## § 4. — Division algébrique.

**Définition.** — *Diviser* une quantité par une autre, c'est en former une troisième qui multipliée par la seconde reproduira la première; on indique cette opération en écrivant la seconde quantité au-dessous de la première, en les séparant par un trait horizontal. Généralement, cette opération se réduira à cette simple indication. Ainsi l'opération de la division de A par B est représentée par l'écriture $\dfrac{A}{B}$; cette nouvelle expression est appelée *quotient*, A le *dividende* et B le *diviseur*. Si les quantités A et B renferment une ou plusieurs lettres communes, l'expression $\dfrac{A}{B}$ peut être susceptible d'une autre forme dont le *calcul* constitue la *division algébrique de* A *par* B.

Comme dans la multiplication, on distingue trois cas.

**Premier cas.** — *Division de deux monômes.*

Soit à diviser $+ 84a^6 b^5 c^7 d^2$ par $- 12a^4 b^2 c^3$.

Si le quotient $\dfrac{+ 84a^6 b^5 c^7 d^2}{- 12a^4 b^2 c^3}$ peut affecter une forme entière, celle-ci doit être un *monôme*, car il n'y a qu'un monôme qui, multiplié par le monôme diviseur, reproduise un monôme; soit M cette grandeur, on doit avoir $+ 84a^6 b^5 c^7 d^2 = (- 12a^4 b^2 c^3)\,$M ; donc 1° d'après la règle des signes de la multiplication de deux monômes, M doit posséder le signe —; 2° le coefficient de M doit être tel que, *multiplié* par 12, il reproduise 84 ; donc ce coefficient est égal au quotient de 84 par 12 ; enfin une lettre quelconque, *a*, par exemple, doit entrer dans M avec un exposant qui, augmenté de celui du diviseur, reproduise l'exposant de *a* dans le dividende ; donc il est égal à la différence des exposants de *a* dans le dividende et le diviseur ; d'où la règle suivante :

RÈGLE DE LA DIVISION DE DEUX MONÔMES. — *On applique la règle des signes qui est la même que celle de la multiplication ; ensuite on divise le coefficient du dividende par celui du diviseur, et on écrit à la suite du quotient de cette division chacune des lettres du dividende avec un exposant égal à la différence entre celui qu'elle a dans le dividende et celui qu'elle a dans le diviseur.*

Ainsi

$$\frac{+\ 84a^6b^5c^7d^2}{-\ 12a^4b^2c^3} = -\ 7a^2b^3c^4d^2.$$

*Exposant zéro.* — S'il arrive qu'une lettre ait même exposant dans le dividende et le diviseur, on est conduit à l'écrire au quotient avec l'exposant zéro ; on peut dans ce cas se dispenser d'écrire cette lettre au quotient, car on a $\dfrac{a^m}{a^m} = 1$, donc $a^{m-m} = a^0 = 1$, et dans un produit on peut se dispenser d'écrire le facteur 1.

*Exposants négatifs.* — S'il arrive qu'une lettre ait au diviseur un exposant plus grand qu'au dividende, on est amené à écrire au quotient un exposant négatif ; le quotient ne peut dans ce cas être mis sous forme entière, car toute expression de la forme $a^{-n}$ n'est autre chose que le quotient : $\dfrac{1}{a^n}$.

En effet, d'après la multiplication

$$a^n . a^{-n} = 1 \qquad \text{ou} \qquad a^{-n}(a^n) = 1 ;$$

donc

$$a^{-n} = \frac{1}{a^n}.$$

Cette expression est appelée *fractionnaire*.

**Deuxième cas.** — *Division d'un polynôme par un monôme.*

Si le quotient peut affecter une forme entière, ce sera nécessairement un polynôme, car il n'y a qu'un polynôme qui, multiplié par le diviseur monôme, reproduise le polynôme dividende; en outre, ce produit sera composé d'un nombre de termes égal à celui du dividende, termes qu'on obtiendra en divisant successivement chacun des termes du dividende par le monôme diviseur. Ex. :

$$\frac{10a^6bx^4 - 24a^5x^5 + 14a^2b^4x^6}{2a^2x^4} = +5a^4b - 12a^3x + 7b^4x^2.$$

Remarque. — Si le dividende est homogène, le quotient l'est aussi et son degré d'homogénéité est égal à la différence des degrés du dividende et du diviseur.

*Mise en facteur.* — L'égalité

$$10a^6bx^4 - 24a^5x^5 + 14a^2b^4x^6 = 2a^2x^4(5a^4b - 12a^3x + 7b^4x^2)$$

montre que si dans un polynôme, chacun des termes contient un monôme facteur commun, on peut mettre celui-ci sous la forme d'un produit de deux facteurs dont l'un est ce monôme et l'autre un polynôme que l'on obtiendra en divisant le polynôme proposé par le monôme facteur. Cette opération de division porte le nom de *mise en facteur.*

**Troisième cas.** — *Division d'un polynôme par un polynôme.*

En général, le quotient de deux polynômes, contenant au moins une lettre commune, est susceptible d'une autre forme plus simple.

Pour rechercher cette forme, on suppose d'abord qu'il existe un polynôme qui, multiplié par le diviseur, reproduise le dividende c'est-à-dire que le quotient est entier.

Supposant les deux polynômes ordonnés par rapport aux puissances décroissantes d'une lettre commune, la recherche de leur quotient ordonné de la même manière repose sur les deux théorèmes suivants :

Théorème I. — *Le premier terme du quotient est égal au quotient du premier terme du dividende par le premier terme du diviseur.*

D'après la remarque I (page 18) faite sur la multiplication de deux polynômes ordonnés par rapport à une même lettre, le premier terme du dividende est le produit du premier terme du diviseur par le premier terme du quotient ; donc, inversement, celui-ci est égal au quotient du premier terme du dividende par le premier terme du diviseur.

THÉORÈME II. — *Si on retranche du dividende le produit du diviseur par le terme que l'on vient de trouver, le reste divisé par le diviseur donnera tous les autres termes du quotient.*

En effet, le dividende étant la somme algébrique des produits partiels du diviseur par tous les termes du quotient, ce reste représente la somme des produits partiels du diviseur par tous les autres termes du quotient : donc inversement, en divisant ce reste par le diviseur, on aura tous les autres termes du quotient.

On est ainsi amené à faire une division nouvelle ; par conséquent, si on ordonne ce reste de la même manière que le diviseur, son premier terme divisé par le premier terme du diviseur donnera le *second* terme du quotient. Multipliant ce second terme par le diviseur et retranchant le produit du premier reste, on est conduit à une nouvelle division, d'après le théorème II, et ainsi de suite ; d'où la règle suivante de la division de deux polynômes ordonnés par rapport aux puissances décroissantes d'une même lettre, s'appliquant également au cas où ceux-ci seraient ordonnés par rapport aux puissances croissantes d'une même lettre, d'après la remarque II (page 18) faite aussi au sujet de la multiplication de deux polynômes ordonnés.

RÈGLE. — *On divise le premier terme du dividende par le premier terme du diviseur ; on a ainsi le premier terme du quotient ; on multiplie ce terme par le diviseur et on retranche le produit obtenu du dividende ; on fait les réductions et on ordonne le reste. On divise le premier terme de ce reste par le premier terme du diviseur ; on obtient ainsi le premier terme du quotient ; on multiplie ce terme par le diviseur et on retranche le produit du premier reste obtenu ; on fait les réductions, et ainsi de suite, jusqu'à ce que l'on trouve un reste nul.*

Dans la pratique, afin de faciliter la réduction des termes

semblables qui se présentent après la soustraction de chaque produit partiel, on écrit chacun des termes constituant les produits avec un signe contraire à celui que leur assigne la multiplication ; on doit même s'habituer à écrire de suite le résultat de cette réduction, sans écrire les produits partiels. Ex. :

$$
\begin{array}{l}
\text{Dividende :} \\
\begin{array}{l|l}
+21a^5 - 13a^4b + 150a^3b^2 - 110a^2b^3 + 104ab^4 - 32b^5 & 7a^3 - 5a^2b + 6ab^2 - 2b^3 \ \text{Divis.} \\
-21a^5 + 15a^4b - 18a^3b^2 + 6a^2b^3 \quad \{ \begin{smallmatrix}\text{1}^{\text{er}}\text{ produit partiel}\\\text{changé de signe.}\end{smallmatrix} & \overline{\phantom{x}} \\
\hline
\text{1}^{\text{er}}\text{ reste.} \ -28a^4b + 132a^3b^2 - 104a^2b^3 + 104ab^4 - 32b^5 & 3a^2 - 4ab + 16b^2 \quad \text{Quotient.} \\
\text{2}^{\text{e}}\text{ prod.} \ +28a^4b - 20a^3b^2 + 24a^2b^3 - 8ab^4 & \\
\hline
\text{2}^{\text{e}}\text{ reste.} \qquad +112a^3b^2 - 80a^2b^3 + 96ab^4 - 32b^5 & \\
\text{3}^{\text{e}}\text{ produit partiel.} \ -112a^3b^2 + 80a^2b^3 - 96ab^4 + 32b^5 & \\
\hline
\text{3}^{\text{e}}\text{ reste.} \qquad\qquad\qquad 0 &
\end{array}
\end{array}
$$

*Division composée.* — Il peut arriver que les facteurs de la lettre ordonnatrice soient eux-mêmes des polynômes, c'est-à-dire qu'il y ait dans le dividende et le diviseur plusieurs termes contenant la lettre ordonnatrice au même degré ; la règle précédente s'applique évidemment, mais il faut faire des divisions partielles pour obtenir chacun des termes du quotient, savoir celles des coefficients des premiers termes du dividende et de chaque reste par celui du premier terme du diviseur.

L'exemple suivant suffira à faire comprendre la disposition de l'opération :

Soit à diviser :

$$
(a^4 + a^3b - a^2b^2 + b^4)x^3 - (a^5 - a^4b - a^3b^2 + 4a^2b^3 + ab^4 - 2b^5)x^2
$$
$$
- (a^6 + a^5b - 7a^4b^2 + 7a^2b^4 - 2ab^5)x + (a^7 - a^6b - 3a^5b^2 + 4a^4b^3
$$
$$
- a^3b^4)
$$

par

$$
(a + b)x^2 - 2(a^2 - b^2)x + a^3 - a^2b.
$$

On dispose les facteurs des différentes puissances de la lettre ordonnatrice $x$ les uns au-dessous des autres et les parenthèses sont remplacées par un trait vertical à droite duquel on écrit le facteur en $x$ ; les divisions partielles, néces-

saires pour trouver les termes du quotient, sont indiquées
au-dessous :

<table>
<tr>
<td rowspan="6">Dividende..$\Bigg\{$</td>
<td>$+a^4$</td>
<td>$x^3-a^5$</td>
<td>$x^2-a^6$</td>
<td>$x+a^7$</td>
<td>$+a$</td>
<td>$x^2-2a^2$</td>
<td>$x+a^3$</td>
<td rowspan="2">$\Big\}$Diviseur.</td>
</tr>
<tr>
<td>$+a^3b$</td>
<td>$+a^4b$</td>
<td>$-a^5b$</td>
<td>$-a^6b$</td>
<td>$+b$</td>
<td>$+2b^2$</td>
<td>$-a^2b$</td>
</tr>
<tr>
<td>$-a^2b^2$</td>
<td>$+a^3b^2$</td>
<td>$+7a^4b^2$</td>
<td>$-3a^5b^2$</td>
<td>$+a^3$</td>
<td>$x+a^4$</td>
<td></td>
<td rowspan="3">$\Big\}$Quotient.</td>
</tr>
<tr>
<td>$+b^4$</td>
<td>$-4a^2b^3$</td>
<td>$-7a^2b^4$</td>
<td>$+4a^4b^3$</td>
<td>$-ab^2$</td>
<td>$-3a^2b^2$</td>
<td></td>
</tr>
<tr>
<td></td>
<td>$-ab^4$</td>
<td>$+2ab^5$</td>
<td>$-a^3b^4$</td>
<td>$+b^3$</td>
<td>$+ab^3$</td>
<td></td>
</tr>
<tr>
<td></td>
<td>$+2b^5$</td>
<td></td>
<td></td>
<td></td>
<td></td>
<td></td>
</tr>
</table>

<table>
<tr>
<td rowspan="5">1ᵉʳ reste...$\Bigg\{$</td>
<td>$+a^5$</td>
<td>$x^2-2a^6$</td>
<td>$x+a^7$</td>
</tr>
<tr>
<td>$+a^4b$</td>
<td>$+8a^4b^2$</td>
<td>$-a^4b$</td>
</tr>
<tr>
<td>$-3a^3b^2$</td>
<td>$-2a^3b^3$</td>
<td>$-3a^5b^2$</td>
</tr>
<tr>
<td>$-2a^2b^3$</td>
<td>$-6a^2b^4$</td>
<td>$-4a^4b^3$</td>
</tr>
<tr>
<td>$+ab^4$</td>
<td>$+2ab^5$</td>
<td>$-a^3b^4$</td>
</tr>
</table>

2ᵉ reste....            0

1ʳᵉ Division partielle.

$$\left.\begin{array}{l} a^4 \overset{\cdot\cdot}{+} a^3b - a^2b^2 + b^4 \\ \quad\; - ab^3 + b^4 \\ \qquad\qquad 0 \end{array}\right| \begin{array}{l} a+b \\ \hline a^3 - ab^2 + b^3 \end{array}$$

2ᵉ Division partielle.

$$\left.\begin{array}{l} +a^5 + a^4b - 3a^3b^2 - 2a^2b^3 + ab^4 \\ \qquad\quad + a^2b^3 + ab^4 \\ \qquad\qquad\qquad 0 \end{array}\right| \begin{array}{l} a+b \\ \hline a^4 - 3a^2b^2 + ab^3 \end{array}$$

REMARQUE. — Le degré du quotient par rapport à la lettre
ordonnatrice est égal à la *différence* des degrés du dividende
et du diviseur par rapport à cette même lettre; et si les
polynômes dividende et diviseur sont homogènes, leur quotient est homogène et d'un degré d'homogénéité égal à la
différence des degrés d'homogénéité des deux polynômes.
Dans l'exemple précédent, le quotient est de degré $3 - 2 = 1$
et d'un degré d'homogénéité égal à $7 - 3 = 4$.

*Conditions de possibilité de la division de deux polynômes.* — Il
résulte de ce qui précède que, pour qu'il soit possible de mettre
le quotient de deux polynômes ordonnés par rapport à une
lettre commune sous forme entière, il faut : 1° que le premier terme du dividende soit divisible par le premier terme
du diviseur et le dernier terme du dividende par le dernier
terme du diviseur; 2° que le premier terme de chaque reste
soit divisible par le premier terme du diviseur; 3° qu'après

avoir écrit au quotient son dernier terme, le produit de celui-ci par le diviseur soustrait du reste correspondant donne zéro pour résultat.

En effet, si ces conditions sont remplies, on aura bien écrit au quotient un polynôme qui, multiplié par le diviseur, reproduit le dividende. D'ailleurs ces conditions sont évidemment nécessaires, d'après la multiplication de deux polynômes ordonnés.

Toutes les fois que l'une de ces conditions ne sera pas remplie, on peut donc dire que l'on aura un *caractère d'impossibilité* de la division, c'est-à-dire qu'il n'y a pas de quotient. On est encore averti de cette impossibilité, d'après les propriétés II et III, page 19, lorsque le dividende seul est homogène.

Enfin, il ne peut y avoir de quotient entier, lorsque, arrivé à la recherche du terme du quotient de degré égal à celui du terme qui est donné par la division du dernier terme du dividende par le dernier terme du diviseur, on est amené à écrire un terme différent de celui-là, soit par le *signe*, soit par le *coefficient*, soit par un *facteur littéral* de la lettre ordonnatrice. Ce dernier caractère peut principalement servir dans le cas où les deux polynômes sont ordonnés par rapport aux puissances croissantes d'une même lettre.

Ainsi, dans l'exemple suivant :

$$\begin{array}{l|l}
1 - x + 2x^2 - 3x^3 + 4x^4 - 10x^5 & \,1 + x - x^2 \\
\quad -2x + 3x^2 - 3x^3 + 4x^4 - 10x^5 & \\
\qquad\quad +5x^2 - 5x^3 + 4x^4 - 10x^5 & 1 - 2x + 5x^2 - 10x^3 \\
\qquad\qquad\quad -10x^3 + 9x^4 - 10x^5 &
\end{array}$$

Arrivé à ce dernier reste, le terme qu'il fournit au quotient est $-10x^3$, tandis que si la division était possible exactement, on devrait à ce moment être amené à écrire $+10x^3$, quotient de $-10x^5$ par $-x^2$, qui sont les derniers termes du dividende et du diviseur.

Remarque. — Si le degré du dernier terme du dividende (ordonné par rapport aux puissances décroissantes) est *inférieur* au degré du dernier terme du diviseur, il résulte de ce qui précède qu'il n'y a pas de quotient entier; mais, si l'on pousse l'opération plus loin, c'est-à-dire si l'on admet au quotient des termes fractionnaires par rapport à la lettre ordonnatrice, il se peut que la division se fasse exactement. Ex. :

$$\frac{x^5 + x^4 + 2x^3 + 2x^2 + 2x + 1}{x^4 + x^3 + x^2} = x + \frac{1}{x} + \frac{1}{x^2}.$$

Nous terminerons cette étude par la recherche de la condition de divisibilité d'un polynôme par un binôme: ce qui aura l'avantage de montrer quelle utilité on peut tirer des opérations qu'on a déjà faites, lorsqu'on s'est aperçu que la division ne peut se faire exactement.

### § 5. — De la condition nécessaire et suffisante pour qu'un polynôme entier en $x$ soit divisible par $x - a$.

THÉORÈME I. — *Le quotient de deux polynômes entiers renfermant une lettre commune $x$ peut être mis sous la forme d'un polynôme entier par rapport à $x$ augmenté d'un autre quotient possédant le même diviseur, mais dont le dividende est d'un degré inférieur d'une unité au moins au degré du diviseur.*

Soient $P_x$ le dividende, $m$ son degré, $D_x$ le diviseur, $n$ son degré, l'indice $x$ indiquant que ces polynômes renferment la lettre commune $x$; or si $m$ est inférieur à $n$, on a identiquement :

$$\frac{P_x}{D_x} = 0 + \frac{P_x}{D_x}.$$

Le théorème a donc lieu. Si $m$ est supérieur à $n$, ordonnons les deux polynômes par rapport aux puissances décroissantes de $x$, et admettant au quotient des termes fractionnaires par rapport aux coefficients et aux lettres différentes de $x$, on pourra diviser le premier par le second.

Comme chaque produit partiel soustrait du reste correspondant donne un nouveau dividende partiel d'un degré inférieur au moins d'une unité à celui du précédent, puisqu'à chaque division partielle le degré du dividende partiel diminue au moins d'une unité, on arrivera nécessairement à un dividende partiel d'un degré inférieur à celui du diviseur, après n'avoir écrit au quotient que des monômes entiers par rapport à $x$, le dernier de ceux-ci pouvant être du degré 0 par rapport à $x$, si le reste qui précède est d'un degré égal à celui du diviseur : soient $R_x$ le premier reste ainsi obtenu, dont le degré est inférieur au moins d'une unité à celui du diviseur, et $Q_x$ l'ensemble des termes écrits au quotient, on a, en écrivant que le produit du diviseur par le quotient augmenté du reste correspondant est égal au dividende :

$$P_x = D_x \cdot Q_x + R_x ,$$

d'où en divisant par $D_x$

$$\frac{P_x}{D_x} = Q_x + \frac{R_x}{D_x} .$$

Théorème II. — *Le reste de la division d'un polynôme entier en $x$ par $x - a$ est égal au résultat de la substitution de $a$ à $x$ dans ce polynôme.*

En effet, d'après le théorème précédent, le reste R auquel on peut arriver, tout en n'écrivant que des termes entiers en $x$ au quotient, étant de degré inférieur au moins d'une unité à celui du diviseur, qui est d'après l'énoncé du premier degré, sera du degré 0 par rapport à $x$, par conséquent R est indépendant de cette lettre ; dès lors, si dans l'égalité

$$P_x = (x - a)Q_x + R$$

on fait $x = a$, R ne change pas, et on a donc :

$$P_a = R,$$

$P_a$ représentant le résultat de la substitution de $a$ à $x$ dans $P_x$.

Théorème III. — *La condition nécessaire et suffisante pour qu'un polynôme entier en $x$ soit divisible par $x - a$ est qu'il se réduise à zéro après y avoir remplacé $x$ par $a$.*

En effet, si la division est possible exactement, on a R = 0, puisque R est le dernier reste

$$P_a = R = 0 ;$$

et réciproquement, si $P_a = 0$, puisque $R = P_a$, on a $R = 0$, donc

$$P_x = (x - a)Q,$$

ce qui démontre que $P_x$ est exactement divisible par $x - a$.

COROLLAIRE. — *La condition nécessaire et suffisante pour qu'un polynôme entier en $x$ soit divisible par $x + a$ est qu'il se réduise à zéro, après y avoir remplacé $x$ par $- a$.*

Car $x + a = x - (- a)$.

Ex. : 1° Le polynôme

$$5x^4 - 3x^2 + 2x - 4$$

s'annule pour $x = 1$, donc il est divisible par

$$x - 1.$$

2° Le polynôme

$$3x^4 + 5x^3 + \frac{22x}{3} - 86$$

s'annule pour $x = - 3$, donc il est divisible par

$$x - (- 3) = x + 3.$$

3° $m$ désignant un nombre entier $x^m - a^m$ est toujours divisible par $x - a$; au contraire $x^m + a^m$ n'est pas divisible par $x - a$.

4° $x^m - a^m$ est divisible par $x + a$, si $m$ est pair; car en remplaçant $x$ par $- a$, on a

$$(- a)^m = + a^m$$

si $m$ est pair, et par conséquent $P_a$ devient

$$P_a = a^m - a^m = 0;$$

$x^m + a^m$ est divisible par $x + a$, si $m$ est impair et ne l'est pas, si $m$ est pair; mêmes calculs.

A cause de l'importance dans les calculs du quotient de $x^m - a^m$ par $x - a$, on indique ici ce quotient dont les termes présentent une loi très facile à établir :

$$x^m - a^m = (x - a)(x^{m-1} + ax^{m-2} + a^2x^{m-3} + \ldots + a^{m-2}x + a^{m-1})$$

Le nombre des termes entre la deuxième parenthèse étant $m$, qui n'est pas défini, on a remplacé les termes qui manquent par des points.

### § 6. — Recherche des conditions nécessaires et suffisantes pour qu'un polynôme en $x$ soit divisible par $(x - a)^2$.

THÉORÈME IV. — *Les conditions nécessaires et suffisantes pour qu'un polynôme $P_x$ entier en $x$ soit divisible par le produit $(x - a)$ $(x - b)$ sont*

$$P_a = 0 \quad \text{et} \quad P_b = 0.$$

En effet, si le polynôme $P_x$ est divisible par le produit $(x - a)(x - b)$, il l'est séparément par $x - a$ et par $x - b$, donc on doit avoir $P_a = 0$ et $P_b = 0$.

Réciproquement, si $P_a = 0$ et $P_b = 0$, $P_x$ est divisible par $(x - a)(x - b)$. En effet, puisque $P_a = 0$, on peut écrire :

$$P_x = (x - a)\, Q_x\ ;$$

or si dans cette égalité on substitue $b$ à $x$, on doit avoir :

$$P_b = 0 = (b - a)\, Q_b\ .$$

Or, $b$ est différent de $a$, le facteur $Q_b$ doit donc être nul, par suite $Q_x$ est divisible par $x - b$. Soit $S_x$ le quotient de cette division, on a

$$Q_x = (x - b)\, S_x,$$

d'où

$$P_x = (x - a)(x - b)\, S_x\ ;$$

donc $P_x$ est divisible par le produit $(x - a)\ (x - b)$.

COROLLAIRE. — Les conditions $P_a = 0$, $P_b = 0$ peuvent être remplacées par les suivantes :

$$P_a = 0, \qquad \frac{P_a - P_b}{a - b} = 0,$$

car l'expression $P_a - P_b$, étant évidemment nulle lorsqu'on remplace $a$ par $b$, est divisible par $a - b$.

*Définition du polynôme dérivé.* — Soit :

$$P_x = x^m + A_1 x^{m-1} + A_2 x^{m-2} + \ldots + A_{m-1} x + A_m,$$

on a

$$P_a = a^m + A_1 a^{m-1} + A_2 a^{m-2} + \ldots + A_{m-1} a + A_m$$

et

$$P_b = b^m + A_1 b^{m-1} + A_2 b^{m-2} + \ldots + A_{m-1} b + A_m \, ;$$

donc

$$\frac{P_a - P_b}{a - b} = \frac{a^m - b^m}{a - b} + A_1 \frac{a^{m-1} - b^{m-1}}{a - b} + \ldots \ldots + A_{m-1} \frac{a - b}{a - b}$$

$$= (a^{m-1} + b a^{m-2} + \ldots \ldots b^{m-1}) + A_1 (a^{m-2} + a^{m-3} b + \ldots \ldots$$

$$a b^{m-3} + b^{m-2}) + A_2 (a^{m-3} + b a^{m-4} + b^2 a^{m-5} + \ldots b^{m-3}) + \ldots$$

$$+ A_{m-2} (a + b) + A_{m-1}.$$

Si l'on fait dans cette dernière expression $b = a$, elle devient

$$m a^{m-1} + (m-1) A_1 a^{m-2} + (m-2) A_2 a^{m-3} + \ldots + 2 A_{m-2} a$$
$$+ A_{m-1} \, ;$$

remplaçant $a$ par $x$ et désignant par $P'_x$ le polynôme ainsi obtenu, on a :

$$P_x' = m x^{m-1} + (m-1) A_1 x^{m-2} + (m-2) A_2 x^{m-3} + \ldots + 2 A_{m-2} x$$
$$+ A_{m-1}.$$

Le polynôme $P'_x$ est appelé le *polynôme dérivé* du polynôme proposé $P_x$ ; ses termes se forment à l'aide de ceux de $P_x$ d'après la loi suivante : *on multiplie chacun des termes par l'exposant de x correspondant, et on écrit x avec cet exposant diminué d'une unité;* il en résulte bien que le dernier terme du polynôme dérivé est $A_{m-1}$, car le dernier terme du polynôme proposé peut s'écrire $A_m x^0$, qui d'après la loi précédente donne $0 \cdot A_m x^{-1} = 0$, dans le polynôme dérivé.

Théorème V. — *Les conditions nécessaires et suffisantes pour qu'un polynôme $P_x$ entier en x soit divisible par $(x-a)^2$ sont que les résultats de la substitution de a à x dans le polynôme et son dérivé soient nuls, c'est-à-dire que l'on ait $P_a = 0$ et $P'_a = 0$.*

En effet, ce polynôme étant d'abord divisible par $x - a$, on doit avoir $P_a = 0$, c'est-à-dire

$$a^m + A_1 a^{m-1} + A_2 a^{m-2} + \ldots + A_{m-1} a + A_m = 0 \, ;$$

donc le polynôme proposé $P_x$ peut être remplacé par

$$x^m - a^m + (A_1 x^{m-1} - A_1 a^{m-1}) + A_2 x^{m-2} - A_2 a^{m-2} + \ldots A_{m-1} - A_{m-1} a$$

puisque la somme algébrique des termes qui sont précédés du signe — est égale à 0 ; divisant par $x - a$, on a l'égalité

$$(1) \quad P_x = (x-a) \left[ x^{m-1} + a x^{m-2} + a^2 x^{m-3} + \ldots a_m{}^{m-2} x + a^{m-1} \right.$$
$$+ A_1 (x^{m-2} + a x^{m-3} + \ldots) + A_2 (x^{m-3} + a x^{m-4} + \ldots a^{m-3}) + \ldots$$
$$\left. + A_{m-2} (x + a) + A_{m-1} \right].$$

Or $P_x$ est divisible par $(x - a)^2$, donc le quotient $\dfrac{P_x}{x - a}$, qui n'est autre que le polynôme entre parenthèses, doit encore être divisible par $(x - a)$, donc on doit avoir pour résultat 0, en substituant $a$ à $x$, ou

$$m a^{m-1} + (m - 1) A_1 a^{m-2} + (m - 2) A_2 a^{m-3} + \ldots + 2 A_{m-2} a + A_m = 0.$$

C'est la condition $P'_a = 0$.

Réciproquement, si $P_a = 0$ et $P'_a = 0$, le polynôme $P_x$ est divisible par $(x - a)^2$, car la première condition entraîne la divisibilité de $P_x$ par $x - a$, et la seconde que le quotient obtenu dans la division de $P_x$ par $x - a$, savoir le polynôme entre crochets dans l'égalité (1) est aussi divisible par $x - a$; si on appelle $S_x$ le quotient de ce dernier polynôme par $x - a$, l'égalité (1) peut s'écrire

$$P_x = (x - a) \left[ (x - a) S_x \right] = (x - a)^2 S_x$$

Donc $P_x$ est divisible par le carré de $x - a$.

Ex. : 1° Le polynôme $x^5 - 3x^3 + x^2 + 2x - 1$ est divisible par $(x - a)^2$. Car on a

$$1 - 3 + 1 + 2 - 1 = 0$$

et si dans le polynôme dérivé

$$5x^4 - 9x^2 + 2x + 2$$

on fait $x = 1$, on a encore

$$5 - 9 + 2 + 2 = 0.$$

2° Déterminer $\alpha$ et $\beta$ de telle manière que le polynôme $x^5 - \alpha x + \beta$ soit divisible par $(x + 1)$. Le polynôme dérivé est $5x^4 - \alpha$. On a les deux conditions :

$$\begin{cases} -1 + \alpha + \beta = 0 \\ 5 - \alpha = 0 \end{cases}$$

il faut donc que

$$\alpha = 5 \quad \text{et} \quad \beta = -4.$$

# CHAPITRE II.

## CALCUL DES EXPRESSIONS FRACTIONNAIRES ET DES EXPRESSIONS IRRATIONNELLES.

### § 1. — Fractions algébriques.

On nomme *fraction* en algèbre toute expression de la forme $\frac{A}{B}$; c'est un quotient non effectué. Le dividende $A$ s'appelle le *numérateur*, et le diviseur $B$ le *dénominateur*.

THÉORÈME FONDAMENTAL. — *Si on multiplie ou si on divise les deux termes d'une fraction par une même quantité, la nouvelle fraction est égale à la première.*

En effet, représentons par $q$, le quotient $\frac{A}{B}$, c'est-à-dire

$$A = Bq.$$

multipliant ces deux quantités égales par $m$, on a encore une égalité, savoir :

$$Am = B \cdot qm = Bm \cdot q.$$

Or, dans cette égalité, on peut regarder $q$ comme le quotient de $Am$ par $Bm$; donc

$$\frac{Am}{Bm} = q = \frac{A}{B}.$$

Il résulte de cette même égalité, qu'on peut aussi *diviser* les deux termes d'une fraction par une même quantité, puisque les deux termes de la fraction $\dfrac{A}{B}$ sont égaux respectivement aux quotients de la division par $m$ des deux termes de la fraction $\dfrac{Am}{Bm}$ égale à $\dfrac{A}{B}$.

PREMIÈRE CONSÉQUENCE. — *Simplification des fractions.*

Si les deux termes d'une fraction renferment des facteurs communs, on pourra les supprimer dans ceux-ci ; c'est ce qu'on appelle *simplifier la fraction*.

Dans le cas où les deux termes sont des monômes, les facteurs communs sont toujours apparents, et les règles à suivre pour la simplification sont celles de la division de deux monômes.

Ex. : Les deux termes de la fraction

$$\frac{96a^4b^2c^3}{45a^3b^4d^2}$$

admettent pour diviseur commun $3a^3b^2$, on a donc :

$$\frac{96a^4b^2c^3}{45a^3b^4d^2} = \frac{\dfrac{96a^4b^2c^3}{3a^3b^2}}{\dfrac{45a^3b^4d^2}{3a^3b^2}} = \frac{32ac^3}{15b^2d^2}.$$

Si les deux termes sont des polynômes, il est encore facile de trouver les facteurs monômes communs, s'il y en a ; mais si les facteurs communs sont binômes, trinômes, etc., on ne peut les découvrir qu'à l'aide de principes appartenant à l'algèbre supérieure. Cependant, s'il arrive que l'un des termes soit décomposé en un produit de facteurs binômes, c'est-à-dire de la forme $x - a$, on peut facilement reconnaître s'il y a des facteurs communs aux deux termes et par suite simplifier ; car de tels facteurs, s'ils existent, ne peuvent être que ceux entrant dans le produit de facteurs binômes, et d'après le théorème III concernant la condition de divisibilité par $x - a$, il suffira d'examiner si l'autre terme s'annule pour $x = a$.

Ex. : Soit à simplifier la fraction :

$$\frac{a^3(b-c)-b^3(a-c)+c^3(a-b)}{(a-b)(a-c)(b+c)}$$

Si l'on fait $a = b$ dans le numérateur, celui-ci s'annule, donc il est divisible par $a - b$ ; on reconnaît de même qu'il est divisible par $a - c$ et qu'il ne l'est pas par $b + c$, car pour $b = -c$, le numérateur devient

$$-2a^3c + 2ac^3,$$

quantité différente de 0.

Effectuant la division par $(a-b)(a-c)$, on a la fraction :

$$\frac{(b-c)(a+b+c)}{b+c}$$

qui n'est plus susceptible de simplifications.

Deuxième conséquence. — *Réduction des fractions au même dénominateur.*

Étant données plusieurs fractions, si on multiplie les deux termes de chacune par le produit des dénominateurs de toutes les autres, on aura des fractions égales aux premières et ayant *même dénominateur*, savoir, le produit des dénominateurs des fractions proposées.

Comme en arithmétique, toutes les fois que c'est possible, on doit employer de préférence la réduction au plus petit dénominateur commun, c'est-à-dire multiplier les deux termes de chaque fraction par le quotient obtenu en divisant le plus petit multiple commun des dénominateurs par le dénominateur de la fraction considérée.

Ex. : Soit à réduire au même dénominateur les fractions :

$$\frac{3}{bc(a^2-b^2)}, \qquad \frac{2}{b^2(a-b)^2}, \qquad \frac{1}{c^2(a+b)^2}.$$

Le plus petit multiple commun des dénominateurs est :

$$b^2c^2(a^2-b^2)^2.$$

Les quotients de celui-ci par les dénominateurs sont :

$$bc\,(a^2 - b^2), \quad c^2\,(a + b)^2, \quad b^2\,(a - b)^2.$$

Multipliant les deux termes de chaque fraction par les quotients correspondants, on a pour résultat :

$$\frac{3bc\,(a^2 - b^2)}{b^2 c^2\,(a^2 - b^2)^2}, \quad \frac{2c^2\,(a + b)^2}{b^2 c^2\,(a^2 - b^2)^2}, \quad \frac{b^2\,(a - b)^2}{b^2 c^2\,(a^2 - b^2)^2}.$$

### *Addition et soustraction des fractions.*

RÈGLE. — *Pour ajouter ou soustraire des fractions entre elles, on les réduit au même dénominateur, et on ajoute ou l'on soustrait les numérateurs entre eux et on donne pour dénominateur le dénominateur commun.*

Car, d'après la division d'un polynôme par un monôme, on a :

$$\frac{A \pm A'}{B} = \frac{A}{B} \pm \frac{A'}{B}.$$

Ex. : Les trois fractions précédentes ont pour somme :

$$\frac{3bc\,(a^2 - b^2) + 2c^2\,(a + b)^2 + b^2\,(a - b)^2}{b^2 c^2\,(a^2 - b^2)^2}.$$

### *Multiplication et division des fractions.*

RÈGLE DE LA MULTIPLICATION. — *Pour multiplier deux fractions entre elles, on multiplie numérateur par numérateur, dénominateur par dénominateur, et on divise le premier produit par le second.*

En effet, soit à multiplier $\dfrac{A}{B}$ par $\dfrac{A'}{B'}$; posons

$$\frac{A}{B} = q, \quad \frac{A'}{B'} = q';$$

d'où

$$A = Bq, \quad A' = B'q';$$

multipliant ces deux égalités membre à membre, on a

$$AA' = Bq \cdot B'q' = BB' \cdot qq'$$

où l'on peut regarder $qq'$ comme le quotient de $AA'$ par $BB'$; on a donc à la fois

$$\frac{AA'}{BB'} = qq' \quad \text{et} \quad \frac{A}{B} \times \frac{A'}{B'} = q \times q';$$

donc :

$$\frac{A}{B} \times \frac{A'}{B'} = \frac{AA'}{BB'}.$$

Règle de la division. — *Pour diviser deux fractions l'une par l'autre, on multiplie la fraction dividende par la fraction diviseur renversée.*

En effet, il résulte de l'égalité précédente que le quotient de la fraction

$$\frac{AA'}{BB'} \quad \text{par} \quad \frac{A}{B} \quad \text{est} \quad \frac{A'}{B'},$$

on peut donc écrire :

$$\frac{AA'}{BB'} : \frac{A}{B} = \frac{A'}{B'};$$

d'autre part, d'après la multiplication, on a :

$$\frac{AA'}{BB'} \times \frac{B}{A} = \frac{A'}{B'},$$

donc :

$$\frac{AA'}{BB'} : \frac{A}{B} = \frac{AA'}{BB'} \times \frac{B}{A}.$$

Corollaire. — *Puissance d'une fraction.*

D'après la règle de multiplication des fractions, la puissance $n^e$ d'une fraction s'obtiendra en élevant à cette puissance chacun des termes de la fraction.

Théorèmes relatifs a une suite de fractions positives égales entre elles.

*Si plusieurs fractions* $\dfrac{a}{b}, \dfrac{a'}{b'}, \dfrac{a''}{b''} \dots$ *sont égales entre elles :*

1° *On obtient une fraction égale aux premières en divisant la somme des numérateurs par la somme des dénominateurs; ainsi :*

$$\frac{a}{b} = \frac{a + a' + a'' + \dots}{b + b' + b'' + \dots}.$$

2° *On obtient une fraction égale aux premières en multipliant les deux termes de chaque fraction par une quantité quelconque et divisant la somme des numérateurs des nouvelles fractions par la somme de leurs dénominateurs.*

$$\frac{a}{b} = \frac{a\lambda + a'\lambda' + a''\lambda'' + \dots}{b\lambda + b'\lambda' + b''\lambda'' + \dots}.$$

3° *On obtient une fraction égale aux premières en divisant la racine carrée de la somme des carrés des numérateurs par la racine carrée de la somme des carrés des dénominateurs :*

$$\frac{a}{b} = \frac{\sqrt{a^2 + a'^2 + a''^2 + \dots}}{\sqrt{b^2 + b'^2 + b''^2 + \dots}}.$$

4° *La somme des racines carrées des produits de chaque numérateur par le dénominateur correspondant est égale à la racine carrée du produit de la somme des numérateurs par la somme des dénominateurs :*

$$\sqrt{ab} + \sqrt{a'b'} + \sqrt{a''b''} + \dots = \sqrt{(a + a' + a'' + \dots)(b + b' + b'' + \dots)}.$$

DÉMONSTRATION. — 1° Soit $q$ la valeur commune des fractions ; on a la série d'égalités :

$$
\begin{aligned}
a &= bq \\
a' &= b'q \\
a'' &= b''q \\
&\cdots \cdots \cdots \\
&\cdots \cdots \cdots
\end{aligned}
$$

Ajoutant membre à membre, on a :

$$a + a' + a'' + \dots = bq + b'q + b''q + \dots = (b + b' + b'' + \dots)q :$$

par suite :

$$\frac{a + a' + a'' + \dots}{b + b' + b'' + \dots} = q = \frac{a}{b}.$$

2° La suite des égalités

$$q = \frac{a}{b} = \frac{a'}{b'} = \frac{a''}{b''} = \dots$$

entraîne la suivante :

$$q = \frac{a\lambda}{b\lambda} = \frac{a'\lambda'}{b'\lambda'} = \frac{a''\lambda''}{b''\lambda''} = \dots;$$

appliquant à ces fractions la propriété qui vient d'être démontrée, on a :

$$\frac{a\lambda + a'\lambda' + a''\lambda'' + \dots}{b\lambda + b'\lambda' + b''\lambda'' + \dots} = q = \frac{a}{b}.$$

3° Élevant au carré les fractions proposées, il y a encore égalité ; donc, d'après la première propriété, on peut écrire :

$$\frac{a^2}{b^2} = \frac{a'^2}{b'^2} = \frac{a''^2}{b''^2} = \dots = \frac{a^2 + a'^2 + a''^2 + \dots}{b^2 + b'^2 + b''^2 + \dots} = q^2,$$

donc

$$\frac{\sqrt{a^2 + a'^2 + a''^2 + \dots}}{\sqrt{b^2 + b'^2 + b''^2 + \dots}} = q = \frac{a}{b}.$$

4° Multipliant les deux termes de chaque fraction par son dénominateur, on transforme la suite

$$\frac{a + a' + a'' + \dots}{b + b' + b'' + \dots} = \frac{a}{b} = \frac{a'}{b'} = \frac{a''}{b''} \dots$$

en celle-ci :

$$\frac{(a + a' + a'' + \dots)(b + b' + b'' + \dots)}{(b + b' + b'' + \dots)^2} = \frac{ab}{b^2} = \frac{a'b'}{b'^2} = \frac{a''b''}{b''^2} = \dots$$

Extrayant la racine carrée, on a :

$$\frac{\sqrt{(a + a' + a'' + \dots)(b + b' + b'' + \dots)}}{b + b' + b'' + \dots} = \frac{\sqrt{ab}}{b} = \frac{\sqrt{a'b'}}{b'} = \frac{\sqrt{a''b''}}{b''} = \dots$$

et appliquant la première propriété à ces fractions à partir de la seconde, on a :

$$\frac{\sqrt{(a+a'+a''+\ldots)(b+b'+b''+\ldots)}}{b+b'+b''+\ldots} = \frac{\sqrt{ab}+\sqrt{a'b'}+\sqrt{a''b''}+\ldots}{b+b'+b''+\ldots}.$$

Les dénominateurs de ces deux fractions étant égaux, les numérateurs le sont donc, ce qui démontre la quatrième propriété.

Remarque. — Les quatre énoncés précédents se transforment facilement en quatre autres, concernant les égalités :

$$ab = a'b' = a''b'' = a'''b''' = \ldots$$

que l'on peut écrire ainsi :

$$\frac{a}{\frac{1}{b}} = \frac{a'}{\frac{1}{b'}} = \frac{a''}{\frac{1}{b''}} = \ldots$$

## § 2. — Opérations élémentaires sur les radicaux algébriques.

**Définition**. — On appelle *racine d'ordre* m d'une quantité $a$, la quantité dont la puissance $m^e$ est égale à $a$; on désigne cette quantité par $\sqrt[m]{a}$; le signe $\sqrt[m]{\ }$ est appelé *radical* et $m$ *l'indice du radical*. Tandis que la quantité $a^m$ n'est susceptible que d'une seule valeur, la racine $m^e$ de $a$ est susceptible de plusieurs valeurs, c'est-à-dire qu'il existe plusieurs quantités qui, élevées à la puissance $m$, reproduisent $a$. Ainsi si $a$ est positif et $m$ pair, les deux quantités $+\sqrt[m]{a}, -\sqrt[m]{a}$, élevées à la puissance $m$, donnent $a$. Dans ce qui suit, on ne considère que la racine arithmétique de $a$.

On a vu que pour former la puissance $m^e$ d'un monôme, on élève chacun de ses facteurs à la puissance $m$; ainsi :

$$(5a^4b^2c)^m = 5^m a^{4m} b^{2m} c^m.$$

Règle. — *Donc, inversement, pour extraire la racine* $m^e$ *d'un monôme, on extraira la racine* $m^e$ *de chacun des facteurs, et on multipliera les racines trouvées entre elles ;* s'il y a des facteurs qui ne soient pas des puissances $m^{es}$ parfaites, on ne fera qu'indiquer sur ces facteurs l'opération de l'extraction de la racine $m^e$.

Ex. : $\sqrt[m]{a^m b} = a \sqrt[m]{b}$.

Cette égalité, lue en sens inverse, montre que lorsqu'*un radical est multiplié par un facteur, on peut écrire ce facteur sous le radical en l'élevant à une puissance marquée par l'indice du radical.*

THÉORÈME FONDAMENTAL. — *On n'altère pas la valeur d'un radical en multipliant ou divisant l'indice du radical et l'exposant de la quantité placée sous le radical par un même nombre.*

En effet, d'après la règle des puissances, on a

$$\left(\sqrt[m]{a^n}\right)^{5m} = \left[\left(\sqrt[m]{a^n}\right)^m\right]^5 = (a^n)^5 = a^{5n} ;$$

extrayant la racine d'ordre $5m$ des membres extrêmes, on a

$$\sqrt[m]{a^n} = \sqrt[5m]{a^{5n}}$$

Cette égalité, lue en sens inverse, démontre que l'on peut diviser l'indice et l'exposant de la quantité sous le radical par un même nombre.

PREMIÈRE CONSÉQUENCE. — *Simplification des radicaux.*

S'il existe un facteur commun entre l'indice de la racine et l'exposant de la quantité placée sous le radical, on peut le supprimer.

Ex. : $\sqrt[6]{a^2} = \sqrt[3]{a}$.

DEUXIÈME CONSÉQUENCE. — *Réduction des radicaux au même indice.*

On réduit des radicaux au même indice en multipliant l'indice et l'exposant de chacun d'eux par le produit des indices de tous les autres radicaux. Il est préférable, pour cette réduction, d'employer le plus petit multiple commun de ces indices, de la même manière que dans la réduction des fractions au même dénominateur.

### MULTIPLICATION ET DIVISION DE DEUX RADICAUX.

**RÈGLE.** — *On les réduit au même indice, soit* m, *puis on multiplie ou l'on divise les quantités placées sous les radicaux, en mettant le résultat sous le radical d'indice* m. Car si on élève à la puissance $m$ les deux membres des égalités :

$$\sqrt[m]{a} \cdot \sqrt[m]{b} = \sqrt[m]{ab}, \quad \frac{\sqrt[m]{a}}{\sqrt[m]{b}} = \sqrt[m]{\frac{a}{b}}$$

on obtient des résultats égaux.

La règle de multiplication s'étend à un nombre quelconque de facteurs.

### PUISSANCES ET RACINES D'UN RADICAL.

**RÈGLE.** — *Pour élever un radical à la puissance* p, *on multiplie l'exposant de la quantité placée sous le radical par* p.

En effet, on a, d'après la règle des puissances :

$$\left[ \left( \sqrt[m]{a^n} \right)^p \right]^m = \left( \sqrt[m]{a^n} \right)^{mp} = \left[ \left( \sqrt[m]{a^n} \right)^m \right]^p = a^{np}$$

extrayant la racine d'ordre $m$ des termes extrêmes, il vient :

$$\left( \sqrt[m]{a^n} \right)^p = \sqrt[m]{a^{np}}.$$

**RÈGLE.** — *Pour extraire la racine d'ordre* p *d'un radical, on multiplie l'indice du radical par* p.

En effet, extrayant la racine d'ordre $p$ des deux membres de l'égalité précédente, on a :

$$\sqrt[m]{a^n} = \sqrt[p]{\sqrt[m]{a^{np}}} ;$$

or

$$\sqrt[m]{a^n} = \sqrt[mp]{a^{np}},$$

donc, par comparaison :

$$\sqrt[p]{\sqrt[m]{a^{np}}} = \sqrt[mp]{a^{np}}$$

et si on pose $np = r$, cette égalité devient

$$\sqrt[p]{\sqrt[m]{a^r}} = \sqrt[mp]{a^r},$$

ce qu'il fallait démontrer.

### APPLICATIONS.

*Rendre rationnel le dénominateur d'une fraction, c'est-à-dire débarrasser son dénominateur des radicaux qui y entrent, si cela est possible*.

1° Soit $\dfrac{A}{\sqrt[m]{a^n}}$, où l'on peut toujours supposer $m > n$; multipliant les deux termes par $\sqrt[m]{a^{m-n}}$, on a :

$$\frac{A}{\sqrt[m]{a^n}} = \frac{A\sqrt[m]{a^{m-n}}}{\sqrt[m]{a^n \cdot a^{m-n}}} = \frac{A\sqrt[m]{a^{m-n}}}{a}$$

Ex. : $\dfrac{A}{\sqrt[2]{2}} = \dfrac{A\sqrt[2]{2}}{2}$, $\dfrac{A}{\sqrt[3]{4}} = \dfrac{A\sqrt[3]{2}}{2}$;

2° Soit $\dfrac{A}{\sqrt[2]{a} + \sqrt[2]{b}}$; multipliant les deux termes par $\sqrt{a} - \sqrt{b}$ et remarquant qu'on introduit ainsi au dénominateur le produit d'une somme de deux quantités par leur différence, on a :

$$\frac{A}{\sqrt{a} + \sqrt{b}} = \frac{A(\sqrt{a} - \sqrt{b})}{a - b}$$

De même

$$\frac{A}{\sqrt{a} - \sqrt{b}} = \frac{A(\sqrt{a} + \sqrt{b})}{a - b};$$

et

$$\frac{A}{a \pm \sqrt{b}} = \frac{A(a \mp \sqrt{b})}{a^2 - b}.$$

Ex. : Simplifier la fraction $\dfrac{1 - \dfrac{\sqrt{5} - 1}{4}}{1 + \dfrac{\sqrt{5} - 1}{4}}$. Multipliant les

deux termes par 4 et faisant les réductions, on a :

$$\frac{5 - \sqrt{5}}{3 + \sqrt{5}} = \frac{(5 - \sqrt{5})(3 - \sqrt{5})}{3^2 - 5} = \frac{15 + 5 - 3\sqrt{5} - 5\sqrt{5})}{4}$$

$$= \frac{5 - 2\sqrt{5}}{1}.$$

3° Soit $\dfrac{A}{\sqrt{a} + \sqrt{b} + \sqrt{c}}$. Multipliant les deux termes par

$\sqrt{a} + \sqrt{b} - \sqrt{c}$, on a :

$$\frac{A}{\sqrt{a} + \sqrt{b} + \sqrt{c}} = \frac{A(\sqrt{a} + \sqrt{b} - \sqrt{c})}{a + b + 2\sqrt{ab} - c},$$

et on fera disparaître le radical $2\sqrt{ab}$ en multipliant les deux termes par $a + b - c - 2\sqrt{ab}$.

Il est facile de montrer que si le dénominateur contenait quatre radicaux du second ordre, on pourrait les faire disparaître, et qu'au contraire si le dénominateur était de la forme $\sqrt{a} + \sqrt{b} + \sqrt{c} + \sqrt{d} + e$, ou renfermait au moins cinq radicaux, il est impossible de rendre le dénominateur rationnel.

---

# CHAPITRE III.

## DES IDENTITÉS.

### § 1. — Des égalités et des inégalités identiques.

On appelle *identité*, toute égalité qui subsiste, quelles que soient les valeurs positives ou négatives que l'on attribue à toutes les lettres qui entrent dans les deux membres de l'identité.

On appelle *inégalité identique* toute inégalité qui subsiste dans le même sens, quelles que soient les valeurs attribuées à toutes les lettres qui y entrent.

Ex. : $(a^2 + b^2)(a'^2 + b'^2) > (aa' + bb')^2$.

Si l'on considère, dans l'une des opérations algébriques précédentes, l'égalité entre le résultat de l'opération et l'indication de l'opération sur les expressions proposées, cette égalité est toujours une identité.

Il en résulte :

1° Qu'on n'altère pas une identité en ajoutant ou retranchant à ses deux membres la même quantité, en multipliant ou divisant ses deux membres par la même quantité, et en général en effectuant sur ses deux membres les mêmes opérations ;

2° Que si on ajoute ou si on retranche deux identités, que si on multiplie ou si on divise deux identités membre à membre, on obtient une nouvelle égalité qui est encore identique.

Les mêmes principes régissent les inégalités identiques, seulement avec quelques restrictions. Ainsi, on peut augmenter ou diminuer les deux membres d'une inégalité d'une même quantité, sans altérer celle-ci.

On peut multiplier ou diviser les deux membres d'une inégalité par une même quantité *positive*.

En additionnant membre à membre des inégalités de même sens, on obtient une inégalité de même sens que les premières.

En multipliant membre à membre des inégalités de même sens dont tous les termes sont positifs, l'inégalité obtenue est encore de même sens.

**Application.** — *La puissance* $n^e$ *de* $1 + x$ *est supérieure à* $1 + nx$, *si* x *est positif*.

En effet, multipliant les deux membres de l'identité : $(1 + x) - 1 = x$ par $1 + x$, on a :

$$(1 + x)^2 - (1 + x) = x(1 + x) = x + x^2 ;$$

négligeant le terme positif $x^2$ dans le second membre, on a :

$$(1 + x)^2 - (1 + x) > x ;$$

multipliant les deux membres de cette inégalité par $1 + x$, on a :

$$(1 + x)^3 - (1 + x)^2 > x + x^2 ;$$

négligeant encore dans le second membre le terme $x^2$, on a à *fortiori* :

$$(1 + x)^3 - (1 + x)^2 > x,$$

et ainsi de suite.

On peut donc écrire les $n - 1$ inégalités avec l'égalité :

$$(1 + x) - 1 = x$$
$$(1 + x)^2 - (1 + x) > x$$
$$(1 + x)^3 - (1 + x)^2 > x$$
$$\ldots\ldots\ldots\ldots\ldots\ldots\ldots$$
$$\ldots\ldots\ldots\ldots\ldots\ldots\ldots$$
$$(1 + x)^{n-1} - (1 + x)^{n-2} > x$$
$$(1 + x)^n - (1 + x)^{n-1} > x$$

ajoutant membre à membre, on a :

$$(1 + x)^n - 1 > nx$$

ou

$$(1 + x)^n > 1 + nx.$$

## ÉTUDE DE FORMES REMARQUABLES DES EXPRESSIONS ALGÉBRIQUES.

A cause de la généralité des formules d'algèbre, celles-ci peuvent présenter des formes remarquables, par suite d'hypothèses particulières faites sur les quantités qui les constituent.

$1°$ *Forme* $\dfrac{m}{0}$. — La plus fréquente de ces formes est la suivante : $\dfrac{m}{0}$ provenant d'hypothèses telles que le dénominateur de la fraction $\dfrac{m}{d}$ soit nul ; mais ce symbole ne peut être interprété dans les calculs qu'autant que l'on pourra substituer à $d$ une quantité aussi petite que l'on veut ; en d'autres termes $\dfrac{m}{0}$ est la limite de $\dfrac{m}{d}$ lorsque $d$ tend vers zéro, $m$ pouvant varier, mais sans devenir ni nulle, ni infinie.

Or, si on appelle M la plus petite valeur de $m$, *si* $d$ *tend vers zéro*, $\dfrac{\mathrm{m}}{\mathrm{d}}$ *croîtra au delà de toute limite*, c'est-à-dire *que* $\dfrac{\mathrm{m}}{0}$ *représente une quantité infinie*. En effet, soit $\alpha$ une quantité donnée aussi grande que l'on voudra, on peut toujours prendre $d$ assez petit pour que l'on ait $\dfrac{m}{d} > \alpha$, car il suffit de satisfaire à l'inégalité $d < \dfrac{\mathrm{M}}{\alpha}$, ce qui peut toujours se faire; donc $\dfrac{m}{d}$ est plus grand que toute quantité aussi grande que l'on veut, ce que l'on traduit par ces mots, si $d$ tend vers zéro, $\dfrac{m}{d}$ augmente au delà de toute limite, ou tend vers l'infini. L'infini se représente par le signe $\infty$, de sorte que l'on a identiquement

$$\frac{m}{0} = \infty$$

Les deux quantités $\dfrac{m}{d}$, $\dfrac{d}{m}$ sont dites *inverses* l'une de l'autre; or si on fait tendre $d$ vers zéro, on voit que l'infini est l'inverse de zéro. De même que, devant le symbole 0, on laisse souvent subsister l'un des signes $+$ ou $-$, pour indiquer si la grandeur avant d'atteindre sa limite 0 était positive ou négative, on laisse aussi subsister devant le symbole $\infty$ l'un de ces signes pour indiquer également quel était le signe de cette grandeur avant d'atteindre sa limite; mais les deux symboles $+ \infty$, $- \infty$ sont des quantités algébriques identiques au même titre que $+ 0$ et $- 0$.

2° *Forme* $0 \,.\, \infty$. — D'après ce qui précède, on a identiquement $0 \,.\, \infty = m$, $m$ étant une quantité arbitraire; c'est-à-dire que si dans un produit : $d \,.\, Q$, la condition que l'un d'eux $d$ tende vers zéro, exige que l'autre $Q$ augmente au delà de toute limite, si leur produit est toujours le même $m$, et cela quel que soit $m$; donc $0 \cdot \infty$ représente généralement une quantité *indéterminée*.

$3^o$ *Formes* $\dfrac{0}{0}$ *et* $\dfrac{\infty}{\infty}$. — Ces deux formes sont encore celles de l'*indétermination*, car on a les identités

$$m = 0 \cdot \infty = 0 \cdot \frac{m'}{0} = \frac{0 \cdot m'}{0} = \frac{0}{0}$$

et

$$m = 0 \cdot \infty = \frac{m'}{\infty} \cdot \infty = \frac{m' \cdot \infty}{\infty} = \frac{\infty}{\infty}.$$

Mais il peut arriver, dans des cas particuliers seulement, que des grandeurs, qui se présentent sous cette forme, ne soient pas véritablement indéterminées; on ne peut ici que donner quelques exemples pour reconnaître la véritable valeur de la grandeur dans ces cas particuliers.

Ex. : $1^o$ Véritable valeur de la fraction $\dfrac{a^2 - b^2}{a - b}$ ; pour $a = b$, on a identiquement

$$\frac{a^2 - b^2}{a - b} = \frac{(a - b)(a + b)}{a - b} = a + b$$

et pour $a = b$, cette fraction a pour valeur limite $2a$.

$2^o$ Véritable valeur de la fraction $\dfrac{x^2 - 3x}{x^3 + 3x^2}$ pour $x = 0$, on a

$$\frac{x^2 - 3x}{x^3 + 3x^2} = \frac{x(x - 3)}{x^2(x + 3)} = \frac{x - 3}{x(x + 3)};$$

donc, pour $x = 0$, cette fraction a pour valeur

$$\frac{-3}{0(+3)} = -\infty,$$

si on suppose que $x$ tende vers zéro en décroissant.

$3^o$ Véritable valeur de la fraction $\dfrac{ax^2 + bx + c}{a'x^2 + b'x + c'}$ ; pour $x = \infty$

on a

$$\frac{ax^2 + bx + c}{a'x^2 + b'x + c'} = \frac{a + \dfrac{b}{x} + \dfrac{c}{x^2}}{a' + \dfrac{b'}{x} + \dfrac{c'}{x^2}}$$

et pour $x = \infty$, ce rapport a pour valeur limite $\dfrac{a}{a'}$.

Il est encore une forme d'indétermination assez fréquente, savoir :

$$\infty - \infty.$$

Soit $\dfrac{1}{a} - \dfrac{1}{b} = c$, $c$ étant une quantité arbitraire ; si $a$ et $b$ tendent vers zéro de manière que la différence $\dfrac{1}{a} - \dfrac{1}{b}$ soit égale à $c$, on aura : $\infty - \infty = c$ ; et, puisque $c$ est arbitraire, la différence entre deux infinis est donc généralement une quantité indéterminée. Si cela n'avait pas lieu, pour reconnaître la véritable valeur, on écrirait :

$$\lim \left(\frac{1}{a} - \frac{1}{b}\right) = \lim \left(\frac{b - a}{ab}\right) = \frac{0}{0}$$

et on opérerait comme dans les exemples précédents.

### EXERCICES.

1. Trouver la somme des chiffres d'un nombre de $n$ chiffres dont le chiffre des unités est $a_1$ ; le chiffre des dizaines surpasse celui des unités de $a_2$ unités ; le chiffre des centaines surpasse celui des dizaines de $a_3$ unités, etc.

2. Multiplier

$$1 - 2x + x^2 \quad \text{par} \quad 1 - 3x + 3x^2 - x^3.$$

$$a^6 + a^4 + a^2 \quad \text{par} \quad a^2 - 1.$$

3. Vérifier que

$$(a + b - c)^2 + (b - a - c)^2 + (b + 2c)^2 = 2a^2 + 3b^2 + 6c^2.$$
$$(a + b + c)(a^2 + b^2 + c^2 - ab - bc - ac) = a^3 + b^3 + c^3$$
$$- 3abc.$$

$$(a + b)(b + c) + (a + c)(d - b) - (a + d)(c + d) = b^2 - d^2.$$

$$(a + b + c)(a - b + c)^2 - (a - b + c)^2 (b + c - a)$$
$$= 2a(a - b + c)^2.$$

$$(ad - bc)(ad + bc) = a^2 - c^2 \quad \text{si} \quad a^2 + b^2 = c^2 + d^2 = 1.$$

$$2ab(a - 2b) - ac(a - c) + 2bc(2b - c) = (a - 2b)(a - c)(2b - c).$$

$$(a^2 + b^2 + c^2)(a'^2 + b'^2 + c'^2) - (aa' + bb' + cc')^2$$
$$= (ab' - ba')^2 + (bc' - cb')^2 + (ac' - ca')^2.$$

$$a(b + c)^2 + b(a + c)^2 + c(a + b)^2 - (a+b)(a - c)(b - c)$$
$$- (a - b)(a - c)(b + c) + (a - b)(a + c)(b - c) = 12abc.$$

4. Si l'on pose

$$A = bc' - cb', \quad B = ac' - ca', \quad C = ab' - ba',$$
$$N = 2ac' + 2ca' - bb', \quad M = b'^2 - 4a'c', \quad P = b^2 - 4ac,$$

vérifier que l'on a :

$$4(B^2 - AC) = N^2 - MP.$$
$$(Cb' - 2Ba')^2 - 4a'^2(B^2 - AC) = a'^2 C^2 M.$$

5. Si l'on pose

$$A = b'c'' - c'b'', \quad A' = cb'' - bc'', \quad A'' = bc' - cb',$$
$$B = c'a'' - a'c'', \quad B' = ac'' - ca'', \quad B'' = ca' - ac',$$
$$C = a'b'' - b'a'', \quad C' = ba'' - ab'', \quad C'' = ab' - ba',$$

vérifier que :

$$Ab + A'b' + A''b'' = 0 \qquad Ac + A'c' + A''c'' = 0$$
$$Bc + B'c' + B''c'' = 0 \qquad Ba + B'a' + B''a'' = 0$$
$$Ca + C'a' + C''a'' = 0 \qquad Cb + C'b' + C''b'' = 0$$
$$Aa + A'a' + A''a'' = Bb + B'b' + B''b'' = Cc + C'c' + C''c''$$
$$Aa + Bb + Cc = A'a' + B'b' + C'c' = A''a'' + B''b'' + C''c''.$$

6. Diviser

$$a^8 - 16x^8 \quad \text{par} \quad a^2 - 2x^2.$$
$$a^6 + 2a^3x^3 + x^6 \quad \text{par} \quad a^2 - ax + x^2.$$
$$x^4 + 2ax^3 - (n^2 - 1)a^2x^2 + 2na^3x - a^4 \text{ par } x^2 - (n - 1)ax + a^2.$$
$$x^2 - (a + b)x + ab \quad \text{par} \quad x - a.$$
$$x^3 + (a + b + c)x^2 + (ab + ac + bc)x + abc \quad \text{par} \quad (x + a)(x + b).$$
$$x^2(x - 2a) + (a^2 + ab - b^2)x - ab(a - b) \text{ par } x^2 - (a + b)x + ab.$$
$$(n + 1)x^n - nx^{n+1} - 1 \quad \text{par} \quad (x - 1)^2.$$
$$a^2 - b^2 - c^2 - d^2) - 2(ad - bc) \text{ par } a - b + c - d.$$

7. Vérifier que :

$$\frac{\dfrac{x}{x-a}-\dfrac{a}{x+a}}{\dfrac{x}{x+a}+\dfrac{a}{x-a}}=1.$$

$$\frac{a^3}{(a-b)(a-c)}+\frac{b^3}{(b-a)(b-c)}+\frac{c^3}{(c-a)(c-b)}=a+b+c.$$

$$1-\left(\frac{a^2+b^2-c^2}{2ab}\right)^2=\frac{(a+b+c)(a+b-c)(a+c-b)(b+c-a)}{4a^2b^2}$$

$$\frac{4ab+2b^2-12a^2}{3(a^2-b^2)}+\frac{2a-b}{a+b}+\frac{7a}{3(a+b)}+2=\frac{7}{3}.$$

$$\frac{a-\dfrac{a+b}{1+ab}}{1-\dfrac{a(a+b)}{1+ab}}=\frac{a+\dfrac{b-a}{1+ab}}{\dfrac{a(b-a)}{1+ab}-1}=-b.$$

$$\frac{a(2b-a)}{a^2-b^2}-\frac{(3bc+ad)(2b-a)}{2b(3c-d)(a+b)}=\frac{(3bc-ad)(2b-a)}{2b(3c-d)(a-b)}.$$

$$\frac{x}{e^x+1}+\frac{x}{e^x-1}=\frac{2xe^x}{e^{2x}-1}.$$

$$\frac{1}{a+\sqrt{a^2-x^2}}+\frac{1}{a-\sqrt{a^2-x^2}}=\frac{2a}{x^2}.$$

$$\frac{\sqrt{x^2+1}+\sqrt{x^2-1}}{\sqrt{x^2+1}-\sqrt{x^2-1}}+\frac{\sqrt{x^2+1}-\sqrt{x^2-1}}{\sqrt{x^2+1}+\sqrt{x^2-1}}=2x^2.$$

$$\frac{ax}{\sqrt{a+x}}-\frac{2ax^2}{\sqrt{(a+x)^3}}+\frac{ax^3}{\sqrt{(a+x)^5}}=\frac{a^3x}{\sqrt{(a+x)^5}}.$$

$$\frac{1}{4}\frac{\sqrt{x^4-a^4}}{x^2-a^2}\frac{4x}{a}\sqrt{\frac{1-\dfrac{a^2}{x^2}}{1+\dfrac{x^2}{a^2}}}=1.$$

$$\left(\sqrt{x}+\sqrt{a}\right)^2\left(\sqrt[3]{x}+\sqrt[3]{a}\right)^3=(x+a)^2+2\sqrt{ax}\,(x+a)$$
$$+3\sqrt[3]{ax}\left(\sqrt[3]{x}+\sqrt[3]{a}\right)\left(\sqrt{x}+\sqrt{a}\right)^2.$$

8. Vérifier que l'on a :

1° $x^3+3px+2q=0$

pour

$$x = \sqrt[3]{-q + \sqrt[2]{p^3 + q^2}} + \sqrt[3]{-q - \sqrt[2]{p^3 + q^2}}\,;$$

2° $x^3 + 3Ax^2 + 3Bx + C = 0$

pour

$$x = \sqrt[2]{3A^2 - 2B + (3A^2 + B)\sqrt[3]{\dfrac{B - A^2}{4A^2}}}$$

en supposant que

$$(3A^2 - 2B)^2 = 3B^2 - 2AC.$$

# DEUXIÈME PARTIE
## RÉSOLUTION DES ÉQUATIONS

—

## CHAPITRE I

### ÉQUATIONS DU PREMIER DEGRÉ A UNE INCONNUE

#### § 1. — Principes généraux.

**Définitions.** — On nomme *équation* toute égalité entre deux expressions algébriques qui ne peut être rendue identique qu'en donnant à certaines des lettres qui y entrent des valeurs particulières. Dans une équation, il y a donc à distinguer deux espèces de grandeurs : les unes, comme dans les identités, pouvant recevoir telle valeur que l'on veut, ce sont les *données;* les autres ne pouvant recevoir que certaines valeurs particulières, si l'on veut que les deux membres deviennent identiques, ces dernières sont appelées les *inconnues*.

On appelle *solution* d'une équation tout système de valeurs qui, substituées aux inconnues, rendent les deux membres de l'équation identiques. Une équation qui n'admet aucune solution est dite *impossible*.

Deux équations renfermant les mêmes inconnues sont dites *équivalentes*, lorsqu'elles admettent les mêmes solutions.

*Résoudre une équation*, c'est trouver toutes ses solutions, ou démontrer son impossibilité, si elle n'admet aucune solution.

Si l'on s'aperçoit qu'une égalité donnée comme équation est une identité, il n'y a pas lieu de se proposer de la résoudre ; la question posée n'existe plus.

La différence entre les identités et les équations réside donc dans ce fait que les premières sont satisfaites quelles que soient les valeurs attribuées à toutes les quantités littérales qui y entrent, tandis que les autres ne le sont qu'en attribuant aux quantités dites inconnues certaines valeurs particulières. Ainsi l'égalité :

$$a^3 - b^3 = (a - b)(a^2 + ab + b^2)$$

est une identité, tandis que la suivante :

$$a^3 - b^3 = (a - b)(a^2 + b^2)$$

est une équation.

Pour indiquer dans une équation, quelles sont les grandeurs qu'on doit considérer comme inconnues, on désigne celles-ci par les dernières lettres de l'alphabet, et l'on conserve les premières lettres pour représenter les données. Ainsi, dans l'équation précédente, si $a$ doit désigner une quantité inconnue, on remplacera $a$ par $x$, et on écrira :

$$x^3 - b^3 = (x - b)(x^2 + b^2).$$

Si l'on veut que $b$ désigne aussi une quantité inconnue, on la remplacera par $y$, par exemple, et on écrira :

$$x^3 - y^3 = (x - y)(x^2 + y^2).$$

Les équations sont dites *algébriques* lorsque les inconnues n'y figurent que sous les signes des six opérations : addition, soustraction, multiplication, division, puissances et extractions de racines ; et *transcendantes*, lorsque les inconnues sont en exposants, ou sous le signe de fonctions telles que logarithmes, sinus, etc. Ex. : $\log x = 1 + x$.

On appelle *degré* d'une équation algébrique, mise sous forme entière, la somme des exposants des inconnues dans le terme où cette somme est la plus grande.

Ex. : L'équation

$$3x^2 - \frac{5b^3x}{3} = 7a^2$$

est du second degré à une inconnue, et la suivante :

$$3x^2y - \frac{5b^4x}{3} = 7y^2$$

est du troisième degré à deux inconnues.

### PRINCIPES DE RÉSOLUTION DES ÉQUATIONS.

**PREMIER PRINCIPE.** — *Si on ajoute aux deux membres d'une équation la même quantité, on obtient une équation équivalente à la première.*

Représentons par A et B les expressions algébriques constituant chacun des membres d'une équation, les deux équations

$$A = B \qquad (1)$$
$$A + C = B + C \qquad (2)$$

sont équivalentes.

En effet, toute solution de l'équation (1) est telle que les deux expressions A et B deviennent identiques en substituant aux inconnues les valeurs correspondantes constituant cette solution, c'est-à-dire que si A devient A′, B devient aussi A′, et en substituant cette solution dans l'équation (2), elle devient, si C′ représente le résultat de cette substitution dans C,

$$A' + C' = A' + C'$$

qui est une identité; donc la solution considérée est solution de l'équation (2); et comme l'équation (1) peut se déduire de l'équation (2) en ajoutant aux deux membres de celle-ci, la quantité — C, il est démontré, d'après ce qui précède, que toute solution de l'équation (2) est solution de l'équation (1); donc ces deux équations sont équivalentes.

**REMARQUE.** — La quantité C étant toujours identique à elle-même, quelles que soient les valeurs attribuées aux inconnues, que cette quantité les contienne ou non, il en résulte qu'il n'y a aucune restriction à faire, soit sur la forme de C, soit sur les quantités qui y entrent.

**COROLLAIRE.** — *Transposition des termes.* — *On peut trans-*

*poser un terme d'un membre dans l'autre pourvu que l'on change son signe.*

En effet, soit l'équation :

$$A + D = B - C.$$

D'après le principe précédent, l'équation

$$A + D + C = B - C + C$$

est équivalente à la première ; or celle-ci peut être écrite plus simplement :

$$A + D + C = B,$$

ce qui démontre la règle.

On n'altère pas une équation, en changeant les signes de tous ses termes, car cela revient à transposer les deux membres.

DEUXIÈME PRINCIPE. — *Si on multiplie les deux membres d'une équation par une même quantité, on obtient une équation équivalente.*

Les deux équations :

$$A = B \qquad (1)$$
$$mA = mB \qquad (2)$$

sont équivalentes. En effet, toute solution de l'équation (1) est telle que celle-ci se transforme en une identité $A' = A'$, par la substitution des valeurs constituant cette solution aux inconnues ; par suite, la même substitution opérée dans l'équation (2) la transforme en l'égalité

$$mA' = mA',$$

qui est une identité.

De même, toute solution de l'équation (2) convient à l'équation (1), car on peut déduire la première de la seconde, en multipliant les deux membres de celle-ci par $\dfrac{1}{m}$.

REMARQUE I. — La quantité $m$ est soumise à une restriction, savoir, qu'elle ne doit pas pouvoir être annulée, par conséquent ne doit pas contenir d'inconnues. En effet, l'équation (2) peut s'écrire :

$$Am - Bm = 0 \quad \text{ou} \quad (A - B)\, m = 0, \qquad (3)$$

et si $m$ contient les inconnues, en donnant à celles-ci des valeurs satisfaisant à l'équation :

$$m = 0,$$

l'équation (2) serait vérifiée, tandis que l'équation (1) ne le serait pas en général. Les équations (1) et (2) ne seraient donc pas équivalentes.

Ainsi, les équations :

$$7x + 3 = 8x + 1 \qquad (4)$$
$$(x - 3)(7x + 3) = (x - 3)(8x + 1) \qquad (5)$$

ne sont pas équivalentes, car le facteur $m$, qui est ici $x - 3$, s'annule pour $x = 3$, et cette valeur qui rend identiques les deux membres de l'équation (5), substituée dans l'équation (1), ne rend pas identiques les deux membres.

Cependant il sera permis de multiplier ou de diviser par des facteurs $m$ renfermant les inconnues, en ayant soin, la résolution de l'équation terminée, de *rejeter* les solutions provenant de l'équation $m = 0$, si on a *multiplié* par $m$, ou d'y *joindre* les solutions de l'équation $m = 0$ si on a *divisé* par $m$.

Ainsi en remplaçant l'équation (5) par l'équation (4) on supprime la solution $x = 3$, de sorte qu'après avoir résolu l'équation (4) en ajoutant aux solutions de cette équation, la solution $x = 3$, on aura toutes celles de l'équation (5).

Dans le cas d'équations non entières, et les dénominateurs renfermant les inconnues, on n'introduit pas de solutions étrangères, en multipliant les deux membres par le plus petit multiple commun M des dénominateurs, si les dénominateurs sont tous différents et les fractions irréductibles ; car après cette multiplication, les deux membres de l'équation ne peuvent pas avoir de facteur commun égal à l'un des facteurs du plus petit multiple, par conséquent cette équation ne peut être rendue identique par l'une des solutions de l'équation $M = 0$.

Remarque II. — Lorsqu'on élève les deux membres d'une équation au carré, on a une équation non équivalente à la première.

En effet, on remplace l'équation :

$$A = B \qquad (1)$$

par la suivante :

$$A^2 = B^2 \qquad (2)$$

ou

$$A^2 - B^2 = 0.$$

Mais

$$A^2 - B^2 = (A - B)(A + B) = A(A + B) - B(A + B);$$

on a donc :

$$A(A + B) - B(A + B) = 0$$

ou :

$$A(A + B) = B(A + B); \qquad (3)$$

donc l'élévation au carré des deux membres d'une équation, revient à la multiplier par $A + B$ ; on introduit donc comme solutions étrangères, celles de l'équation $A + B = 0$ ou $A = -B$.

Après avoir résolu l'équation $A^2 = B^2$, il faudra avoir soin de rejeter toutes les solutions qui ne conviennent pas à la proposée.

En général, si on élève les deux membres à la puissance $n$, on introduit les solutions de l'équation

$$A^{n-1} + BA^{n-2} + B^2A^{n-3} + \ldots + B^{n-2}A + B^{n-1}.$$

**Évanouissement des dénominateurs.** — Lorsqu'une équation renferme des dénominateurs, on la ramène à la forme entière en multipliant ses deux membres par le plus petit multiple commun des dénominateurs, l'équation ainsi obtenue est toujours équivalente à la première.

Soit l'équation :

$$\frac{bx}{2b-a} - \frac{(3bc+ad)x}{2ab(a+b)} - \frac{3ab}{3c-d} + \frac{3a(2b-a)}{a^2-b^2} = \frac{(3bc-ad)x}{2ab(a-b)}.$$

Le plus petit multiple commun des dénominateurs est :

$$2ab\,(a^2 - b^2)\,(2b - a)\,(3c - d),$$

multipliant les deux membres par cette quantité et simplifiant, on a :

$$2ab^2 x\,(a^2 - b^2)\,(3c - d) - (3bc + ad)\,(a - b)\,(2b - a)\,(3c - d)\,x$$
$$- 10a^2 b^2\,(a^2 - b^2)\,(2b - a) + 10a^2 b\,(2b - a)^2\,(3c - d)$$
$$= (3bc - ad)\,(a + b)\,(2b - a)\,(3c - d)\,x.$$

## § 2. — Résolution de l'équation du premier degré à une inconnue.

THÉORÈME I. — *Toute équation du premier degré à une inconnue* x *peut être ramenée à la forme* $Ax = B$, A *et* B *étant des polynômes entiers indépendants de* $x$.

En effet, faisons disparaître les dénominateurs, s'il y en a, faisons passer les termes contenant $x$ dans le premier membre, et tous les autres dans le second ; si on désigne par A le polynôme facteur de $x$, et par B le second membre, l'équation prend la forme $Ax = B$.

THÉORÈME II. — *Toute équation du premier degré a une solution et une seule.*

Supposons d'abord $A \gtrless 0$ ; on peut diviser les deux membres de l'équation par A, et on obtient $x = \dfrac{B}{A}$ ; on est ramené à trouver une quantité qui, substituée à $x$, rende les deux membres de cette équation identiques ; or la quantité $\dfrac{B}{A}$ remplit cette condition, et c'est évidemment la seule.

En second lieu, soit $A = 0$ ; B, dans ce cas, est nécessairement différent de zéro ; car si on avait en outre $B = 0$, l'égalité

$$0 \cdot x = 0$$

équivalente à la proposée est une identité ; dès lors il n'y a pas à se proposer de résoudre l'équation proposée. Soit donc : $0 \cdot x = B$. Cette équation ne peut être satisfaite par la substitution à $x$ d'aucune quantité finie ; car toute quantité finie, multipliée par zéro donne pour produit zéro, et non $B \gtrless 0$.

D'ailleurs, la quantité algébrique représentée par le symbole $\infty$ satisfait à cette égalité, puisque le produit

$$0 \cdot \infty$$

étant un signe d'indétermination peut représenter $B$ ; donc l'infini est la solution unique de l'équation proposée.

Remarque. — Dans ce dernier cas, la solution algébrique conviendra au problème, si la quantité inconnue peut devenir infinie ; sinon, elle indiquera que le problème n'a aucune solution ; on dit alors qu'il y a impossibilité, et on verra que généralement dans l'énoncé il y a contradiction entre les données et les inconnues.

**Règle de résolution de l'équation du premier degré à une inconnue.** — D'après ce qui précède, *on fait disparaître les dénominateurs s'il y en a, transposant les termes renfermant l'inconnue dans l'un des membres et les termes indépendants de cette inconnue dans l'autre ; on divise les deux membres par le coefficient de l'inconnue ; le quotient ainsi trouvé est la solution.*

Ex. : 1° Soit à résoudre l'équation :

$$7 + \frac{x}{12} - \frac{3x}{5} + \frac{x}{4} = \frac{21}{10} - \frac{x}{6}.$$

multipliant les deux membres par $2^2 \cdot 3 \cdot 5$, plus petit multiple commun des dénominateurs, on a :

$$420 + 5x - 36x + 15x = 126 - 10x$$

transposant et réduisant :

$$- 6x = - 294$$

d'où

$$x = \frac{-294}{-6} = + 49.$$

Vérification :

$$+ 7 + \frac{49}{12} - \frac{3 \cdot 49}{5} + \frac{49}{4} = \frac{91}{15}$$

et

$$\frac{21}{10} - \frac{49}{6} = \frac{91}{15}.$$

2° Soit l'équation :

$$\frac{bx}{2b - a} - \frac{(3bc + ad)\,x}{2ab\,(a + b)} - \frac{5ab}{3c - d} + \frac{5a\,(2b - a)}{a^2 - b^2} = \frac{(3bc - ad)\,x}{2ab\,(a - b)}.$$

Multipliant les deux membres par le plus petit multiple commun des dénominateurs :

$$2ab\,(2b - a)\,(a^2 - b^2)\,(3c - d),$$

on a :

$$2ab^2x\,(a^2 - b^2)\,(3c - d) - (3bc + ad)\,(2b - a)\,(a - b)\,(3c - d)\,x$$
$$- 10a^2b^2\,(2b - a)\,(a^2 - b^2) + 10a^2b\,(2b - a)^2\,(3c - d)$$
$$= (3bc - ad)\,(2b - a)\,(a + b)\,(3c - d)\,x$$

ou :

$$\big\{ 2ab^2\,(a^2 - b^2) - (2b - a)\,[(3bc + ad)\,(a - b) + (3bc - ad)\,(a + b)] \big\}\,(3c - d)x$$
$$= 10a^2b\,(2b - a)\,[b\,(a^2 - b^2) - (2b - a)\,(3c - d)]$$

où :

$$\big\{ 2ab^2\,(a^2 - b^2) - (2b - a)\,(3c - d)\,2ab \big\}\,(3c - d)\,x$$
$$= 10a^2b\,(2b - a)\,[b\,(a^2 - b^2) - (2b - a)\,(3c - d)],$$

d'où :

$$2ab\,[b\,(a^2 - b^2) - (2b - a)\,(3c - d)]\,(3c - d)\,x$$
$$= 10a^2b\,(2b - a)\,[b\,(a^2 - b^2) - (2b - a)\,(3c - d)].$$

divisant les deux membres par le facteur commun

$$2ab\,[b\,(a^2 - b^2) - (2b - a)\,(3c - d)]$$

que l'on ne peut supposer nul, sans quoi l'équation proposée serait une identité, on a :

$$(3c - d)\,x = 5a\,(2b - a):$$

donc :

$$x = \frac{5a\,(2b - a)}{3c - d}.$$

### § 3. — **Mise en équation et discussion des problèmes.**

*Mettre un problème en équations*, c'est traduire algébriquement l'énoncé de ce problème ; à cet effet, on suit le précepte général suivant : On recherche quelles sont les quantités qu'on doit prendre pour inconnues, on les représente par des lettres et on examine si ces quantités sont susceptibles de deux sens opposés de formation ; dans ce cas on indique quel est le sens qui sera considéré comme positif ; à l'aide des lettres on indique ensuite avec une fidélité exacte toutes les opérations et égalités ayant rapport dans l'énoncé aux quantités connues et inconnues, ainsi que les relations qui dépendent de la nature même de ces quantités, et dont l'énoncé peut ne pas faire mention. Ces égalités et ces relations constituent les équations du problème.

On passe à la résolution des équations et on vérifie si les solutions trouvées satisfont aux équations, les procédés algébriques de résolution introduisant quelquefois des solutions étrangères qu'il faut laisser de côté immédiatement. Il ne reste plus que la *discussion*, qui est l'examen des différentes solutions des équations, lorsque les quantités connues qui y entrent passent par différents états de grandeur.

Si les équations proviennent d'un problème, ces différents états de grandeur sont compris entre certaines limites déterminées par la question elle-même ou par la nature de ces quantités ; et il y a donc à chercher ces limites, puis à examiner, si, dans ces limites, les solutions conviennent à l'énoncé, et si elles ne conviennent pas, à en rechercher les causes. L'étude des circonstances remarquables que peuvent présenter les solutions, lorsque les données ont certaines valeurs particulières, rentre encore dans la discussion ; et inversement on doit chercher les conditions que doivent présenter les données pour que le problème présente telle ou telle solution remarquable.

Mais si une équation est posée *à priori*, sans qu'on donne sa source et sans imposer de conditions ni de limites aux quantités connues et inconnues, la discussion se borne à l'examen des conditions de possibilité fournies par l'algèbre et des particularités de la solution, lorsque les quantités littérales ou certaines expressions formées avec celles-ci, sont positives, nulles ou négatives.

Les problèmes suivants feront comprendre l'ordre à suivre dans la discussion des problèmes.

PROBLÈME I. — *Un négociant prélève au commencement de chaque année sur les fonds qu'il a dans le commerce une somme de 2700 fr. pour subvenir à ses dépenses personnelles. Chaque année, son fonds augmente du tiers de ce qui reste, et après trois ans, les fonds qu'il avait au commencement de la première année se trouvent doublés. Quelle est la somme que possédait ce négociant au commencement de la première année?*

**Mise en équation.** — Représentons par $x$ la somme qu'il possédait au commencement de la première année, comme il prélève 2700 fr. à cette époque, ce qu'il laisse dans le commerce est réduit à

$$x - 2700.$$

Le fonds augmente du tiers de ce qu'il est dans le courant de l'année; au commencement de la seconde année, le négociant possède donc :

$$x - 2700 + \frac{x - 2700}{3} \quad \text{ou} \quad \frac{4}{3}(x - 2700).$$

Mais il prélève sur cette somme 2700 fr. ; il lui reste :

$$\frac{4}{3}(x - 2700) - 2700,$$

et à l'expiration de la seconde année, son bénéfice étant encore le tiers de ce qu'il avait dans le commerce au début de cette deuxième année, il possède :

$$\frac{4}{3}(x - 2700) - 2700 + \frac{1}{3}\left[\frac{4}{3}(x - 2700) - 2700\right]$$

ou

$$\frac{4}{3}\left[\frac{4}{3}(x - 2700) - 2700\right].$$

Enfin, il prélève encore sur cette somme 2700 fr., de sorte qu'à la fin de la troisième année, il possède :

$$\frac{4}{3}\left[\frac{4}{3}(x-2700)-2700\right]-2700$$

plus le tiers de cette somme ; par conséquent, en totalité :

$$\frac{4}{3}\left\{\frac{4}{3}\left[\frac{4}{3}(x-2700)-2700\right]-2700\right\}.$$

D'après l'énoncé, ce capital est le double du capital primitif $x$ ; l'équation du problème est donc :

$$\frac{4}{3}\left\{\frac{4}{3}\left[\frac{4}{3}(x-2700)-2700\right]-2700\right\}=2x.$$

**Résolution.** — Multipliant les deux membres par $3^3$ pour faire disparaître les dénominateurs, et divisant par 2, on a :

$$8\left[4(x-2700)-3.2700\right]-2.9.2700=3^3x$$
$$32x-32.2700-24.2700-18.2700=27x$$
$$5x=2700(32+24+18)$$
$$5x=2700.74$$
$$x=\frac{2700.74}{5}=540.74=39960.$$

Le négociant possédait donc 39960 fr.

✗ PROBLÈME II. — *Deux fontaines, telles que le débit de l'une soit les $\frac{5}{8}$ du débit de l'autre coulent ensemble et remplissent un certain réservoir. Si on fait couler la première seule pendant les $\frac{2}{3}$ du temps que la seconde coulant seule mettrait à remplir ce réservoir, et qu'on fasse ensuite couler la seconde jusqu'à ce que le réservoir soit plein, on observe que le temps total, pendant lequel les deux fontaines ont coulé, surpasse de deux heures celui de la première expérience. On demande le temps nécessaire pour remplir le réservoir, les deux fontaines coulant ensemble.*

Si on prend pour unité de capacité le volume du réservoir, lorsque les fontaines coulent ensemble jusqu'à ce que le réservoir soit plein, la quantité d'eau versée par la première

est $\dfrac{5}{13}$ et par la seconde $\dfrac{8}{13}$. Soit $y$ le nombre d'heures que

ces fontaines ont coulé ensemble dans la première expérience, la seconde fontaine, si elle coulait seule, mettrait pour remplir

le réservoir un nombre d'heures égal à $y \cdot \dfrac{13}{8}$, et la première,

égal à $y \cdot \dfrac{13}{5}$.

Cela posé, dans la seconde expérience, la première, coulant

seule pendant le temps $\dfrac{2}{3}\left(\dfrac{13y}{8}\right)$, verse une quantité d'eau

égale au rapport des deux durées $\dfrac{2}{3}\left(\dfrac{13y}{8}\right)$, $y\cdot\dfrac{13}{5}$, par consé-

quent, à.:

$$\frac{\dfrac{2}{3}\,\dfrac{13y}{8}}{\dfrac{y\cdot 13}{5}} = \frac{5}{12}.$$

Il reste les $\dfrac{7}{12}$ du réservoir à remplir, la seconde fontaine

mettra donc pour verser cette quantité d'eau le temps égal

aux $\dfrac{7}{12}$ de $\dfrac{13y}{8}$, c'est-à-dire à $\dfrac{7\cdot 13y}{8\cdot 12}$; l'équation du problème

est donc :

$$\frac{2}{3}\left(y\,\frac{13}{8}\right) + \frac{7\cdot 13y}{8\cdot 12} = y + 2.$$

Multipliant les deux membres par $8 \cdot 12$, on a :

$$8\cdot 13y + 7\cdot 13y = 8\cdot 12y + 16\cdot 12$$

donc :

$$y\,(15\cdot 13 - 8\cdot 12) = 16\cdot 12$$

divisant par 3

$$y\,(5\cdot 13 - 8\cdot 4) = 16\cdot 4$$

$$y = \frac{64}{33} = 1^{\mathrm{h}} + \frac{31}{33}.$$

PROBLÈME III. — *De quel nombre faut-il augmenter les qua-*

tre nombres a, b, c, d, *rangés par ordre de grandeur, de manière que les quatre nouveaux nombres forment une proportion.*

**Mise en équation.** — Soit $x$ ce nombre, les quatre nouveaux nombres sont $a + x$, $b + x$, $c + x$, $d + x$, l'équation du problème est donc :

$$(1) \qquad \frac{a + x}{b + x} = \frac{c + x}{d + x}.$$

**Résolution.** — Multipliant les deux membres par $(b + x)(d + x)$ on a :

$$(a + x)(d + x) = (b + x)(c + x);$$

développant et simplifiant, on a :

$$ad + dx + ax = bc + bx + cx$$

et en transposant :

$$x(a + d - b - c) = bc - ad,$$

d'où

$$x = \frac{bc - ad}{a + d - b - c}.$$

**Discussion.** — On distinguera deux cas, selon que le dénominateur $a + d - b - c$ est différent de zéro ou nul.

1° $a + d - b - c \lessgtr 0$. Le problème admet une solution finie et déterminée. Si en particulier, on a $bc = ad = 0$, c'est-à-dire $bc = ad$ ou $\frac{a}{b} = \frac{c}{d}$, on a $x = 0$, d'où ce théorème :

*Si quatre nombres forment une proportion, il n'existe aucun nombre qui, ajouté à chacun d'eux, soit tel que la proportion subsiste.*

2° $a + d - b - c = 0$. Il ne peut pas se faire que l'on ait en même temps $bc - ad = 0$, car de ces deux égalités, on déduit successivement :

$$\frac{a}{b} = \frac{c}{d} = \frac{a - c}{b - d} = 1$$

et

$$\frac{a}{c} = \frac{b}{d} = \frac{a - b}{c - d} = 1$$

d'où
$$a = b . \quad c \cdot d$$
et
$$a + x = b + x \quad c + x = d + x;$$

par suite le rapport de deux de ces nombres est toujours le même, savoir l'unité, et la question n'existe plus.

Soit donc $bc \gtreqless ad$, alors $x$ se présente sous la forme d'une quantité infinie, donc il n'y a aucun nombre fini résolvant la question. On peut se rendre compte de ce résultat sur l'équation même. En effet, retranchant l'unité de chacun des membres de l'équation (1), on a, après simplification

$$\frac{a - b}{b + x} = \frac{c - d}{d + x} = \frac{a - b - (c - d)}{b - d} = \frac{0}{b - d}$$

Or $b$ ne peut être égal ni à $d$ ni à $a$ d'après les hypothèses, donc l'équation :

$$\frac{a - b}{b + x} = 0$$

ne peut être satisfaite pour aucune valeur finie de $x$.

Remarque. — Il peut arriver que la valeur de $x$ dans le premier cas soit négative, cela indique qu'il faut ajouter aux quatre nombres cette valeur négative, pour avoir proportion.

Problème IV. — *Étant donnés les rayons* R *et* R' *de deux circonférences* O *et* O' *et la distance* d *de leurs centres, trouver le point où la tangente commune extérieure rencontre la droite des centres.*

Soient O l'origine des distances comptées sur la droite des

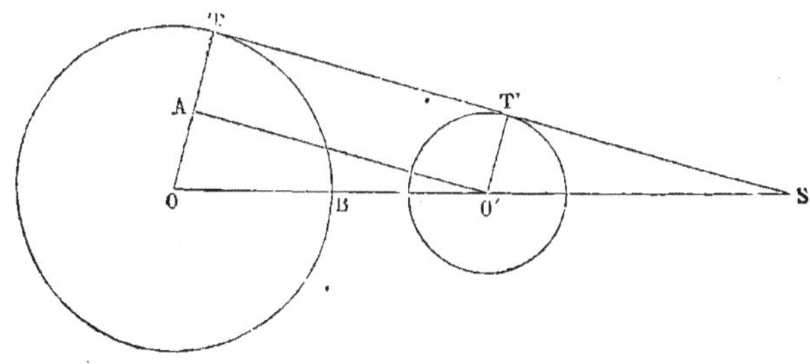


centres, OB le sens positif, $OO' = d$, $OS = x$, $OT = R$, $O'T' = R'$.

Par O′, menons la parallèle O′A à la tangente commune TT′; de la similitude des triangles OST, OO′A, on déduit :

$$\frac{OS}{OO'} = \frac{OT}{OA} \quad \text{ou} \quad \frac{x}{d} = \frac{R}{OT - O'T'} = \frac{R}{R - R'},$$

d'où

$$x = \frac{Rd}{R - R'}.$$

**Discussion.** — Supposant $d$ constant, c'est-à-dire les centres des circonférences fixes, on peut distinguer trois cas, selon que R′ est inférieur, égal ou supérieur à R.

1° R $>$ R′. La valeur de $x$ est finie et positive ; le point de rencontre S occupe une position à droite de OO′, car on a $\frac{Rd}{R - R'} > d$ puisque la fraction $\frac{R}{R - R'}$ est supérieure à l'unité.

2° R $=$ R′. Il en résulte :

$$x = \frac{dR}{0} = \infty.$$

Cette solution algébrique convient à la question ; car géométriquement, il n'y a aucune limite à la grandeur OS, et elle démontre ce résultat bien connu que si deux circonférences ont même rayon, la tangente commune extérieure est parallèle à la droite des centres.

3° R $<$ R′. La valeur de $x$ est négative, par suite le point de rencontre est à gauche du point O.

Remarque. — Si R′ tend vers R en décroissant, la valeur de $x$ est négative et tend encore vers l'infini en valeur absolue ; alors, pour indiquer qu'avant d'atteindre cette valeur infinie, $x$ était négatif, on désigne cette limite de $x$ par l'infini négatif et algébriquement par le symbole $-\infty$, tandis que, dans le premier cas, par opposition, on la désigne par $+\infty$. Mais il faut bien se garder de croire que ces deux limites soient différentes ; la mise du signe devant le symbole $\infty$ n'est que l'indication du sens dans lequel figurait la grandeur avant qu'elle ait atteint sa limite ; de même que l'on écrit quelquefois

$+ 0$ et $- 0$ ; quantités identiques, la première indiquant que la grandeur, qui a pour limite zéro, était positive avant d'atteindre cette limite, et la seconde qu'elle était négative avant d'atteindre cette même limite; ce qui peut se traduire algébriquement par les identités :

$$\frac{K^2}{+0} = +\infty, \qquad \frac{K^2}{-0} = -\infty.$$

### § 4. — Résolution des inégalités du premier degré et applications.

**Définitions.** — On appelle *inégalité du premier degré à une inconnue* l'écriture exprimant que deux expressions, entières par rapport à cette inconnue et ne la renfermant qu'au premier degré, sont plus petites ou plus grandes l'une que l'autre.

*Résoudre une inégalité à une inconnue*, c'est trouver entre quelles limites doit être comprise l'inconnue, pour que l'inégalité soit constamment satisfaite.

THÉORÈME I. — *Toute inégalité du premier degré à une inconnue* x *peut être ramenée à la forme* $Ax > B$ ou $Ax - B > 0$.

En effet, multipliant les deux membres de l'inégalité par le plus petit multiple commun des dénominateurs considéré en valeur absolue, transposant les termes connus dans un membre et ceux contenant $x$ dans l'autre, en ayant soin de changer les signes des termes ainsi transposés, on sera conduit à l'une des deux formes $Ax > B$, $Ax < B$ et la seconde se ramène à la première par la transposition des deux membres.

THÉORÈME II. — *L'inégalité* $Ax > B$ *est satisfaite pour toutes les valeurs de* x *supérieures à* $\dfrac{B}{A}$ *si* A *est positif, et inférieures à* $\dfrac{B}{A}$ *si* A *est négatif.*

En effet, si A est positif, divisant par A, on a

$$x > \frac{B}{A} ;$$

ainsi $x$ doit être supérieur à $\dfrac{B}{A}$.

Si A est négatif, on a par transposition

$$- B > - Ax.$$

Divisant les deux membres par la quantité positive $- A$, on a :

$$\frac{- B}{- A} > x \quad \text{ou} \quad x < \frac{B}{A}.$$

Corollaire. — *Le binôme* A$x$ — B *est de même signe que* A *pour toutes les valeurs de* x *supérieures à* $\frac{B}{A}$, *et de signe contraire pour celles inférieures à* $\frac{B}{A}$, car

$$Ax - B = A\left(x - \frac{B}{A}\right).$$

Si A est positif, le produit $A\left(x - \frac{B}{A}\right)$ est positif pour toutes les valeurs de $x$ supérieures à $\frac{B}{A}$ ; et si A est négatif, ce produit est négatif pour toutes les valeurs de $x$ supérieures à $\frac{B}{A}$, puisque de $x > \frac{B}{A}$ on déduit $x - \frac{B}{A} > 0$. C'est une valeur de signe contraire à A que prendra ce produit, si $x$ est inférieur à $\frac{B}{A}$.

Théorème III. — *Les deux inégalités*

$$Ax - B > 0, \qquad A'x - B' > 0$$

*peuvent être remplacées par une seule si* A *et* A' *sont de même signe.*

En effet, des deux quantités $\frac{B}{A}$, $\frac{B'}{A'}$, l'une est supérieure à l'autre, soit $\frac{B}{A}$.

Or, si A est positif, on doit avoir :

$$x > \frac{B}{A}$$

ce qui satisfait la deuxième inégalité, puisque

$$\frac{B}{A} > \frac{B'}{A'};$$

et si A est négatif, on doit avoir :

$$x < \frac{B'}{A'},$$

ce qui satisfait la première inégalité, puisque

$$\frac{B'}{A'} < \frac{B}{A}.$$

REMARQUE. — Dans le cas où A et A′ sont de signes contraires, par exemple A $>$ 0 et A′ $<$ 0, ces inégalités ne pourraient être satisfaites, si $\dfrac{B}{A}$ est supérieur à $\dfrac{B'}{A'}$; car on ne peut avoir en même temps

$$\frac{B}{A} < x < \frac{B'}{A'} \quad \text{et} \quad \frac{B}{A} > \frac{B'}{A'};$$

mais si $\dfrac{B}{A}$ est inférieur à $\dfrac{B'}{A'}$, les deux inégalités seront satisfaites par les valeurs de $x$ comprises entre $\dfrac{B}{A}$ et $\dfrac{B'}{A'}$, et seulement par celles-là.

APPLICATIONS.

**1. — Propriétés des puissances successives d'une grandeur positive :** 1° *Les puissances successives d'une quantité positive a supérieure à l'unité vont en croissant et croissent au delà de toute limite lorsque l'exposant croît indéfiniment.*

Multiplions les deux membres de l'inégalité

$$a > 1$$

par $a^n$, on a :

$$a^{n+1} > a^n,$$

ce qui démontre la première partie. En outre, on peut toujours prendre $n$ assez grand pour que l'inégalité

$$a^n > A$$

soit satisfaite, $A$ étant une quantité aussi grande que l'on veut. Posons

$$a = 1 + \alpha$$

$\alpha$ étant positif.

On sait que $(1 + \alpha)^n$ est supérieur à $1 + n\alpha$; l'inégalité $a^n > A$ aura donc lieu, *à fortiori*, si la suivante

$$(1 + n\alpha) > A$$

est satisfaite.

Résolvant par rapport à $n$, on a :

$$n > \frac{A - 1}{\alpha};$$

comme il est toujours possible de satisfaire à cette inégalité, la propriété est démontrée.

2° *Les puissances successives d'une quantité* $b$ *positive et inférieure à l'unité, sont inférieures à l'unité, décroissent et ont pour limite zéro, si l'exposant augmente indéfiniment.*

En effet, représentons $b$ par $\dfrac{1}{a}$, $a$ étant une quantité positive supérieure à l'unité; donc

$$b^n = \frac{1}{a^n}$$

On sait que $a^n$ est plus grand que $1$, par suite $b^n$ est inférieur à l'unité, décroît si $n$ augmente, puisque le dénominateur de la fraction croît avec $n$, et tend vers zéro si $n$ augmente indéfiniment, puisque $a^n$ croît au delà de toute limite.

3° *Les racines d'une quantité positive supérieure à l'unité ont pour limite l'unité, lorsque l'indice de la racine tend vers l'infini.*

Soit $1 + \alpha$ la racine $n^e$ de $a$, $\alpha$ étant une quantité positive, puisque $a$ est supérieur à l'unité; il faut démontrer que $\alpha$ tend vers zéro lorsque $n$ augmente indéfiniment. On a, par hypothèse :

$$\sqrt[n]{a} = 1 + \alpha \quad \text{ou} \quad a = (1 + \alpha)^n;$$

or, on sait que

$$1 + n\alpha < (1 + \alpha)^n \quad \text{ou} \quad a,$$

d'où

$$\alpha < \frac{a - 1}{n},$$

et si $n$ augmente indéfiniment, le quotient $\dfrac{a - 1}{n}$ a pour limite zéro, *à fortiori* $\alpha$.

COROLLAIRE. — Les racines d'une quantité positive inférieure à l'unité vont en croissant avec l'indice de la racine et ont pour limite l'unité, lorsque celui-ci augmente indéfiniment.

XII. — PROBLÈME. — *Deux bassins contenant déjà l'un a litres d'eau, l'autre b litres d'eau, reçoivent par heure respectivement c et d litres d'eau. On demande après combien d'heures le premier bassin renfermera une quantité d'eau double de celle qui se trouvera dans le second.*

Soit $x$ le nombre d'heures demandé; puisque par heure, le premier bassin reçoit $c$ litres d'eau, et qu'il en contenait $a$ litres, la quantité d'eau qu'il contient après $x$ heures est $a + cx$; de même, le second contient alors $b + dx$; l'équation du problème est donc :

$$a + cx = 2(b + dx)$$

et par transposition

$$x(c - 2d) \quad 2b - a$$

d'où

$$x = \frac{2b - a}{c - 2d}.$$

**Discussion**. — On distinguera deux cas, selon que le dénominateur $c - 2d$ est différent de zéro ou non.

1° $c - 2d \lessgtr 0$. La valeur de $x$ est finie et déterminée ; si elle est positive, elle convient à l'énoncé ; mais si elle est négative, elle ne convient pas à l'énoncé tel qu'il est posé. Or, l'origine du temps étant, d'après la mise en équation, le moment où les bassins contiennent déjà respectivement $a$ et $b$ litres d'eau, cette solution négative indique que c'est avant cette époque que la condition énoncée dans le problème est remplie ; c'est-à-dire que si on suppose que pour avoir à l'époque 0, $a$ litres d'eau dans le premier et $b$ dans le second, on ait versé respectivement $c$ et $d$ litres d'eau par heure dans ces deux bassins, il y a eu un moment avant l'époque 0 où la quantité d'eau contenue dans le premier a été double de celle contenue dans le second ; de sorte que si on donne à l'énoncé la forme générale suivante, la solution trouvée conviendra quel que soit son signe :

*Deux bassins reçoivent respectivement c et d litres d'eau par heure ; à une certaine époque le premier contient a litres, le deuxième b litres ; on demande à quelle époque la quantité d'eau contenue dans le premier est double de celle du second.*

Prenant pour origine du temps, le moment où l'on a observé que le premier bassin contenait $a$ litres et le second $b$ litres, et pour inconnue le temps écoulé entre ce moment et celui où la quantité d'eau contenue dans le premier est double de celle contenue dans le second ; cette grandeur étant regardée comme *positive* ou *négative*, selon que ce second moment *suit ou précède* le premier ; on posera évidemment la même équation ; par conséquent la valeur de $x$ représente bien, dans tous les cas, la solution du problème.

Enfin, on peut montrer pourquoi la solution négative seule peut convenir lorsque l'on trouve $\dfrac{2b - a}{c - 2d} < 0$. Il faut dans ce cas, que l'on ait, soit

$$2b - a < 0 \quad \text{et} \quad c - 2d > 0,$$

soit

$$2b - a > 0 \quad \text{et} \quad c - 2d < 0.$$

Considérons les premières inégalités, par exemple, écrites ainsi :

$$2b < a, \quad c > 2d ;$$

elles montrent que la quantité d'eau contenue dans le premier bassin est *supérieure* au double de celle qui est dans le second à l'époque 0, et que l'eau versée en une heure dans le premier bassin est *supérieure* au double de celle qui est versée dans le second pendant le même temps; par conséquent, à partir de cette époque, on est certain d'avoir toujours dans le premier bassin une quantité d'eau *supérieure* au double de celle qui est dans le second; ce ne peut donc être qu'un temps passé qui répondra à la question, c'est-à-dire une valeur négative de $x$.

2° $2b - a \leqq 0$ et $c - 2d = 0$. $x$ se présente sous la forme de l'infini; il faut donc un temps infini pour satisfaire à l'énoncé, c'est-à-dire qu'il est impossible de trouver un nombre fini d'heures pour lequel la quantité d'eau contenue dans le premier soit double de celle du second; car à l'époque 0, puisque $a \leqq 2b$, cette condition n'est pas remplie, et dans *la suite*, comme dans le *temps passé*, en supposant qu'on ait affaire au second énoncé, cette condition ne peut l'être, puisque $c = 2d$, c'est-à-dire que le premier bassin reçoit constamment une quantité d'eau double de celle que reçoit le second.

Il ne peut se faire que $2b - a = 0$ en même temps; car on serait conduit à dire : à l'époque 0, le premier bassin contient une quantité d'eau double de celle du second, et reçoit par heure une quantité d'eau double de celle que reçoit le second pendant le même temps; or demander à quelle époque la quantité d'eau contenue dans le premier est double de celle contenue dans le second, ne constitue point une question.

III. — PROBLÈME DES COURRIERS. — *Deux mobiles se déplacent uniformément sur une droite avec les vitesses respectives* v, v'; *le premier passe au point* A *à l'époque* $\theta$, *le deuxième au point* A' *à l'époque* $\theta'$; *on demande à quelle époque a eu lieu ou aura lieu leur rencontre, connaissant la distance* AA' *égale à* d.

Soit $x$ le temps écoulé depuis le moment pris pour origine commune des temps $\theta$ et $\theta'$; cette quantité $x$ étant regardée comme *positive ou négative*, selon que la rencontre a lieu *après ou avant* l'époque prise pour origine du temps; et soit AA' la direction positive des chemins parcourus, par suite celle des vitesses, qui représentent les chemins parcourus pendant l'unité de temps.

Quels que soient les signes de $v$, $x$ et de la différence $x - \theta$, la distance AM, du point de rencontre M des deux mobiles au point A, est représentée en grandeur et en signe par $v\,(x - \theta)$.

En effet, si l'on a $v > 0$, il peut arriver que $x$ soit supérieur ou inférieur à $\theta$; dans le premier cas, puisque le premier mobile, à l'époque $\theta$, passe en A en marchant dans le sens positif, à l'époque $x$ supérieure à $\theta$, c'est-à-dire au moment de la rencontre, il sera à droite de A; par conséquent le chemin AM, qui a été parcouru pendant le temps $x - \theta$ avec la vitesse $v$, est égal, d'après la loi du mouvement uniforme, à

$$v\,(x - \theta).$$

Dans le second cas, la rencontre a lieu avant que le premier mobile passe en A; comme il marche dans le sens positif, c'est donc en M' à gauche de A, et l'on a :

$$\text{M'A} = v\,(\theta - x),$$

par conséquent :

$$\text{AM'} = -\,\text{M'A} = -\,v\,(\theta - x) = v\,(x - \theta).$$

Si l'on a $v < 0$, il y a encore lieu de distinguer deux cas, selon que $x$ est supérieur ou inférieur à $\theta$; dans la première hypothèse, puisque le premier mobile à l'époque $\theta$ passe en A en marchant dans le sens négatif, à l'époque $x$ supérieure à $\theta$, il sera à gauche de A; par conséquent le chemin AM' négatif est représenté en grandeur et en signe par $v\,(x - \theta)$.

Dans le second cas, la rencontre a lieu avant le passage en A; par conséquent à droite de A et l'on a encore en grandeur et en signe

$$AM = v(x - \theta),$$

puisque les deux facteurs $v$ et $x - \theta$ sont négatifs.

On a donc, d'une manière générale :

$$AM = v(x - \theta)$$
$$A'M = v'(x - \theta').$$

Si la rencontre a lieu entre A et A', en M, on a :

$$d = AM + MA' = AM - A'M = v(x - \theta) - v'(x - \theta').$$

Si elle a lieu en M″, on a :

$$d = AM'' - A'M'' = v(x - \theta) - v'(x - \theta').$$

Et enfin, en M', on a :

$$d = M'A' - M'A$$

ou

$$d = -A'M' + AM' \quad -v'(x - \theta') + v(x - \theta).$$

L'équation du problème est donc, quels que soient les signes de $v$ et $v'$ :

$$d = v(x - \theta) - v'(x - \theta'),$$

d'où

$$x = \frac{d + v\theta - v'\theta'}{v - v'}\cdot$$

**Discussion.** — On se propose d'examiner en quel point a lieu la rencontre, selon les différentes hypothèses que l'on peut faire sur les signes et l'ordre de grandeur des données. Il suffira de faire cet examen dans le cas où les deux époques

$\theta$ et $\theta'$ sont positives, car on peut toujours supposer que l'origine du temps soit antérieure à la fois à ces deux époques ; en outre, il n'y a lieu à distinguer que deux cas, selon que les deux vitesses sont positives, ou de signes contraires ; l'étude du cas où les vitesses seraient négatives se ramenant au premier en faisant la convention opposée au sujet du sens positif des chemins parcourus.

PREMIER CAS. — $v > 0$, $v' > 0$. Le premier cas se divise en trois, selon que le dénominateur de $x$ est positif, nul ou négatif.

1. — $v > v'$. Pour connaître la position du point de rencontre, il suffit de savoir quel est l'ordre de grandeur des trois quantités : $x$, $\theta$, $\theta'$.

Si l'on a $\theta \gg \theta'$, l'inégalité :

$$x \leqslant \theta' \qquad \text{ou} \qquad \frac{d + v\theta - v'\theta'}{v - v'} \leqslant \theta'$$

donne

$$d \leqslant v\theta' - v\theta \qquad \text{ou} \qquad d \leqslant v(\theta' - \theta),$$

ce qui est contradictoire, puisque $d$ est positif et le second membre négatif ; au contraire l'inégalité $x > \theta$ ou $\dfrac{d + v\theta - v'\theta'}{v - v'} > 0$, résolue par rapport à $d$, donne :

$$d > v'(\theta' - \theta);$$

cette inégalité, ayant toujours lieu, montre que la rencontre est toujours dans ce cas à la droite de A'.

Mais si l'on a

$$\theta < \theta' \qquad \text{ou} \qquad \theta' - \theta > 0$$

la rencontre aura lieu à *droite de* A', si l'on a en outre

$$x > \theta' \qquad \text{ou} \qquad d > v(\theta' - \theta);$$

ou *entre* A *et* A', si l'on a en même temps :

$$\theta < x < \theta'$$

ou

$$v'(\theta' - \theta) < d < v(\theta' - \theta).$$

inégalités possibles, puisque $v'$ est inférieur à $v$. Enfin, la rencontre a lieu *à gauche de* A, si $x < 0$ ou $d < v(\theta' - \theta)$.

II. — $v = v'$. On a

$$x = \frac{d + v(\theta - \theta')}{0} = \infty.$$

*La rencontre n'a jamais lieu :* ce qui traduit le temps infini donné par l'algèbre ; ce que l'on pouvait prévoir. En effet, les deux mobiles marchent dans le même sens avec la même vitesse et passent à des époques différentes, l'un en A, l'autre en A' ; or à l'époque $\theta'$ le premier mobile a parcouru à partir du point A un chemin représenté en grandeur et en signe par $v(\theta' - \theta)$ qui est généralement différent de $d$ ; donc puisqu'à cette époque $\theta'$, le second mobile est en A', les deux mobiles possédant la même vitesse restent toujours à la même distance l'un de l'autre et ne se rencontrent jamais.

Si l'on avait $d = v(\theta' - \theta)$, au contraire les deux mobiles seraient toujours ensemble, il n'y a donc pas à se poser le problème de trouver leur point de rencontre.

On peut remarquer que dans ce cas l'équation se présente sous la forme $x = \dfrac{0}{0}$ ou $0\,x = 0$, c'est-à-dire d'une identité ; c'est pourquoi l'on dit quelquefois que la question est indéterminée ; mais il est plus exact de dire qu'il n'y a plus de question à résoudre, puisque d'après les hypothèses, les deux mobiles sont toujours ensemble et que l'on demanderait leur point de rencontre.

III. — $v < v'$. Si l'on a $\theta \geqslant \theta'$, l'inégalité

$$x < \theta' \quad \text{ou} \quad \frac{d + v\theta - v'\theta'}{v - v'} < \theta',$$

résolue par rapport à $d$ donne :

$$-(d + v\theta - v'\theta') < (v' - v)\theta'$$

ou

$$d > v(\theta' - \theta),$$

inégalité évidente montrant que la rencontre a toujours

lieu à gauche de A, puisque $x$ est *à fortiori* moindre que $\theta$.

Mais si l'on a $\theta < \theta'$, la rencontre a lieu *à gauche* de A, si $x < \theta$, c'est-à-dire :

$$\frac{d + v\theta - v'\theta'}{v - v'} < \theta,$$

d'où

$$d > v'(\theta' - \theta).$$

Elle a lieu *entre* A *et* A' si l'on a à la fois

$$\theta < x < \theta'$$

ou

$$v(\theta' - \theta) < d < v'(\theta' - \theta).$$

ce qui peut être puisque l'on suppose $v < v'$.

Enfin la rencontre a lieu *à droite* de A' si l'on a $x > \theta'$ ou $d < v(\theta' - \theta)$.

Second cas. — $v > 0$ *et* $v' < 0$. Le dénominateur de $x$ ne peut être nul ; il n'y a donc pas lieu de distinguer successivement les trois hypothèses $v$ supérieur, égal ou inférieur à $v'$.

Si $\theta > \theta'$ et $x < \theta$ ou $d < (-v')(\theta - \theta')$, la rencontre a lieu *à gauche* de A'. Mais si $x > \theta$ ou $d > (-v')(\theta - \theta')$, la rencontre a lieu à droite de A, et en outre *entre* A *et* A', puisque les deux mobiles marchent en sens contraire ; on peut d'ailleurs vérifier ce fait algébriquement en résolvant l'inégalité $x > \theta'$.

Si $\theta = \theta'$ on a

$$x = \frac{d + \theta(v - v')}{v - v'}$$

ou

$$x = \theta + \frac{d}{v - v'},$$

quantité supérieure à $\theta$ ou $\theta'$ ; donc la rencontre a lieu entre A et A'.

Enfin, si l'on a $\theta < \theta'$, la rencontre a lieu *entre* A *et* A', si l'on a

$$x > \theta' \quad \text{ou} \quad d > v(\theta' - \theta);$$

et elle a lieu à *droite de* A', si on a

$$< \theta' \quad \text{ou} \quad d < v(\theta' - \theta),$$

puisque le second mobile qui a une vitesse négative rencontre le premier avant que lui-même passe au point A'.

REMARQUE. — Le cas où la valeur de $x$ est négative ne présente aucun intérêt, car, à l'aide d'une origine du temps suffisamment éloignée, on pourrait toujours faire en sorte que $x$ soit positif ; d'ailleurs une valeur négative de $x$ indique toujours que la rencontre a lieu à gauche de A, si l'on a $v > 0$.

TABLEAU DE LA DISCUSSION.

| | | | | | |
|---|---|---|---|---|---|
| $v$ et $v'$ de mêmes signes *positifs..* | $v > v'$ | $\theta \geqq \theta'$ | | ............ Rencontre | à droite de A' |
| | | $\theta < \theta'$ | $d > v(\theta'-\theta)$ | — | à droite de A' |
| | | | $v'(\theta'-\theta) < d < v(\theta'-\theta)$ | — | entre A et A' |
| | | | $d < v'(\theta'-\theta)$ | — | à gauch. de A |
| | $v = v'$ | | ............ La rencontre | | n'a jamais lieu. |
| | $v < v'$ | $\theta \geqq \theta'$ | | ............ Rencontre | à gauch. de A |
| | | $\theta < \theta'$ | $d > v'(\theta'-\theta)$ | — | à gauch. de A |
| | | | $v(\theta'-\theta) < d < v'(\theta'-\theta)$ | — | entre A et A' |
| | | | $d < v(\theta'-\theta)$ | — | à droite de A' |
| $v$ et $v'$ de signes contraires | $v > 0$ | $\theta > \theta'$ | $d < v'(\theta'-\theta)$ | — | à gauch. de A |
| | | | $d > v'(\theta'-\theta)$ | — | entre A et A' |
| | | $\theta = \theta'$ | ............ | — | entre A et A' |
| | $v' < 0$ | $\theta < \theta'$ | $d > v(\theta'-\theta)$ | — | entre A et A' |
| | | | $d < v(\theta'-\theta)$ | — | à droite de A' |

---

# CHAPITRE II.

## RÉSOLUTION DES SYSTÈMES D'ÉQUATIONS DU PREMIER DEGRÉ.

### § 1. — Principes généraux.

**Définitions.** — On entend par *équations simultanées* ou *système d'équations* l'ensemble de plusieurs équations qui renferment des inconnues communes et qui doivent subsister en même temps. On appelle *solution* de ces équations simultanées tout système de valeurs qui, substituées respectivement à chacune des inconnues, transforment ces équations en identités.

Deux systèmes renfermant le même nombre d'équations et les mêmes inconnues sont dits *équivalents*, lorsque toute solution de l'un est solution de l'autre.

La recherche des solutions des systèmes d'équations repose sur le principe suivant.

**Principe fondamental.** — *Étant donné un système d'équations, on obtient un système équivalent en substituant à l'une quelconque des équations celle qu'on a obtenue en multipliant celle-là et l'une des autres par des coefficients arbitraires et ajoutant les résultats membre à membre.*

Soit le système des $n$ équations :

$$(1) \quad \begin{cases} A = B \\ C = D \\ E = F \\ \cdots\cdots \\ \cdots\cdots \\ M = N \end{cases}$$

dont les inconnues sont $x, y, z, \ldots u, v, w$.

Multiplions, par exemple, les deux membres de la première par $p$, les deux membres de la seconde par $q$, et ajoutons, on forme l'équation :

$$pA + qC = pB + qD \qquad (\alpha)$$

Le système des $n$ équations :

$$(2) \quad \begin{cases} pA + qC = pB + qD \\ C = D \\ E = F \\ \cdots\cdots \\ \cdots\cdots \\ M = N \end{cases}$$

formé en remplaçant dans le système (1) l'équation $A = B$ par l'équation $(\alpha)$, est équivalent au premier.

En effet, soit $x = \alpha$, $y = \beta$, $z = \gamma$, $\ldots$ une solution du système (1); si on remplace, dans les équations de ce système, $x, y, z, \ldots$ par leurs valeurs respectives, $\alpha, \beta, \gamma, \ldots$ les équations se transforment en identités, c'est-à-dire que si on désigne par A', C', E'..... M' les résultats de cette substitution dans les expressions : A, C, E,..... M, les expressions B, D, F,..... N sont transformées respectivement en A', C', E', ..... M'.

Cette substitution dans le système (2) donne lieu aussi à $n$ identités ; car l'expression $pA + qC$ se transforme en $pA' + qC'$ et $pB + qD$ en la même ; quant aux $n - 1$ autres équations, elles sont communes aux deux systèmes. Ainsi, cette solution convient au système (2). Et réciproquement, toute solution du système (2) est solution du système (1), car on peut dire que le premier système se déduit du second, en joignant aux $n - 1$ équations : $C = D$, $E = F$, ..... $M = N$, celle obtenue en multipliant les deux membres de l'équation $C = D$ par $-\dfrac{q}{p}$ et les deux membres de la première par $\dfrac{1}{p}$ et ajoutant membre à membre. Donc les deux systèmes sont équivalents.

REMARQUE. — Les multiplicateurs $p$ et $q$ ne peuvent être ni nuls, ni infinis, ni indéterminés.

COROLLAIRE I. — On peut multiplier les deux membres de 3, 4..... équations par des coefficients quelconques, puis ajouter membre à membre et remplacer par l'équation ainsi obtenue l'une de celles qui ont servi à la former. On peut de même remplacer une autre des $n$ équations par une nouvelle combinaison de plusieurs équations du même système.

En faisant ces combinaisons, il est important de savoir si *deux* équations, quoique obtenues par des voies en apparence différentes, ne sont pas identiques entre elles ; si cela avait lieu, il faudrait rejeter l'une d'elles ; car ces deux équations, jointes aux $n - 2$ autres, ne constituant qu'un système de $n - 1$ équations distinctes, ne peuvent former un système équivalent au premier, qui se compose de $n$ équations distinctes.

COROLLAIRE II. — S'il arrive que l'une des équations soit de la forme $x = P$, le second membre ne contenant pas $x$, en remplaçant cette inconnue par P dans les $n - 1$ autres équations, on a un système équivalent au premier, en joignant à ces $n - 1$ nouvelles équations l'équation $x = P$.

En effet, soit $ax^n$ l'un des termes renfermant $x$, dans l'une des $n - 1$ autres équations, qui sera de la forme $ax^n + C = D$ ;

élevons les deux membres de l'équation $x = \mathrm{P}$ à la puissance $n$ ; multiplions ensuite par $- a$ et ajoutons membre à membre à l'équation considérée, on a :

$$ax^n - ax^n + \mathrm{C} = - a\mathrm{P}^n + \mathrm{D}$$

ou

$$a\mathrm{P}^n + \mathrm{C} = \mathrm{D},$$

équation qui n'est autre que la précédente dans laquelle $x$ a été remplacé par P ; d'ailleurs le système des $n$ équations :

$$x = \mathrm{P}, \quad ax^n + \mathrm{C} = \mathrm{D}, \quad \mathrm{E} = \mathrm{F},\dots \quad \mathrm{M} = \mathrm{N},$$

est équivalent au système :

$$x = \mathrm{P}, \quad a\mathrm{P}^n + \mathrm{C} = \mathrm{D}, \quad \mathrm{E} = \mathrm{F},\dots \quad \mathrm{M} = \mathrm{N};$$

car malgré l'élévation à la puissance $n$ de l'équation $x = \mathrm{P}$, les solutions de ce système devant satisfaire à la première, savoir $x = \mathrm{P}$, seront aussi solutions du système primitif.

**De l'élimination.** — Il résulte de là qu'en mettant de côté pour un moment l'équation

$$x = \mathrm{P},$$

si on peut combiner les $n - 1$ équations nouvelles qui renferment une inconnue de moins, de manière que l'une d'entre elles soit résolue par rapport à une inconnue, par exemple

$$y = \mathrm{Q},$$

en remplaçant dans les $n - 2$ autres équations $y$ par Q, on aura $n - 2$ équations renfermant deux inconnues de moins ; et, d'après ce qui précède, ces $n - 2$ équations, jointes aux équations

$$x = \mathrm{P}, \quad y = \mathrm{Q}$$

constituent toujours un système équivalent au premier, et ainsi de suite.

Cette opération, qui consiste à remplacer le système proposé par un système équivalent dans lequel $n - p$ équations renferment $p$ inconnues de moins, porte le nom d'*élimina-*

*tion;* et on dit que les inconnues, qui n'entrent plus dans ces $n - p$ équations sont *éliminées.*

Il reste à appliquer ce principe et ses conséquences aux *systèmes d'équations du premier degré;* on nomme ainsi les équations qui, mises sous forme entière, sont du premier degré par rapport aux inconnues.

THÉORÈME I. — *Dans tout système d'équations du premier degré, il est toujours possible d'éliminer une inconnue quelconque, soit* x, *sans élever le degré des équations.*

En effet, considérant l'une des équations renfermant cette inconnue, on peut la résoudre par rapport à $x$, en regardant toutes les autres inconnues comme des données; on obtient ainsi une équation de la forme

$$x = \frac{P}{m},$$

où le numérateur P est un polynôme entier du premier degré par rapport aux autres inconnues, et où le dénominateur $m$ ne contient aucune inconnue, puisque l'équation d'où l'on tire la valeur de $x$ est aussi du premier degré par rapport aux inconnues.

Donc, en remplaçant $x$ par $\dfrac{P}{m}$ dans les autres équations, on aura un nouveau système dans lequel $n - 1$ équations encore du premier degré renfermeront une inconnue de moins.

THÉORÈME II. — *Tout système de* n *équations du premier degré à* n *inconnues admet, en général, une solution et une seule.*

En effet, le système proposé peut être remplacé, à l'aide de substitutions successives, d'après le corollaire II, par un système équivalent de $n$ équations, dans lequel $n - p$ d'entre elles renferment $p$ inconnues de moins, par conséquent n'en renferment que $n - p$.

En continuant ainsi de proche en proche, on arrivera à un système composé de $n$ équations du premier degré, dont *une* seule, la dernière, ne renferme qu'*une* inconnue $w$, soit $w = \mu$; la précédente renfermant deux inconnues, savoir : $w$ et $v$ et en outre résolue par rapport à $v$; l'antéprécédente renfermant trois inconnues au plus, savoir : $w$, $v$ et $u$, et en outre résolue par rapport à $u$, et ainsi de suite jusqu'à la première, résolue par rapport à $x$ et dont le second membre peut renfermer toutes les autres inconnues.

Enfin, ce système peut être remplacé par le suivant :

$$w = \mu, \quad v = \lambda, \quad u = \theta,\dots \quad z = \gamma, \quad y = \beta, \quad x = \alpha$$

où $\mu$, $\lambda$, $\theta$ ..... $\gamma$, $\beta$, $\alpha$ sont des quantités connues qu'on obtient en remplaçant $w$, par $\mu$, dans le second membre de l'équation résolue par rapport à $v$ et qui ne contient que $w$; de sorte que cette équation devient $v = \lambda$; $\lambda$ ne renfermant aucune inconnue est donc une quantité connue ; puis remplaçant $w$ par $\mu$, $v$ par $\lambda$ dans le second membre de l'équation résolue par rapport à $u$, ce qui donne $u = \theta$ et ainsi de suite jusqu'à la première. Le dernier système et le système primitif étant équivalents, toute solution de l'un est solution de l'autre : or, le dernier admet une solution et une seule, puisqu'il n'y a évidemment que les valeurs $\alpha$, $\beta$, $\gamma$ ..... qui, substituées respectivement à $x$, $y$, $z$ .... dans les équations :

$$x = \alpha, \quad y = \beta, \quad z = \gamma,\dots \quad w = \mu$$

puissent rendre les deux membres de chacune d'elles identiques ; donc le système proposé admet une solution et une seule.

**Définition.** — *Résoudre un système de* n *équations du premier degré à* n *inconnues*, c'est trouver le système de $n$ équations équivalent au premier où chacune des inconnues, seule dans un membre, se compare avec les quantités connues constituant l'autre membre.

Théorème III. — *Tout système d'équations du premier degré où le nombre* m *des inconnues est supérieur au nombre* n *des équations, admet une infinité de solutions.*

En effet, donnons des valeurs arbitraires à $m - n$ des inconnues, le système des $n$ équations à $n$ inconnues restantes admet une solution ; les valeurs des $n$ inconnues constituant cette solution jointes aux valeurs arbitraires données tout d'abord à chacune des $m - n$ autres inconnues constituent donc une solution du système proposé.

En donnant à ces $m - n$ inconnues ou à $m - n$ autres des

valeurs arbitraires, on formera comme précédemment une seconde solution de ce système, puis une troisième, etc... par conséquent autant de solutions que l'on veut.

**Définition**. — Un tel système est appelé *indéterminé*, et on dit qu'il y a indétermination *simple, double, triple.....* selon que la différence $m - n$ est 1, 2, 3.

THÉORÈME IV. — *Tout système d'équations du premier degré, où le nombre* m *des inconnues est* inférieur *au nombre* n *des équations n'admet aucune solution.*

En effet, considérons, parmi les $n$ équations, le système formé par $m$ d'entre elles; elles constituent un système de $m$ équations à $m$ inconnues admettant, en général, une solution unique, qui substituée dans les $n - m$ équations mises à part, ne rendra pas celles-ci identiques; donc ce système n'admet généralement aucune solution.

On dit dans ce cas qu'il y a *impossibilité* ou que le système est *impossible*. Un système de $m$ équations à $m$ inconnues peut également n'admettre aucune solution finie, s'il entre dans celui-ci deux ou plusieurs équations dont les premiers membres sont identiques, tandis que les seconds sont inégaux.

REMARQUE. — Si les coefficients des inconnues ne sont pas déterminés, en substituant dans les $n - m$ équations mises à part, les valeurs trouvées pour les $m$ inconnues satisfaisant aux $m$ autres équations, on obtient $n - m$ relations qui sont suffisantes et nécessaires pour que le système proposé admette une solution et une seule. On donne à ces $n - m$ relations le nom d'*équations de condition*.

Il résulte de cette analyse que l'on n'a à chercher que la solution des systèmes où les équations sont en nombre égal à celui des inconnues.

### § 2. — **Résolution du système de deux équations du premier degré à deux inconnues.**

*Forme générale de l'équation du premier degré à deux inconnues.* — Soient $x$ et $y$ les deux inconnues; si après avoir fait disparaître les dénominateurs, on fait passer les termes renfermant les inconnues dans un membre, et les termes connus dans l'autre, en mettant $x$ et $y$ en facteurs, l'équation prend la forme :

$$ax + by = c.$$

D'après la théorie précédente, cette équation admet une infinité de solutions.

Soit donc le système des deux équations à deux inconnues :

$$ax + by = c, \qquad\qquad (1)$$
$$a'x + b'y = c'. \qquad\qquad (2)$$

Pour résoudre ce système, on peut employer trois méthodes différentes :

**1° Méthode d'élimination par substitution.** — Elle consiste, comme on l'a vu, à résoudre l'une des équations, la première par exemple, par rapport à l'une des inconnues, soit $x$, ce qui donne :

$$x = \frac{c - by}{a} \qquad\qquad (3)$$

et à substituer cette valeur dans l'autre équation; on obtient :

$$a'\left(\frac{c - by}{a}\right) + b'y = c',$$

ou

$$(ab' - ba')y = ac' - ca',$$

d'où

$$y = \frac{ac' - ca'}{ab' - ba'}. \qquad\qquad (4)$$

Remplaçant $y$ par cette valeur dans l'équation (3), on a

$$x = \frac{c - b\,\dfrac{ac' - ca'}{ab' - ba'}}{a} = \frac{cb' - bc'}{ab' - ba'}. \qquad\qquad (5)$$

Le système formé par les équations (4) et (5), équivalent au premier, constitue la solution du système proposé.

Ex. : Soit à résoudre le système :

$$4x - 3y = 25$$
$$2x + 5y = -7.$$

De la première, on déduit

$$x = \frac{25 + 3y}{4} \, ;$$

substituant cette valeur dans la seconde, on a :

$$2 \left( \frac{25 + 3y}{4} \right) + 5y = - 7$$

ou

$$25 + 3y + 10y = - 14$$
$$13y = - 39,$$

donc,

$$y = - 3,$$

par suite

$$x = \frac{25 - 9}{4} = + 4.$$

*Vérification.* — Substituant ces valeurs dans le système proposé, on obtient les deux identités :

$$16 + 9 = 25,$$
$$8 - 15 = - 7.$$

**2° Méthode d'élimination par comparaison.** — Elle consiste à résoudre chacune des équations par rapport à la même inconnue et à égaler les deux valeurs ainsi trouvées; l'équation obtenue ne renfermera évidemment que l'autre inconnue. Ainsi le système précédent peut s'écrire en résolvant par rapport à $x$

$$x = \frac{25 + 3y}{4}, \qquad x = \frac{-7 - 5y}{2},$$

d'où

$$\frac{25 + 3y}{4} = \frac{-7 - 5y}{2},$$

équation du premier degré à une inconnue que l'on sait résoudre.

**3° Méthode d'élimination par addition et soustraction.** — Cette méthode, plus simple que les deux précédentes, repose directement sur le principe relatif aux équations simultanées.

Elle consiste à multiplier chacune des équations par des

facteurs tels que les nouveaux coefficients d'une même inconnue soient égaux, et à former avec ces deux équations, par voie d'addition ou de soustraction, selon que ces deux coefficients sont précédés de signes contraires ou du même signe, une nouvelle équation ne renfermant certainement que l'autre inconnue.

Soit le système général :

$$ax + by = c,$$
$$a'x + b'y = c'.$$

Si on veut éliminer $x$, on multipliera les deux membres de la *première* équation par le coefficient $a'$ de $x$ dans la *seconde*, et les deux membres de la *seconde* par $a$ coefficient de $x$ dans la *première*, on obtient le système équivalent :

$$aa'x + ba'y = ca'$$
$$aa'x + ab'y = ac'.$$

Retranchant membre à membre la première de la seconde, on a :

$$y(ab' - ba') = ac' - ca',$$

d'où

$$y = \frac{ac' - ca'}{ab' - ba'}.$$

Par un calcul analogue, on trouve

$$x = \frac{cb' - bc'}{ab' - ba'}.$$

Remarque. — Dans la pratique, les coefficients que l'on veut rendre égaux, n'étant pas en général premiers entre eux, on simplifie les multiplications à effectuer, en formant le plus petit multiple commun des coefficients d'une même inconnue, et on multiplie chaque équation par le quotient de ce plus petit multiple commun par le coefficient correspondant ; en un mot, on suit, au sujet des coefficients d'une même inconnue, la même règle qu'en arithmétique pour la réduction de deux fractions à leur plus petit dénominateur commun.

Ex. : Résoudre le système :

$$\frac{3x}{10} - \frac{y}{15} - \frac{5}{12} = \frac{x}{12} - \frac{y}{18},$$

$$2x - \frac{8}{3} = \frac{x}{4} - \frac{y}{15} + \frac{11}{10}.$$

Faisons disparaître les dénominateurs; en multipliant la première équation par $2^2 \cdot 3^2 \cdot 5$, et la seconde par $2^2 \cdot 3 \cdot 5$; on a :

$$54x - 12y - 75 = 15x - 10y$$
$$120x - 160 = 15x - 4y + 66,$$

ou

$$39x - 2y = 75$$
$$105x + 4y = 226.$$

Pour éliminer $y$, il suffit de multiplier la première par 2 et de lui ajouter la seconde, ce qui donne :

$$x(2 \cdot 39 + 105) = 2 \cdot 75 + 226$$
$$183x = 376$$

ou

$$x = \frac{376}{183} = 2 + \frac{10}{183}.$$

Pour éliminer $x$, on multipliera la première par $35 = \dfrac{3 \cdot 13 \cdot 35}{39}$ et la seconde par $13 = \dfrac{3 \cdot 13 \cdot 35}{105}$; retranchant

la première équation obtenue de la seconde, on a :

$$(2 \cdot 35 + 4 \cdot 13)y = 13 \cdot 226 - 75 \cdot 35$$

ou

$$122y = 313,$$

d'où

$$y = \frac{313}{122} = 2 + \frac{69}{122}.$$

### § 3. — Résolution du système de trois équations à trois inconnues.

RÈGLE. — *Pour résoudre un système de trois équations du premier degré à trois inconnues, x, y, z, on élimine l'une des inconnues,* x, *par la méthode de substitution ; on obtient deux équations à deux inconnues* y *et* z *que l'on résout à l'aide de l'une des trois méthodes précédentes.*

Ex. : Soit le système des trois équations :

$$4x - 3y + 2z = 9,$$
$$2x + 5y - 3z = 4,$$
$$5x + 6y - 2z = 18.$$

Le coefficient de $x$ le plus simple entrant dans la seconde équation, résolvons celle-ci par rapport à $x$, on a :

$$x = \frac{4 + 3z - 5y}{2} ;$$

substituant cette valeur dans les deux autres équations, on a :

$$4\left(\frac{4 + 3z - 5y}{2}\right) - 3y + 2z = 9,$$
$$5\left(\frac{4 + 3z - 5y}{2}\right) + 6y - 2z = 18,$$

et faisant disparaître les dénominateurs :

$$8 + 6z - 10y - 3y + 2z = 9,$$
$$20 + 15z - 25y + 12y - 4z = 36,$$

et après transposition

$$8z - 13y = 1,$$
$$11z - 13y = 16.$$

Retranchant la première de la seconde, pour éliminer $y$, on a

$$3z = 15, \quad \text{d'où} \quad z = 5$$

et

$$y = 3, \quad x = \frac{4 + 3 \cdot 5 - 5 \cdot 3}{2} = 2.$$

**Méthode de Bezout.** — *La méthode de Bezout ou méthode des coefficients à déterminer consiste à multiplier dans le cas d'un système de trois équations, la première par 1, la seconde par* m, *la troisième par* n (les deux coefficients *m* et *n* n'étant pas déterminés pour le moment), *et à ajouter membre à membre les trois équations ainsi obtenues. Cette équation établie, si on veut trouver* x, *par exemple, on égale à zéro les coefficients de* y *et de* z ; *on a ainsi deux équations du premier degré par rapport à* m *et* n, *qui déterminent ces deux quantités, puisque tout système de deux équations à deux inconnues admet en général une solution et une seule. Pour trouver* x, *il ne reste donc qu'à résoudre l'équation contenant* x *seulement, après y avoir substitué les valeurs trouvées pour* m *et* n.

Appliquant cette méthode au système précédent, on forme le système équivalent :

$$4x - 3y + 2z = 9$$
$$2mx + 5my - 3mz = 4m$$
$$5nx + 6ny - 2nz = 18n$$

d'où par addition :

$$4x + 2mx + 5nx - 3y + 5my + 6ny + 2z - 3mz - 2nz$$
$$= 9 + 4m + 18n$$

ou

$$(1) \qquad x(4 + 2m + 5n) - y(3 - 5m - 6n) + z(2 - 3m - 2n)$$
$$= 9 + 4m + 18n.$$

Posons :

$$3 - 5m - 6n = 0,$$
$$2 - 3m - 2n = 0,$$

d'où

$$m = \frac{3}{4}, \qquad n = -\frac{1}{8}.$$

Substituant ces valeurs dans l'équation (1), on a :

$$x\left(4 + \frac{3 \cdot 2}{4} - \frac{5}{8}\right) = 9 + 4 \cdot \frac{3}{4} - \frac{18}{8},$$

d'où

$$x = \frac{9 + 3 - \dfrac{9}{4}}{4 + \dfrac{3}{2} - \dfrac{5}{8}} = \frac{96 - 18}{32 + 12 - 5} = \frac{78}{39} = 2.$$

Pour trouver *y* et *z*, il est plus simple, au lieu de suivre la même voie, de remplacer $x$ par sa valeur dans deux des équations proposées, et de résoudre le système de ces deux équations à deux inconnues $y$ et $z$.


### § 4. — Résolution du système de $n$ équations du premier degré à $n$ inconnues. — Exemples particuliers.


De la théorie générale qui vient d'être exposée résulte la règle suivante pour résoudre un système de $n$ équations du premier degré entre.le même nombre d'inconnues.

*On résout l'une des équations par rapport à l'une des inconnues ; l'expression trouvée étant substituée à cette inconnue dans les* n — 1 *autres équations, on obtient un système de* n — 1 *équations à* n — 1 *inconnues sur lequel on opérera comme précédemment et ainsi de suite. On parvient finalement à une équation à une inconnue ; cette équation résolue, on substitue la valeur de cette inconnue dans l'une des deux équations à deux inconnues desquelles on avait déduit celle qu'on vient de résoudre ; on a ainsi une équation qui donnera la valeur de l'autre inconnue ; on substitue à ces deux inconnues les valeurs trouvées dans l'une des trois équations qui ont conduit au système des deux équations précédentes, et ainsi de suite. On remonte ainsi jusqu'à la première équation, qui donnera la valeur de la première inconnue éliminée.*

On peut aussi employer la méthode de Bezout généralisée.

Ces méthodes générales donnent lieu à de longs calculs, dès que le nombre des équations est supérieur à trois. Dans la plupart des cas où l'on a à résoudre de tels systèmes, on doit d'abord examiner si les équations n'offrent pas des particularités permettant de faire l'élimination plus rapidement à l'aide de combinaisons suggérées par la connaissance de lois particulières.

Il n'y a aucune règle fixe à ce sujet ; les exemples suivants montrent quelques procédés particuliers à suivre, lorsque les équations présentent une disposition symétrique par rapport à leurs inconnues ou à leurs coefficients.

I. — Soit le système des quatre équations :

$$\frac{x}{a} = \frac{y}{b} = \frac{z}{c} = \frac{u}{d} \cdot$$

$$mx + ny + pz + qu = \mathrm{K}.$$

Multipliant les deux termes de la première fraction par $m$, coefficient de $x$ dans la quatrième équation, les deux termes de la seconde par $n$, coefficient de $y$ dans la quatrième équation, etc..., et appliquant un théorème sur l'égalité des rapports, on a :

$$\frac{mx}{ma} = \frac{ny}{nb} = \frac{pz}{pc} = \frac{qu}{qd} = \frac{mx + ny + pz + qu}{ma + nb + pc + qd}$$

ou

$$\frac{x}{a} = \frac{y}{b} = \frac{z}{c} = \frac{u}{d} = \frac{k}{ma + nb + pc + qd},$$

d'où, en comparant chacun des rapports au premier :

$$x = \frac{ak}{ma + nb + pc + qd},$$

$$y = \frac{bk}{ma + nb + pc + qd}, \quad \text{etc...}$$

II. — Soit le système :

$$\frac{x^m}{a^{m+n}} = \frac{y^m}{b^{m+n}} = \frac{z^m}{c^{m+n}},$$

$$\left(\frac{x}{a}\right)^m + \left(\frac{y}{b}\right)^m + \left(\frac{z}{c}\right)^m = 1.$$

Ce système est équivalent au suivant :

$$\frac{\left(\dfrac{x}{a}\right)^m}{a^n} = \frac{\left(\dfrac{y}{b}\right)^m}{b^n} = \frac{\left(\dfrac{z}{c}\right)^m}{c^n} = \frac{1}{a^n + b^n + c^n}.$$

De ces rapports égaux, on déduit successivement :

$$\left(\frac{x}{a}\right)^m = \frac{a^n}{a^n + b^n + c^n},$$

d'où

$$x = a \sqrt[m]{\frac{a^n}{a^n + b^n + c^n}}$$

de même :

$$y = b \sqrt[m]{\frac{b^n}{a^n + b^n + c^n}}$$

$$z = c \sqrt[m]{\frac{c^n}{a^n + b^n + c^n}}.$$

III. — Soit le système :

$$(1) \quad \begin{cases} bcx + cay + abz = m^3 \\ cdy + dbz + bcu = n^3 \\ daz + acu + cdx = p^3 \\ abu + bdx + day = q^3 \end{cases}$$

Multipliant la première équation par $d$, la seconde par $a$, la troisième par $b$, la quatrième par $c$, on a :

$$(2) \quad \begin{cases} bcdx + cday + abdz \qquad\quad = m^3 d \\ \qquad\quad + cday + abdz + abcu = n^3 a \\ bcdx \qquad\quad + abdz + abcu = p^3 b \\ bcdx + cday \qquad\quad + abcu = q^3 c \end{cases}$$

Ajoutant membre à membre ces quatre équations, on a :

$$3bcdx + 3cday + 3abcdx + 3abcu = m^3 d + n^3 a + p^3 b + q^3 c.$$

d'où :

$$bcdx + cday + abdz + abcu = \frac{m^3 d + n^3 a + p^3 b + q^3 c}{3}.$$

Si, maintenant, on retranche successivement de cette équation chacune des équations du système (2), on obtient quatre équations ne renfermant chacune qu'une inconnue, savoir :

$$abcu = \frac{m^3 d + n^3 a + p^3 b + q^3 c}{3} - m^3 d,$$

d'où

$$u = \frac{n^3 a + p^3 b + q^3 c - 2m^3 d}{3abc},$$

de même

$$x = \frac{p^3 b + q^3 c + m^3 d - 2n^3 a}{3bcd}, \quad \text{etc...}$$

IV. — Soit le système :

$$z + ay + a^2 x + a^3 = 0,$$
$$z + by + b^2 x + b^3 = 0,$$
$$z + cy + c^2 x + c^3 = 0.$$

Retranchant la seconde équation de la première, pour éliminer $z$, on a :

$$(a - b)y + (a^2 - b^2)x + a^3 - b^3 = 0$$

ou

$$(a - b)\,[y + (a + b)x + a^2 + ab + b^2] = 0.$$

Or le facteur $a - b$ ne peut être nul, car si l'on avait $a = b$, deux des équations du système seraient identiques, et on n'aurait point un système de trois équations; on a donc :

$$y + (a + b)x + a^2 + ab + b^2 = 0.$$

Si l'on remarque qu'en changeant $a$ en $b$ dans la première, on obtient la seconde, puis $b$ en $c$ dans la seconde, on obtient la troisième, en retranchant la troisième de la seconde, on sera conduit par symétrie à l'équation :

$$y + (b + c)x + b^2 + bc + c^2 = 0.$$

Soustrayant cette équation de la précédente, on a :

$$(a - c)x + a^2 - c^2 + ab - bc = 0,$$

et divisant par $a - c$ qui n'est pas nul

$$x + a + c + b = 0,$$

d'où :

$$x = - (a + b + c);$$

donc, par substitution :

$$y + (b + c)(- a - b - c) + b^2 + bc + c^2 = 0,$$

ou

$$y = ab + bc + ca,$$

et enfin, en remplaçant $x$ et $y$ par leurs valeurs dans l'une des équations du système proposé, on a :

$$z + a(ab + bc + ca) - a^2(a + b + c) + a^3 = 0,$$

donc

$$z = - abc.$$

$+$V. — Soit le système :

$$
\begin{aligned}
x + y + z + u &= 1 \\
x + ay + bz + cu &= 0 \\
x + a^2y + b^2z + c^2u &= 0 \\
x + a^3y + b^3z + c^3u &= 0
\end{aligned}
$$

Multipliant la première équation par $\lambda$, la seconde par $\mu$, la troisième par $\nu$ et la quatrième par $1$, on a, en ajoutant membre à membre :

$$x(\lambda + \mu + \nu + 1) + y(\lambda + a\mu + a^2\nu + a^3) + z(\lambda + b\mu + b^2\nu + b^3)$$
$$+ u(\lambda + c\mu + c^2\nu + c^3) = \lambda.$$

Posons :

$$
\begin{aligned}
\lambda + a\mu + a^2\nu + a^3 &= 0 \\
\lambda + b\mu + b^2\nu + b^3 &= 0 \\
\lambda + c\mu + c^2\nu + c^3 &= 0
\end{aligned}
$$

d'où

$$
\begin{aligned}
\lambda &= - abc, \\
\mu &= ab + bc + ca, \\
\nu &= - (a + b + c),
\end{aligned}
$$

par conséquent, en substituant, dans l'équation

$$x(\lambda + \mu + \nu + 1) = \lambda,$$

on a :

$$x(- abc + ab + bc + ca - a - b - c + 1) = - abc,$$

d'où

$$x = \frac{- abc}{- abc + ab + bc + ca - a - b - c + 1},$$
$$x = \frac{- abc}{(1 - a)(1 - b)(1 - c)},$$

Par symétrie, on a :

$$y = \frac{bc}{(a-1)\,(a-b)\,(a-c)},$$

$$z = \frac{ca}{(b-1)\,(b-c)\,(b-a)},$$

$$u = \frac{ab}{(c-1)\,(c-a)\,(c-b)},$$

## § 5 — Discussion des formules générales de résolution du système de deux équations à deux inconnues et applications.

On a vu que le système général des deux équations à deux inconnues :

(1) $\qquad ax + by = c, \qquad a'x + b'y = c'$

admet pour système de solution :

(2) $\qquad x = \dfrac{cb' - bc'}{ab' - ba'}, \qquad y = \dfrac{ac' - ca'}{ab' - ba'}$

*Loi de formation de ces deux formules.* — Si on remarque que le dénominateur est le même, et que le numérateur de $x$, par exemple, se déduit du dénominateur en remplaçant dans celui-ci les coefficients $a$ et $a'$ de $x$ par les seconds membres $c$ et $c'$ correspondants à ceux-ci dans les équations, il suffit de savoir former ce dénominateur commun pour écrire les valeurs de $x$ et $y$. Or ce dénominateur peut se former de la manière suivante :

*On écrit l'une à la suite de l'autre les deux permutations* ab *et* ba, *on met un accent à la seconde lettre et on sépare les deux produits par le signe —*.

**Discussion.** — Cette discussion a pour but d'examiner les différentes formes sous lesquelles se présentent les inconnues, lorsque les coefficients de l'équation prennent toutes les valeurs possibles, et de montrer que ces formes représentent toujours la solution du système proposé, quoique, par suite de certaines hypothèses, les opérations exécutées sur les équations pour former le système (2) équivalent ne soient plus permises.

Cette discussion est divisée en trois parties selon que l'on a *le dénominateur commun différent de zéro, ou nul avec un numérateur nul au plus, ou les deux numérateurs nuls en même temps que le dénominateur.*

Cette division repose sur les propriétés suivantes des binômes $ab' - ba'$, $cb' - bc'$, $ac' - ca'$.

PREMIÈRE PROPRIÉTÉ. — *Si les coefficients d'une même inconnue ou si les termes indépendants* c, c' *ne sont pas nuls en même temps, et si deux des trois binômes* $ab' - ba'$, $cb' - bc'$, $ac' - ca'$ *sont nuls, le troisième l'est aussi.*

Soient
$$cb' - bc' = 0 \quad \text{et} \quad ac' - ca' = 0,$$
d'où
$$cb' = bc', \tag{1}$$
$$ac' = ca', \tag{2}$$

par multiplication, on a :
$$ab'cc' = a'bcc'$$
ou
$$cc'(ab' - ba') = 0.$$

Or si $c$ et $c'$ sont différents de zéro, on doit avoir
$$ab' - ba' = 0;$$

mais si $c = 0$, par hypothèse $c' \gtrless 0$; donc, d'après les égalités (1) et (2)
$$a = 0, \quad b = 0,$$
par suite
$$ab' - ba' = 0.$$

A cause de la symétrie de ces trois binômes par rapport aux trois lettres $a$, $b$, $c$, cette propriété est donc démontrée, quels que soient les deux binômes supposés nuls.

DEUXIÈME PROPRIÉTÉ. — *Les conditions suffisantes et nécessaires pour que deux de ces binômes soient nuls, sans que le troisième le soit, sont que les quantités littérales communes à ces deux binômes soient nulles.*

Il est évident que ces conditions sont suffisantes ; d'ailleurs, si l'on a

$$cb' - bc' = 0, \quad ac' - ca' = 0$$

et

$$ab' - ba' \gtrless 0,$$

on a déduit des deux égalités :

$$cc'\,(ab' - ba') = 0,$$

donc :

$$cc' = 0.$$

Soit $c = 0$, il en résulte

$$bc' = 0 \quad \text{et} \quad ac' = 0,$$

donc $c' = 0$ car les hypothèses

$$c' \gtrless 0, \quad b = 0, \quad a = 0$$

entraînent la relation

$$ab' - ba' = 0$$

contradictoire avec l'hypothèse $ab' - ba' \gtrless 0$


PREMIÈRE PARTIE DE LA DISCUSSION.


**Le dénominateur $ab' - ba'$ est différent de zéro.**

*Le système proposé admet une solution finie et déterminée représentée par les formules :*

$$x = \frac{cb' - bc'}{ab' - ba'},$$

$$y = \frac{ac' - ca'}{ab' - ba'}.$$

Car, d'après la théorie générale, celles-ci constituent un système de deux équations équivalent au système proposé, puisque le diviseur employé $ab' - ba'$ n'est pas nul.

Dans le cas où le numérateur $ac' - ca'$ est nul, ce qui peut avoir lieu seulement de trois manières, soit que l'on ait

$$\frac{a}{a'} = \frac{c}{c'} ;$$

ou

$$a = 0, \qquad c = 0,$$

ou

$$c = 0, \qquad c' = 0;$$

car les hypothèses

entraînent

$$a = 0, \qquad a' = 0$$

$$ab' - ba' = 0,$$

on remarque cette simple particularité que la valeur de $y$ est nulle, et d'après le troisième groupe d'hypothèses, savoir :

$$c = 0, \qquad c' = 0$$

que la valeur de $x$ serait également nulle.

REMARQUE. — Il résulte de la deuxième propriété précédente, que les conditions nécessaires et suffisantes pour que le système admette la solution unique $x = 0$, $y = 0$, sont $c = 0$, $c' = 0$.

### DEUXIÈME PARTIE.

**Le dénominateur $ab' - ba'$ est nul et un numérateur est différent de zéro, soit $cb' - bc'$.**

L'égalité $ab' - ba' = 0$ peut avoir lieu de trois manières, savoir :

$$1° \qquad \frac{a}{a'} = \frac{b}{b'};$$

$$2° \qquad a = 0, \qquad b = 0;$$

$$3° \qquad a = 0, \qquad a' = 0.$$

L'hypothèse $b = 0$, $b' = 0$ qui annule $ab' - ba'$ doit être rejetée, car elle annulerait le numérateur $cb' - bc'$, que l'on suppose différent de zéro.

**Premier cas :** $\dfrac{a}{a'} = \dfrac{b}{b'}$. — Les valeurs de $x$ et de $y$ se présentent sous la forme

$$\frac{m}{0} = \infty$$

*Ces valeurs infinies pour* x *et* y *sont la solution du système et la seule.*

Pour le démontrer, il faut d'abord établir que dans ce cas le système proposé n'admet aucune solution composée de valeurs finies pour $x$ et $y$; ensuite, que les valeurs infinies trouvées conviennent.

Multipliant la première des équations par $\dfrac{b'}{b}$ on a :

$$\frac{ab'x}{b} + \frac{bb'y}{b} = \frac{cb'}{b},$$

et d'après l'hypothèse $\dfrac{ab'}{b} = a'$ :

$$a'x + b'y = \frac{cb'}{b}.$$

Or, la seconde équation est :

$$a'x + b'y = c',$$

et puisque l'on suppose $cb' - bc' \gtrless 0$, d'où

$$\frac{cb'}{b} \gtrless c,$$

on voit que le système proposé se compose de deux équations dont les premiers membres sont identiques, tandis que les seconds sont inégaux, et il est évident que tout système de valeurs *finies* attribuées à $x$ et $y$, qui rendrait identiques les deux membres de l'une de ces équations, ne pourrait rendre identiques ceux de la seconde.

Pour montrer que des valeurs infinies de $x$ et de $y$ conviennent au système, nous distinguerons deux cas, selon que les coefficients $a$ et $b$ sont de même signe ou de signes contraires.

S'ils sont de même signe, et soit

$$cb' - bc' > 0.$$

alors $x = + \infty$, si l'on suppose que $ab' - ba'$ tende vers zéro en décroissant.

Multipliant les deux membres de l'inégalité

$$cb' > bc'$$

par $\dfrac{a}{b}$, quantité positive, on a :

$$\frac{ab'c}{b} > ac',$$

or

$$\frac{ab'}{b} = a',$$

donc $ca' > ac'$ ou $ac' - ca' < 0$; donc $y$ tend vers la valeur $-\infty$; et puisque $\dfrac{a'}{b'} = \dfrac{a}{b}$, $a'$ et $b'$ sont aussi de même signe; donc, si on substitue à $x$ et $y$ ces valeurs, on a :

$$a \cdot \infty - b \cdot \infty = c,$$
$$a' \cdot \infty - b' \cdot \infty = c',$$

c'est-à-dire :

$$\infty - \infty = c$$

et

$$\infty - \infty = c',$$

ce qui est possible, puisque la différence entre deux quantités infinies est toute quantité que l'on veut.

Si $a$ et $b$ sont de signes contraires, par exemple $a > 0$ et $b < 0$, et qu'on ne change rien aux autres hypothèses, on a encore $x = +\infty$, et en multipliant les deux membres de l'inégalité $cb' > bc'$ par $-\dfrac{a}{b}$, quantité positive, on a :

$$-\frac{ab'c}{b} > -ac',$$

or

$$\frac{ab'}{b} = a',$$

donc $-a'c > ac'$ ou $ac' - a'c > 0$, donc $y = +\infty$ : d'ailleurs $a'$ et $b'$ sont aussi de signes contraires, et si on substitue à $x$ et $y$ ces valeurs, on a :

$$a \cdot \infty - (-b)\,\infty = c,$$
$$a' \cdot \infty - (-b')\,\infty = c'$$

ou

$$\infty - \infty = c,$$
$$\infty - \infty = c',$$

identités.

**Deuxième cas** : $a = 0$, $b = 0$. — Les valeurs de $x$ et $y$ se présentent encore sous la forme $\dfrac{m}{0}$, qui convient. Car en substituant on a :

$$\begin{cases} 0 \cdot \infty + 0 \cdot \infty = c, \\ a' \cdot \infty + b' \cdot \infty = c'. \end{cases}$$

Or, le produit $0 \cdot \infty$ est le symbole de l'indétermination, la première égalité peut donc être regardée comme une identité ; quant à la seconde, son premier membre se compose de la différence entre deux infinis, car

$$x = \frac{cb'}{0} \qquad \text{et} \qquad y = \frac{-ca'}{0},$$

d'où

$$a'x + b'y = a'b'c \left( \frac{1}{0} - \frac{1}{0} \right),$$

et l'égalité

$$a'b'c \left( \infty - \infty \right) = c'$$

est une identité.

Il est d'ailleurs évident que tout système de valeurs autre que le précédent ne peut convenir aux équations :

$$0x + 0y = c$$
$$a'x + b'y = c'$$

**Troisième cas** : $a = 0$, $a' = 0$. — Les valeurs de $x$ et $y$ sont

$$x = \frac{cb' - bc'}{0} = \infty, \quad y = \frac{0}{0} \cdot$$

Ainsi $x$ est infini et $y$ indéterminé. Or, il est évident qu'aucun système de valeurs finies attribuées à $x$ et $y$ ne peut convenir aux équations :

$$0 \cdot x + by = c,$$
$$0 \cdot x + b'y = c',$$

puisque par hypothèse :

$$\frac{c}{b} \gtrless \frac{c'}{b'} \,.$$

D'autre part, si on remplace $x$ par l'infini, le produit $0 \,.\, \infty$ représentant une quantité indéterminée, il existe une infinité de valeurs de $y$ satisfaisant à la fois aux deux équations précédentes dans lesquelles on remplace $0 \,.\, x$ par $\alpha$, $\alpha'$, pourvu que l'on établisse entre les quantités indéterminées $\alpha$ et $\alpha'$ la relation $\dfrac{c - \alpha}{b} = \dfrac{c' - \alpha'}{b'}$.

Remarque I. — Si l'on avait, outre $a$ et $a'$ nuls, $b = 0$, $y$ aurait une valeur déterminée, savoir $\dfrac{c'}{b'}$, car alors, il faudrait faire $\alpha = c$ et $\alpha' = 0$.

Remarque II. — Dans les trois cas que l'on vient d'examiner, si les équations proviennent d'un problème, il restera à reconnaître si la solution purement algébrique trouvée peut être interprétée ; dans le cas de l'affirmative, ce sera la solution unique de la question ; dans le cas contraire, le problème est dit *impossible ;* cette impossibilité proviendra certainement de ce que les données présentent entre elles et avec les inconnues une incompatibilité. C'est pourquoi l'on dit souvent comme pour les équations du premier degré à une inconnue que le symbole $\dfrac{m}{0}$ est le signe de l'impossibilité.

TROISIÈME PARTIE.

### Le dénominateur et les deux numérateurs sont nuls.

Les égalités $ab' - ba' = 0$, $cb' - bc' = 0$, $ac' - ca' = 0$ peuvent avoir lieu, soit que l'on ait :

$$1° \ \frac{a}{a'} = \frac{b}{b'} = \frac{c}{c'} \,;$$
$$2° \ a = 0, \quad b = 0, \quad c = 0 \,;$$
$$3° \ a = 0, \quad a' = 0 \quad \text{et} \quad cb' - bc' = 0.$$

**Premier cas :** $\dfrac{a}{a'} = \dfrac{b}{b'} = \dfrac{c}{c'}$. — Les valeurs de $x$ et $y$ se présentent sous la forme $\dfrac{0}{0}$.

Or, cette forme, qui est celle de l'indétermination, représente encore la solution du système. En effet, soit K la valeur constante des rapports précédents, on aura :

$$a = \mathrm{K}a', \quad b = \mathrm{K}b', \quad c = \mathrm{K}c';$$

les deux équations sont donc

$$\mathrm{K}(a'x + b'y) = \mathrm{K}c',$$
$$a'x + b'y = c'\,;$$

elles sont identiques ; et l'on sait que le système

$$a'x + b'y = c'$$

admet une infinité de solutions.

Remarque. — Si l'on avait $c = 0$, par suite $c' = 0$, $x$ et $y$ sont sont encore indéterminés, mais leur rapport $\dfrac{y}{x}$ est constant, égal à : $-\dfrac{a}{b}$.

**Deuxième cas :** $a = 0$, $b = 0$, $c = 0$. — On a $x = \dfrac{0}{0}$, $y = \dfrac{0}{0}$. Or, la première des équations devient une identité, par conséquent le système ne se composant que d'*une* équation à *deux* inconnues, il y a indétermination.

**Troisième cas :** $a = 0$, $a' = 0$, $cb' - bc' = 0$. — Les valeurs de $x$ et $y$ se présentent encore sous la forme $\dfrac{0}{0}$, tandis que le système

$$0 \cdot x + by = c$$
$$0 \cdot x + b'y = c'$$

montre que $x$ est bien indéterminé et que $y = \dfrac{c}{b}$ ; cette contradiction apparente provient de ce que la fraction qui donne la valeur de $y$, savoir : $\dfrac{ac' - ca'}{ab' - ba'}$ présente un facteur nul

commun aux deux termes, d'après les hypothèses faites.
En effet, on peut écrire

$$y = \frac{c\left(a\,\dfrac{c'}{c} - a'\right)}{b\left(a\,\dfrac{b'}{b} - a'\right)} = \frac{c\left(a\,\dfrac{b'}{b} - a'\right)}{b\left(a\,\dfrac{b'}{b} - a'\right)} = \frac{c}{b}.$$

Si l'on avait $cb' - bc' = 0$, par suite des hypothèses
$b = 0$, $b' = 0$, $x$ serait encore indéterminé et $y$ deviendrait
infini, solution qui convient, puisque $0 \,.\, \infty$, étant le symbole
de l'indétermination, on a les deux identités

$$0 + 0\,.\,\infty = c$$
$$0 + 0\,.\,\infty = c'$$

Remarque. — Dans le premier et le second cas, *l'indétermination est simple;* elle est dite en outre *du premier genre,*
parce qu'il est indifférent de donner tout d'abord soit à $x$,
soit à $y$ une valeur arbitraire; tandis que l'indétermination
sera dite *du second genre,* lorsque l'inconnue, qui peut recevoir une valeur arbitraire, est désignée; ce qui a lieu dans le
troisième cas, puisque $x$ seule est indéterminée.

TABLEAU DE LA DISCUSSION.

$1^\circ\ ab' - ba' \gtreqless 0$
$\begin{cases} ac' - ca' \gtreqless 0 \dots \\ ac' - ca' = 0 \begin{cases} \text{I. } \dfrac{a}{a'} = \dfrac{c}{c'} \dots \\ \text{II. } a = 0,\ c = 0 \dots \\ \text{III. } c = 0,\ c' = 0 \dots \end{cases} \end{cases}$   Solution finie et unique.

$2^\circ\quad ab' - ba' = 0$
et
$cb' - bc' \gtreqless 0$
$\begin{cases} \text{I. } \dfrac{a}{a'} = \dfrac{b}{b'} \dots \\ \text{II. } a = 0,\ b = 0 \dots \\ \text{III. } a = 0,\ a' = 0,\ x = \infty \end{cases}$   Valeurs infinies pour $x$ et $y$.
$y$ est indéterminé.

$3^\circ\ ab' - ba' = 0,\ cb' - bc' = 0,$
$ac' - ca' = 0$
$\begin{cases} \text{I. } \dfrac{a}{a'} = \dfrac{b}{b'} = \dfrac{c}{c'} \dots \\ \text{II. } a = 0,\ b = 0,\ c = 0 \dots \\ \text{III. } a = 0,\ a' = 0,\ \dfrac{b'}{b} = \dfrac{c}{c'} \end{cases}$   Indétermination simple et du $1^{er}$ genre.
Indétermination simple et du $2^e$ genre.

On peut ainsi résumer cette discussion en disant : *Il y a
une solution unique finie ou infinie, si l'un au plus des trois
binômes :*

$$ab' - ba', \qquad cb' - bc', \qquad ac' - ca'$$

*est nul, et indétermination soit du premier genre, soit du deuxième genre, si deux d'entre eux sont nuls,* à l'exception du cas où l'on a :

$$c = 0, \qquad c' = 0.$$

## APPLICATIONS.

**PREMIER EXEMPLE.** — *Résoudre et discuter le système :*

$$Ax + By + C = 0,$$
$$Bx + A'y + C' = 0.$$

Appliquant les formules générales, la solution de ce système est :

$$x = \frac{BC' - CA'}{AA' - B^2},$$

$$y = \frac{BC - AC'}{AA' - B^2}.$$

1° *Le dénominateur* AA' — B² *n'est pas nul.*

D'après la discussion précédente, la solution est finie et déterminée.

2° *Le dénominateur* AA' — B² *est nul et* BC' — CA' $\gtrless$ 0.

La condition AA' — B² = 0 résultera de l'une des hypothèses suivantes, ou $\dfrac{A}{B} = \dfrac{B}{A'}$, ou A = 0 avec B = 0, car les hypothèses A' = 0, B = 0 annuleraient le numérateur BC' — CA'.

Si $\dfrac{A}{B} = \dfrac{B}{A'}$, la solution est constituée par des valeurs infinies de $x$ et de $y$.

Si A = 0, B = 0, en comparant à la discussion précédente, on voit que les deux derniers cas sont confondus ici en un seul, qui est celui de la remarque I (page 106); ainsi la solution est $x = \infty$, $y = -\dfrac{C'}{A'}$, la forme indéterminée sous laquelle se présente $y$ n'est qu'apparente ; ce qui est évident en faisant d'abord B = 0 dans la valeur de $y$, ce qui donne

$$y = \frac{-AC'}{AA'} = -\frac{C'}{A'}.$$

3° *Le dénominateur* $AA' - B^2$ *est nul en même temps que les deux numérateurs.*

Ces conditions résultent soit de l'égalité de rapports :

$$\frac{A}{B} = \frac{B}{A'} = \frac{C}{C'},$$

soit des égalités $A = 0$, $B = 0$, $C = 0$ ou $A' = 0$, $B = 0$, $A' = 0$.

Dans les deux premiers cas, les deux équations se réduisant à une seule, il y a indétermination du premier genre; dans le troisième cas, l'indétermination est du second genre, car si l'on donne à $x$ une valeur arbitraire, on a $Ax = 0$ et $Bx = 0$ puisque $A = 0$ et $B = 0$, et il reste à satisfaire au système

$$By + C = 0,$$
$$A'y + C' = 0.$$

Or $B = A' = 0$, donc $y$ doit être infini.

DEUXIÈME EXEMPLE. — *Trouver la hauteur et la base d'un rectangle de périmètre donné* $2p$ *et qui soit inscrit dans un triangle isocèle donné ABC.*

Soit BC la base commune au triangle et au rectangle, $a = BC$, $h = HA$, $MN = x$, $PN = y$; le rectangle inscrit peut présenter trois positions différentes MNPQ, M'N'QP, M"N"P"Q"; si on regarde comme positives les dimensions du rectangle dans la position MNPQ; dans la deuxième position M'N'QP, la longueur M'N' doit être regardée comme négative, car les deux directions MN, M'N' sont de sens contraires; de même dans la troisième position, la hauteur Q"M" doit être regardée comme négative.

Cela posé, les deux équations du problème sont, quelles que soient les positions du rectangle :

$$2x + 2y = 2p \qquad \text{et} \qquad \frac{x}{BC} = \frac{h - y}{HA};$$

car si on considère, par exemple, la deuxième position, on a :

$$+ 2N'M' \quad \text{ou} \quad - 2M'N' + 2QN' = 2p \quad \text{et} \quad \frac{N'M'}{BC} = \frac{AD'}{HA}$$

ou

$$2x + 2y = 2p \quad \text{et} \quad \frac{-x}{BC} = \frac{y - h}{HA} \quad \text{ou} \quad \frac{x}{a} = \frac{h - y}{h}.$$

De la seconde équation, on déduit :

$$\frac{x}{a} = \frac{h - y}{h} = \frac{x - (h - y)}{a - h} = \frac{x + y - h}{a - h} = \frac{p - h}{a - h},$$

d'où

$$x = \frac{a(p - h)}{a - h}; \quad y = \frac{h(a - p)}{a - h}.$$

**Discussion.** — On distinguera trois parties suivant que le dénominateur commun est *négatif, nul* ou *positif.*

1° $a < h$. — Selon que $p$ sera supérieur ou inférieur à $h$, $x$ sera négatif ou positif; dans le premier cas on peut écrire $a < h < p$, donc $y$ est positif, le rectangle a la disposition (1); mais si on a $p < h$, il y a encore lieu de considérer les deux

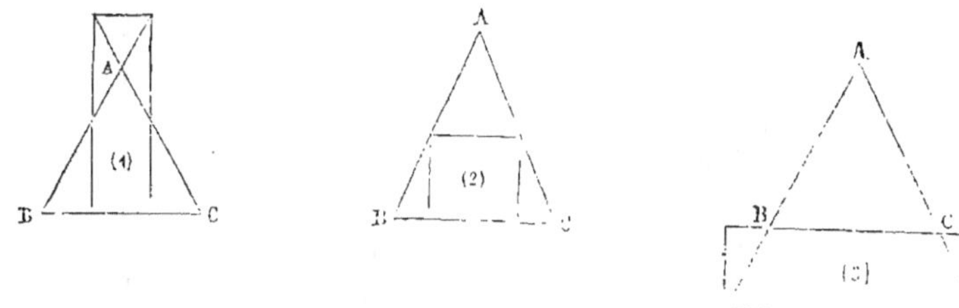

hypothèses $a < p$ ou $a > p$ : dans la première $y$ est encore positif, on a la disposition (2), et dans la seconde $y$ est négatif, on a la disposition (3).

2° $a = h$. — Si $p$ est différent de $h$, $x = \dfrac{m}{0}$, $y = \dfrac{m}{0}$; le rectangle cherché a ses dimensions infinies, c'est-à-dire qu'au point de vue géométrique, il n'existe pas de rectangle répondant à la question. Si $p = a$, $x$ et $y$ sont indéterminés, c'est-à-dire que *tout rectangle inscrit dans un triangle isocèle dont la base est égale à la hauteur a un périmètre constant égal au double de cette base.* Cette propriété, facile à vérifier par la géométrie, démontre donc qu'il est impossible d'inscrire, dans un tel triangle, un rectangle dont le périmètre $2p$ soit différent de $2a$.

3° $a > h$. — Si $p$ est supérieur à $a$, par suite à $h$, la valeur de $x$ est positive et celle de $y$ négative; on a la disposition ($1^{bis}$); si $p$ est inférieur à $a$, mais encore supérieur à $h$, $x$ et $y$

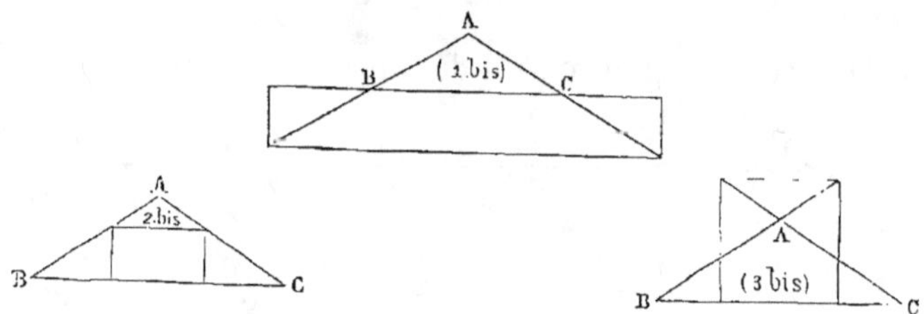

sont positifs ($fig.$ $2^{bis}$). Enfin si $p$ est inférieur à $a$, $x$ est négatif ($fig.$ $3^{bis}$).

TABLEAU DE LA DISCUSSION.

|  |  | SIGNES des valeurs de | |
|---|---|:---:|:---:|
|  |  | $x$ | $y$ |
| 1° $a < h$ | $a < h < p$ . . . . . . . . . . | $-$ | $+$ |
|  | $a < p < h$ . . . . . . . . . . | $+$ | $+$ |
|  | $p < a < h$ . . . . . . . . . . | $+$ | $-$ |
| 2° $a = h$ | $p \gtreqless h$ impossibilité . . . |  |  |
|  | $p = h$ indétermination. |  |  |
| 3° $a > h$ | $h < a < p$ . . . . . . . . . . | $+$ | $-$ |
|  | $h < p < a$ . . . . . . . . . . | $+$ | $+$ |
|  | $p < h < a$ . . . . . . . . . . | $-$ | $+$ |

TROISIÈME EXEMPLE. — *Un réservoir d'eau est rempli par deux fontaines, soit en laissant couler l'eau de la première pendant le temps $t$ et ensuite celle de la seconde pendant le temps $\theta$; soit en laissant couler l'eau de la première pendant le temps $t'$ et celle de la seconde pendant le temps $\theta'$. — Combien faut-il de temps à chaque fontaine coulant seule pour remplir le bassin?*

Soient $x$ et $y$ les temps employés par chacune des fontaines coulant seule pour remplir ce réservoir dont on peut prendre a capacité pour unité de volume. La première fontaine mettant le temps $x$ pour remplir une capacité égale à 1, emploiera le temps 1 pour remplir une capacité égale à $\dfrac{1}{x}$; de sorte que pendant le temps $t$ elle remplira une capacité égale à $\dfrac{t}{x}$; de même la seconde pendant le temps $\theta$ remplira une capacité égale à $\dfrac{\theta}{y}$; d'après l'énoncé du problème, on a donc l'égalité

$$\frac{t}{x} + \frac{\theta}{y} = 1 ;$$

on a de même

$$\frac{t'}{x} + \frac{\theta'}{y} = 1.$$

Considérant $\dfrac{1}{x}$, $\dfrac{1}{y}$ comme les inconnues, on a :

d'où

$$\frac{1}{x} = \frac{\theta' - \theta}{t\theta' - \theta t'}, \qquad \frac{1}{y} = \frac{t - t'}{t\theta' - \theta t'},$$

$$x = \frac{t\theta' - \theta t'}{\theta' - \theta}, \qquad y = \frac{t\theta' - \theta t'}{t - t'}.$$

**Discussion.** — Les temps $x$ et $y$ ne peuvent être interprétés dans deux sens opposés; d'après la question, les inégalités ou égalités que l'on établira devront donc être telles que les valeurs de $x$ et $y$ soient positives; il en résulte que l'on ne peut supposer les dénominateurs de signes contraires, car, les numérateurs étant les mêmes, $x$ et $y$ seraient de signes contraires, par conséquent l'un des temps $x$ ou $y$ serait négatif. On distinguera par conséquent trois cas, selon que ces dénominateurs seront différents de zéro, l'un d'eux nul ou tous les deux nuls.

**Premier cas :** $\theta < \theta'$, $t' < t$ ou $\theta > \theta'$, $t' > t$. — Il en résulte

$$\theta t < t\theta' \quad \text{ou} \quad \theta t > t\theta',$$

par conséquent $x$ et $y$ ont des valeurs positives finies et déterminées qui répondent à la question.

**Deuxième cas :** $\theta = \theta'$. — On trouve $x = \infty$, $y = \theta$.

Cette valeur rinfinie pour $x$ ne peut être admise, à moins que la première fontaine ne donne point d'eau ; alors les deux expériences sont identiques, et pendant le temps $\theta$, la seconde fontaine qui verse seule de l'eau dans le réservoir, remplit celui-ci. Mais si l'on ne suppose pas que la première fontaine soit tarie, l'impossibilité du problème est évidente, puisque dans chacune des deux expériences, la seconde fontaine coule pendant le même temps $\theta$ : il ne peut arriver qu'en faisant couler ensuite la première fontaine pendant les temps différents $t$, $t'$, le réservoir soit également rempli.

**Troisième cas :** $\theta = \theta'$, $t = t'$, d'où $t\theta' = \theta t'$. — $x$ et $y$ se présentent sous la forme $\dfrac{0}{0}$ ; cette indétermination est évidente, puisque les deux expériences sont identiques.

Remarque. — Il ne peut arriver que $x$ et $y$ soient nuls, car de l'égalité $\theta t' - t\theta' = 0$ on déduit $\dfrac{t}{t'} = \dfrac{\theta}{\theta'}$, égalité de rapports contradictoire avec les conditions imposées que $x$ et $y$ soient de même signe, car si l'on a :

$$t < t',$$

il en résulte

$$\theta < \theta'.$$

Quatrième exemple. — *A quelles quantités finies* x, y, z *doivent-elles être proportionnelles pour satisfaire au système*

$$bx + b'y + b''z = 0,$$
$$cx + c'y + c''z = 0?$$

Considérant $x$, $y$ comme inconnues et appliquant les formules générales, on a :

$$x = \frac{z\,(b'c'' - b''c')}{bc' - cb'}, \qquad y = \frac{z\,(b''c - bc'')}{bc' - cb'}$$

ou

$$\frac{x}{b'c'' - c'b''} = \frac{y}{cb'' - bc''} = \frac{z}{bc' - cb'}.$$

Représentons respectivement par A, A', A'' les trois binômes

$b'c'' - c'b''$, $cb'' - bc''$, $bc' - cb'$, et par K une constante quelconque différente de zéro, la solution demandée est :

$$x = \text{KA}, \qquad y = \text{KA}', \qquad z = \text{KA}''.$$

**Discussion**. — 1° *Aucun dénominateur nul.* — Les valeurs de $x$, $y$, $z$ sont finies et différentes de zéro.

2° *Un dénominateur nul.* — Soit $\text{A}'' = 0$. Cette hypothèse peut résulter soit de l'égalité de rapports $\dfrac{b}{b'} = \dfrac{c}{c'}$, soit des égalités $c = 0$, $c' = 0$; car l'hypothèse $b = 0$, $c = 0$ entraîne l'égalité à zéro de deux dénominateurs ; la solution sera dans ces deux cas $x = \text{KA}$, $y = \text{KA}'$, $z = 0$.

3° *Deux dénominateurs nuls.* — Soient $\text{A}'$ et $\text{A}''$ nuls; pour satisfaire à ces conditions et à l'inégalité $\text{A} \gtrless 0$, la seule hypothèse possible est

$$b = 0. \qquad c = 0.$$

La solution est

$$x = \text{KA}, \qquad y = 0, \qquad z = 0.$$

4° *Les trois dénominateurs sont nuls*. — Ce qui résultera soit des égalités de rapports : $\dfrac{b}{c} = \dfrac{b'}{c'} = \dfrac{b''}{c''}$, soit des égalités $c = 0$, $c' = 0$, $c'' = 0$; dans les deux cas, les deux équations se réduisent à une seule, de sorte qu'on peut donner à $x$ et $y$ telles valeurs que l'on veut, ne présentant aucun rapport entre elles.

TABLEAU DE LA DISCUSSION.

I. Aucun dénom. nul... $x = \text{KA}$, $\quad y = \text{KA}'$, $\quad z = \text{KA}''$.

II. $\text{A}'' = 0$. .............. $\begin{cases} \dfrac{b}{b'} = \dfrac{c}{c'} \\ c = 0, \quad c' = 0 \end{cases}$ $\begin{cases} x = \text{KA}, \quad y = \text{KA}', \\ \qquad z = 0. \end{cases}$

III. $\text{A}'' = 0$, $\text{A}' = 0$ ...... $x = \text{KA}$, $\quad y = 0$, $\quad z = 0$.

IV. $\text{A} = 0$, $\text{A}' = 0$, $\text{A}'' = 0$. $\begin{cases} \dfrac{b}{c} = \dfrac{b'}{c'} = \dfrac{b''}{c''} \\ c = 0, \ c' = 0, \ c'' = 0 \end{cases}$ $\begin{cases} x \text{ et } y \text{ complétem.} \\ \text{indéterminés.} \end{cases}$

D'après ce tableau, on peut énoncer la conclusion suivante :
*Si le système proposé renferme réellement trois inconnues et deux*

*équations, on peut toujours, comme solution du système, prendre :*

$$x = A, \qquad y = A' \qquad z = A'',$$

*solution dans laquelle un second membre au plus peut être égal à zéro.*

**Application de la solution de l'exemple précédent :**
Soit à éliminer X entre les deux équations :

$$aX^2 + bX + c = 0,$$
$$a'X^2 + b'X + c' = 0.$$

Posons $X = \dfrac{y}{z}$, $X^2 = \dfrac{x}{z}$, on a le système

$$ax + by + cz = 0,$$
$$a'x + b'y + c'z = 0,$$

avec la condition $\left(\dfrac{y}{z}\right)^2 = \dfrac{x}{z}$ ou $y^2 = xz$ ; or, d'après ce qui précède, on peut poser :

$$x = bc' - cb', \quad y = ca' - ac', \quad z = ab' - ba' ;$$
donc
$$(ca' - ac')^2 = (bc' - cb')(ab' - ba')$$

est la relation cherchée.


**§ 6. — Discussion des formules générales de résolution
du système de trois équations à trois inconnues :**

$$ax + by + cz = d,$$
$$a'x + b'y + c'z = d',$$
$$a''x + b''y + c''z = d''.$$

Appliquant la méthode de Bezout, on multipliera la première par A, la seconde par A', la troisième par A'', en ajoutant membre à membre, on obtient :

$$(Aa + A'a' + A''a'')\,x + (Ab + A'b' + A''b'')\,y + (Ac + A'c' + A''c'')\,z$$
$$= Ad + A'd' + A''d''.$$

Pour trouver $x$, nous poserons :

$$\left. \begin{array}{l} Ab + A'b' + A''b'' = 0 \\ Ac + A'c' + A''c'' = 0 \end{array} \right\} \qquad (1)$$

d'où

$$\frac{A}{b'c'' - c'b''} = \frac{A'}{cb'' - bc''} = \frac{A''}{bc' - cb'}.$$

On peut donc prendre pour valeurs des multiplicateurs A, A', A″, les dénominateurs correspondants eux-mêmes, c'est-à-dire faire

$$A = b'c'' - c'b'', \quad A' = cb'' - bc'', \quad A'' = bc' - cb',$$

il en résulte

$$x = \frac{Ad + A'd' + A''d''}{Aa + A'a' + A''a''} = \frac{d(b'c'' - c'b'') + d'(cb'' - bc'') + d''(bc' - cb')}{a(b'c'' - c'b'') + a'(cb'' - bc'') + a''(bc' - cb')}.$$

Remarquons que le numérateur de $x$ se déduit de son dénominateur d'après la même loi trouvée pour le système de deux équations à deux inconnues, *en remplaçant dans le dénominateur les coefficients de l'inconnue* x *par les seconds membres correspondants à ceux-ci dans les équations.*

Pour trouver $y$ et $z$, observons que si on change $a$ en $b$, $b$ en $c$, $c$ en $a$ dans les équations, en conservant aux lettres leurs accents, et en même temps $x$ en $y$, $y$ en $z$ et $z$ en $x$, sans altérer les seconds membres, le système reste identique à lui-même, l'ordre des termes seul est changé; donc, si on fait ces permutations dans la formule qui donne $x$, on aura la valeur de $y$, puis que, dans cette dernière, on fasse cette même permutation, on aura la valeur de $z$.

Effectuant cette permutation dans le dénominateur, on reconnaît que celui-ci ne change pas, donc on a :

$$y = \frac{ad'c'' - ac'd'' + ca'd'' - da'c'' + dc'a'' - cd'a''}{ab'c'' - ac'b'' + ca'b'' - ba'c'' + bc'a'' - cb'a''},$$

$$z = \frac{ab'd'' - ad'c'' + da'b'' - ba'd'' + bd'a'' - db'a''}{ab'c'' - ac'b'' + ca'b'' - ba'c'' + bc'a'' - cb'a''}.$$

Si l'on effectue les permutations précédentes sur les multiplicateurs qui ont été employés pour trouver $x$, on emploiera pour trouver $y$ les multiplicateurs B, B', B″ tels que

$$B = c'a'' - a'c'', \quad B' = ac'' - ca'', \quad B'' = ca' - ac'$$

et pour $z$,

$$C = a'b'' - b'a'', \quad C' = a''b - ba'', \quad C'' = ab' - ba'.$$

On a donc les identités :

$$(1) \quad \begin{cases} Ab + A'b' + A''b'' = 0, \quad & Ac + A'c' + A''c'' = 0, \\ Bc + B'c' + B''c'' = 0, \quad & Ba + B'a' + B''a'' = 0, \\ Ca + C'a' + C''a'' = 0, \quad & Cb + C'b' + C''b'' = 0, \end{cases}$$

et les valeurs de $y$ et $z$ peuvent être écrites ainsi :

$$y = \frac{Bd + B'd' + B''d''}{Bb + B'b' + B''b''},$$
$$z = \frac{Cd + C'd' + C''d''}{Cc + C'c' + C''c''}.$$

D'après la remarque que le dénominateur est le même pour $x$, $y$, $z$, on a donc identiquement :

$$Aa + A'a' + A''a'' = Bb + B'b' + B''b'' = Cc + C'c' + C''c''.$$

Le dénominateur commun, que l'on représentera par $\Delta$, peut aussi être écrit ainsi :

$$Aa + Bb + Cc,$$

de sorte qu'on a aussi identiquement :

$$\Delta = Aa + A'a' + A''a'' = Aa + Bb + Cc = A'a' + B'b' + C'c'$$
$$= A''a'' + B''b'' + C''c''$$

et par symétrie des identités (1) les six suivantes :

$$(2) \quad \begin{cases} Aa' + Bb' + Cc' = 0, \quad & Aa'' + Bb'' + Cc'' = 0, \\ A'a + B'b + C'c = 0, \quad & A'a'' + B'b'' + C'c'' = 0, \\ A''a + B''b + C''c = 0, \quad & A''a' + B''b' + C''c' = 0. \end{cases}$$

Il existe encore une forme du dénominateur commun plus simple que les précédentes, qui est d'une grande utilité dans la discussion.

Pour l'obtenir, multiplions par $c'$ le dénominateur $\Delta$, on a identiquement :

$$c'\Delta = Aac' + A'a'c' + A''a''c' = Aac' + A'a'c' - a''(Ac + A'c')$$

d'après la seconde des identités (1), d'où

$$c''\Delta = A(ac'' - ca'') - A'(c'a'' - a'c'') = AB' - BA'.$$

On a donc, par symétrie

$$\Delta = \frac{AB' - BA'}{c''} = \frac{BA'' - AB''}{c'} = \frac{A'B'' - B'A''}{c}$$

et six autres par la permutation de A en B, B en C, C en A, $a$ en $b$, $b$ en $c$, $c$ en $a$.

Dans ce qui suit, on désignera par $N_x$ le numérateur de la fraction représentant la valeur de $x$, savoir $N_x = Ad + A'd' + A''d''$, par $N_y$ celui de $y$, savoir $\qquad N_y = Bd + B'd' + B''d''$, et par $N_z$ celui de $z$, savoir $\qquad N_z = Cd + C'd' + C''d''$.

Ces numérateurs peuvent être écrits chacun sous deux autres formes utiles dans la discussion, savoir :

$$N_x = b(c'd'' - d'c'') + b'(dc'' - cd'') + b''(cd' - dc')$$
$$- N_x = c(b'd'' - d'b'') + c'(db'' - bd'') + c''(bd' - db').$$

Pour abréger, on posera

$$\alpha = a'd'' - d'a'', \qquad \alpha' = da'' - ad'', \qquad \alpha'' = ad' - da',$$
$$\beta = b'd'' - d'b'', \qquad \beta' = db'' - bd'', \qquad \beta'' = bd' - db',$$
$$\gamma = c'd'' - d'c'', \qquad \gamma' = dc'' - cd'', \qquad \gamma'' = cd' - dc'.$$

On a donc les nouvelles expressions des numérateurs de $x$, $y$, $z$.

$$N_x = b\gamma + b'\gamma' + b''\gamma'' = -(c\beta + c'\beta' + c''\beta''),$$
$$N_y = c\alpha + c'\alpha' + c''\alpha'' = -(a\gamma + a'\gamma' + a''\gamma''),$$
$$N_z = a\beta + a'\beta' + a''\beta'' = -(b\alpha + b'\alpha' + b''\alpha'').$$

Si on observe que les binômes $\alpha$, $\alpha'$, $\alpha''$, par exemple, jouent, par rapport aux coefficients $d$, $d'$, $d''$, le même rôle que les binômes B, B', B'', par rapport à $c$, $c'$, $c''$, on peut écrire de suite les identités :

$$(3) \quad \begin{cases} \alpha a + \alpha'a' + \alpha''a'' = 0, \qquad \alpha d + \alpha'd' + \alpha''d'' = 0, \\ \beta b + \beta'b' + \beta''b'' = 0, \qquad \beta d + \beta'd' + \beta''d'' = 0, \\ \gamma c + \gamma'c' + \gamma''c'' = 0, \qquad \gamma d + \gamma'd' + \gamma''d'' = 0. \end{cases}$$

Dans la discussion qui suit, les binômes tels que A, B, A' ...

$\alpha$, $\beta$, $\alpha'$, $\beta'$..., qui sont des fonctions des coefficients des équations, seront désignés par le terme : *coefficients binômes ;* et par opposition, ceux des inconnues et les seconds membres $d$, $d'$, $d''$, seront appelés *coefficients monômes.*

Cela posé, la discussion du système de trois équations à trois inconnues, repose sur les propriétés suivantes :

PREMIÈRE PROPRIÉTÉ. — *Si aucun des coefficients monômes et binômes n'est nul, et que deux des quatre polynômes* $N_x$, $N_y$, $N_z$, $\Delta$ *soient nuls, les deux autres le sont aussi.*

1° Soient deux numérateurs $N_y$, $N_z$ nuls.

On a, d'après les identités (3) :

$$a\alpha + a'\alpha' + a''\alpha'' = 0$$

et par hypothèse :

$$- N_z = b\alpha + b'\alpha' + b''\alpha'' = 0,$$
$$N_y = c\alpha + c'\alpha' + c''\alpha'' = 0.$$

Multipliant la première égalité par A, la deuxième par B, la troisième par C, on a, en tenant compte des identités (2) :

$$(Aa + Bb + Cc)\alpha = 0 \quad \text{ou} \quad \Delta\alpha = 0,$$

donc $\Delta = 0$, par suite

$$AB' - BA' = 0, \quad AB'' - BA'' = 0$$

ou

$$\frac{A}{B} = \frac{A'}{B'} = \frac{A''}{B''}.$$

Or, $Bd + B'd' + B''d'' = 0$ par hypothèse ;
donc on aura :

$$Ad + A'd' + A''d'' = 0 \quad \text{ou} \quad N_x = 0.$$

2° Soient $\Delta = 0$ et un numérateur nul $N_x$.

De $\Delta = 0$ on déduit

$$\frac{A}{B} = \frac{A'}{B'} = \frac{A''}{B''} = \frac{Ad + A'd' + A''d''}{Bd + B'd' + B''d''} = \frac{N_x}{N_y}$$

et par conséquent $N_y = 0$; on démontrerait de même que $N_z = 0$

DEUXIÈME PROPRIÉTÉ. — *Les conditions suffisantes et né-*

cessaires pour que l'on ait 1° deux numérateurs $N_y$, $N_z$ nuls, sans que le troisième et le dénominateur commun le soient, sont

$$\alpha = 0, \qquad \alpha' = 0, \qquad \alpha'' = 0$$

et 2° un numérateur $N_x$ nul et le dénominateur commun nul, sans que les deux autres numérateurs le soient, sont :

$$A = 0, \qquad A' = 0, \qquad A'' = 0.$$

1° $N_y = 0$, $N_z = 0$. — Les conditions énoncées sont évidemment suffisantes ; d'ailleurs des égalités

$$Bd + B'd' + B''d'' = 0,$$
$$Cd + C'd' + C''d'' = 0$$

on déduit :

$$\frac{d}{B'C'' - C'B''} = \frac{d'}{B''C - C''B} = \frac{d''}{BC' - CB'};$$

or

$$\frac{B'C'' - C'B''}{a} = \frac{B''C - C''B}{a'} = \frac{BC' - CB'}{a''}.$$

donc

$$\frac{d}{a} = \frac{d'}{a'} = \frac{d''}{a''}$$

c'est-à-dire $\alpha'' = 0$, $\alpha' = 0$, $\alpha = 0$.

2° $\Delta = 0$ et $N_x = 0$. — Les conditions $A = 0$, $A' = 0$, $A'' = 0$, sont suffisantes ; d'ailleurs des égalités :

$$Aa + A'a' + A''a'' = 0,$$
$$Ad + A'd' + A''d'' = 0$$

on déduit :

$$\frac{A}{a'd'' - d'a''} = \frac{A'}{a''d - d''a} = \frac{A''}{ad' - da'}$$

ou

$$\frac{A}{a} = \frac{A'}{a'} = \frac{A''}{a''} = \frac{Ac + A'c' + A''c''}{ca + c'a' + c''a''} = \frac{0}{N_y};$$

ce qui exige $A = 0$, $A' = 0$, $A'' = 0$ puisque $N_y$ n'est pas nul.

TROISIÈME PROPRIÉTÉ. — *Les conditions suffisantes et nécessaires pour que l'on ait 1° les trois numérateurs nuls, sans que* $\Delta$ *le soit, sont :* d = 0, d' = 0, d'' = 0 ; *2° le dénominateur commun nul en même temps que deux numérateurs, sans que le troisième* $N_x$ *le soit, sont :* a = 0, a' = 0, a'' = 0.

1° Elles sont suffisantes, et d'après la seconde propriété, on a vu que si l'on avait $N_y = 0$ et $N_z = 0$, il en résulte l'égalité de rapports (puisque l'on a aussi $\Delta \gtreqless 0$) :

$$\frac{d}{a} = \frac{d'}{a'} = \frac{d''}{a''} = \frac{Ad + A'd' + A''d''}{Aa + A'a' + A''a''} = \frac{0}{\Delta};$$

donc $d = 0$, $d' = 0$, $d'' = 0$.

2° Les conditions $a = 0$, $a' = 0$, $a'' = 0$ sont évidemment suffisantes ; et elles sont nécessaires, car si on multiplie la première des égalités suivantes par $b$, et la seconde par $c$ :

$$Bd + B'd' + B''d'' = 0, \qquad Cd + C'd' + C''d'' = 0$$

on a, en ajoutant membre à membre :

$$(Bb + Cc)d + (B'b + C'c)d' + (B''b + C''c)d'' = 0.$$

Or, par hypothèse $\Delta = 0$, ou $Aa = -(Bb + Cc)$, et, d'après les identités (2) :

$$A'a = -(B'b + C'c),$$
$$A''a = -(B''b + C''c);$$

donc, en substituant, on a :

$$(Ad + A'd' + A''d'')a = 0 \quad \text{ou} \quad a \cdot N_x = 0,$$

donc :

$$a = 0.$$

On démontrerait de même que l'on doit avoir :

$$a' = 0, \quad a'' = 0.$$

D'après ces propriétés, la discussion suivante sera divisée en trois parties, selon que le dénominateur commun est différent de zéro, nul, ou nul en même temps que les trois numérateurs.

PREMIÈRE PARTIE. — LE DÉNOMINATEUR COMMUN
EST DIFFÉRENT DE ZÉRO.

Il en résulte que deux des trois coefficients binômes, tels

que A, A′, A″ ne peuvent être nuls à la fois, car si l'on avait
A′ $= 0$, A″ $= 0$, c'est-à-dire :

$$\frac{c}{b} = \frac{c'}{b'} \quad \text{et} \quad \frac{c}{b} = \frac{c''}{b''},$$

il en résulterait

$$\frac{c'}{b'} = \frac{c''}{b''} \quad \text{ou A} = 0,$$

par suite $\Delta = 0$, contraire à l'hypothèse ; ou $c = 0$, $b = 0$, il
en résulterait

$$a\Delta = A'B'' - B'A'' = 0, \quad a = 0$$

et par conséquent $\Delta = 0$. Soient donc A′ et A″ $\gtrless 0$.

Si l'on a en outre A $\gtrless 0$, d'après la théorie générale, le
système

$$x = \frac{N_x}{\Delta}, \quad y = \frac{N_y}{\Delta}, \quad z = \frac{N_z}{\Delta}$$

est équivalent au système proposé ; on a donc, dans ce cas,
une solution finie et déterminée représentée par les formules
précédentes.

Si l'on avait A $= 0$, on aurait pour $x$ la valeur

$$x = \frac{d'(cb'' - bc'') + d''(bc' - cb')}{a'(cb'' - bc'') + a''(bc' - cb')};$$

or $b'c'' - c'b'' = 0$, donc

$$cb'' - bc'' = -\frac{c''}{c'}(bc' - cb'),$$

d'où

$$x = \frac{(bc' - cb')\left(d'' - \dfrac{c''d'}{c'}\right)}{(bc' - cb')\left(a'' - \dfrac{c''a'}{c'}\right)} = \frac{\gamma}{\mathrm{B}},$$

valeur que l'on trouve immédiatement, en multipliant la
troisième des équations proposées par $c'$, la seconde par $-c''$
et ajoutant membre à membre ; par conséquent la solution
générale représente encore la solution du système, quoique
les multiplicateurs A, A′, A″, employés pour trouver les for-

mules générales, ne puissent dans ce cas être employés, puisque l'un d'eux est nul.

Il est évident que ce qui précède s'applique au cas où l'on aurait l'un des trois coefficients binômes $B$, $B'$, $B''$, et l'un des trois $C$, $C'$, $C''$ nuls, pourvu que l'on n'ait pas à la fois $A$, $B$, $C$ nuls, par exemple, puisque ces hypothèses renferment l'égalité : $\Delta = 0$.

**Cas particuliers.** — 1° Si l'on a $\alpha = 0$, $\alpha' = 0$, $\alpha'' = 0$, c'est-à-dire :

$$\frac{d}{a} = \frac{d'}{a'} = \frac{d''}{a''}$$

d'après la seconde propriété, on a $N_y = 0$ et $N_z = 0$, et les formules générales donnent :

$$y = 0, \qquad z = 0, \qquad x = \frac{Ad + A'd' + A''d''}{Aa + A'a' + A''a''} = \frac{d}{a}.$$

solution finie et déterminée, qui convient au système proposé; de même si on avait $d'' = 0$, $a'' = 0$ et $\frac{d}{a} = \frac{d'}{a'}$.

2° Si l'on a $d = 0$, $d' = 0$, $d'' = 0$, il en résulte :

$$x = 0, \qquad y = 0, \qquad z = 0.$$

En résumé, *si l'on a $\Delta \gtrless 0$, le système admet toujours une solution finie et une seule, donnée par les formules générales.*

DEUXIÈME PARTIE. — LE DÉNOMINATEUR COMMUN EST NUL
ET UN NUMÉRATEUR AU MOINS N'EST PAS NUL.

$$1° \; N_x, N_y, N_z \gtrless 0.$$

Les valeurs de $x$, $y$, $z$ se présentent sous la forme $\frac{m}{0}$; c'est-à-dire sont infinies ; *ces valeurs infinies constituent la solution unique du système.*

Pour le montrer, on distinguera les hypothèses suivantes, qui sont toutes celles exprimant que $\Delta$ est nul, sans annuler aucun numérateur :

1° $\dfrac{A'}{A''} = \dfrac{B'}{B''}$ et les analogues;

$2^o$ A″ $= 0$, B″ $= 0$, C″ $= 0$.

**Premier cas** : A′B″ $=$ B′A″. — Multiplions la première équation par A, la seconde par A′, et ajoutons membre à membre, on obtient :

$$x(a\mathrm{A} + a'\mathrm{A}') + y(b\mathrm{A} + b'\mathrm{A}') + z(c\mathrm{A} + c'\mathrm{A}') = d\mathrm{A} + d'\mathrm{A}'$$

ou

$$- a''\mathrm{A}''x - b''\mathrm{A}''y - c''\mathrm{A}''z = d\mathrm{A} + d'\mathrm{A}'$$

ou

$$a''x + b''y + c''z = - \frac{d\mathrm{A} + d'\mathrm{A}'}{\mathrm{A}''}.$$

Or, la troisième équation et cette dernière ne peuvent être satisfaites par aucun système de valeurs finies de $x$, $y$, $z$, puisqu'on suppose

$$d'' \gtrless - \frac{d\mathrm{A} + d'\mathrm{A}'}{\mathrm{A}''} \quad \text{ou} \quad \mathrm{N}_x \gtrless 0.$$

D'autre part, des valeurs infinies attribuées à $x$, $y$, $z$, conviennent au système. Soient, d'abord, trois coefficients $a$, $b$, $c$ de même signe, l'une des valeurs infinies des inconnues est de signe contraire aux deux autres. En effet, supposons que, $\Delta$ tendant vers zéro en décroissant, les numérateurs de $y$ et $z$ soient positifs, et que $a$, $b$, $c$ soient positifs, on a :

$$\mathrm{B}d + \mathrm{B}'d' + \mathrm{B}''d'' > 0,$$
$$\mathrm{C}d + \mathrm{C}'d' + \mathrm{C}''d'' > 0.$$

Multiplions la première inégalité par $b$, la seconde par $c$, et ajoutons membre à membre, on aura l'inégalité de même sens :

$$d(\mathrm{B}b + \mathrm{C}c) + d'(\mathrm{B}'b + \mathrm{C}'c) + d''(\mathrm{B}''b + \mathrm{C}''c) > 0$$

ou

$$- \mathrm{A}ad - \mathrm{A}'ad' - \mathrm{A}''ad'' > 0$$

et en divisant par la quantité positive $a$ :

$$- (\mathrm{A}d + \mathrm{A}'d' + \mathrm{A}''d'') > 0, \quad \text{c'est-à-dire} \quad \mathrm{N}_x < 0,$$

donc

$$y = + \infty, \quad z = + \infty \quad \text{et} \quad x = - \infty.$$

D'ailleurs, dans les deux autres équations, les signes des coefficients de $x$ ne peuvent pas être de signes contraires à ceux de $y$ et $z$ dans la même équation; car de l'identité :

$$A''a + B''b + C''c = 0$$

résulte que deux seulement des trois binômes $A''$, $B''$, $C''$ sont de même signe; l'un d'eux, soit $C''$, est donc négatif; or, si on suppose $b' > 0$, ce qui est toujours permis, de l'inégalité $ba' > ab'$, résulte $a' > 0$.

Ainsi, les signes des valeurs de $x$, $y$, $z$ et des coefficients des inconnues sont nécessairement tels que l'on ait dans le premier membre de chaque équation la *différence* entre deux infinis, de sorte que la quantité indéterminée peut successivement être égale à $d$, $d'$ ou $d''$.

Un calcul analogue montrerait que si $a$, $b$, $c$ ne sont pas de même signe, les signes de $x$, $y$, $z$ sont encore tels que les premiers membres de chaque équation présentent la différence entre deux infinis.

**Deuxième cas :** $A'' = 0$, $B'' = 0$, $C'' = 0$. — La discussion dans ce cas se subdivise en trois autres, selon que l'on a :

$$\frac{a}{a'} = \frac{b}{b'} = \frac{c}{c'}$$

ou

$$a = 0, \quad a' = 0, \quad \frac{b}{b'} = \frac{c}{c'}$$

ou

$$a = 0, \quad b = 0, \quad c = 0,$$

chacun de ces groupes représentant les conditions nécessaires et suffisantes pour que l'on ait $A'' = 0$, $B'' = 0$, $C'' = 0$.

1° $\dfrac{a}{a'} = \dfrac{b}{b'} = \dfrac{c}{c'}$. — On a :

$$N_x = Ad + A'd' = \frac{A(c'd - cd')}{c};$$

puisqu'aucun numérateur n'est nul, on a donc :

$$c'd - cd' \gtreqless 0 \quad \text{ou} \quad \frac{d}{d'} \gtreqless \frac{c}{c'};$$

par conséquent les deux premières équations du système ne peuvent être satisfaites par aucun système de valeurs finies de

$x$, $y$, $z$; d'autre part, le calcul précédent étant applicable, il résulte que les formules générales d'après lesquelles on doit attribuer à $x$, $y$, $z$ des valeurs infinies conviennent.

$2°$ $a = 0$, $a' = 0$, $\dfrac{b}{b'} = \dfrac{c}{c'}$. — On a :

$$N_y = - a''\gamma'' = a''(dc' - cd'),$$

donc $\dfrac{d}{d'} \gtrless \dfrac{c}{c'}$, et les deux premières équations, qui se réduisent à

$$0 \cdot x + by + cz = d,$$
$$0 \cdot x + b'y + c'z = d'$$

ne peuvent être satisfaites que par des valeurs infinies de $y$ et $z$; d'autre part la valeur de $x$ est aussi infinie, car si celle-ci était finie et égale à $x_1$, le système

$$\begin{cases} 0 \cdot x_1 + by + cz = d \\ \quad b''y + c''z = d'' - a''x_1 \end{cases}$$

ne pouvant admettre que la solution $y = \infty$, $z = \infty$, on devrait avoir $bc'' - cb'' = 0$; par suite $A = 0$, $A' = 0$, $A'' = 0$, ce qui est contradictoire avec l'hypothèse $N_x \gtrless 0$.

$3°$ $a = 0$, $b = 0$, $c = 0$. — La première équation se réduit à

$$0 \cdot x + 0 \cdot y + 0 \cdot z = d.$$

Or, l'on a $d \gtrless 0$, car $N_x = Ad$ est différent de zéro, et il n'y a aucun système de valeurs finies qui, attribuées à $x$, $y$, $z$, satisfassent l'équation précédente; donc $x = \infty$, $y = \infty$, $z = \infty$ est la solution du système.

$$2° \quad N_x = 0.$$

On a vu que l'on devait avoir $A = 0$, $A' = 0$, $A'' = 0$, et la solution donnée par les formules générales est

$$x = \frac{0}{0}, \quad y = \infty, \quad z = \infty;$$

elle est en contradiction avec la véritable solution du système, si on conserve à ces symboles leur signification générale.

Pour le démontrer, on distinguera deux cas, selon que l'on a

$$\frac{b}{c} = \frac{b'}{c'} = \frac{b''}{c''}$$

ou

$$c = 0, \quad b = 0, \quad \frac{b'}{c'} = \frac{b''}{c''},$$

chacun de ces groupes représentant les conditions nécessaires et suffisantes pour que l'on ait $\Delta = 0$ et $N_x = 0$.

$1°\ \dfrac{b}{c} = \dfrac{b'}{c'} = \dfrac{b''}{c''}$. — Les équations proposées peuvent s'écrire, en représentant par K la valeur commune des rapports précédents :

$$ax + c(Ky + z) = d,$$
$$a'x + c'(Ky + z) = d',$$
$$a''x + c''(Ky + z) = d''.$$

Or, si on regarde $Ky + z$ comme inconnue, on a un système de trois équations qui n'admet en général aucune solution finie; d'ailleurs, pour que ce système admette une telle solution, on devrait avoir deux équations identiques, par exemple, les deux dernières, d'où

$$\frac{a''}{a'} = \frac{c''}{c'} = \frac{d''}{d'},$$

par conséquent

$$\frac{a''}{a'} = \frac{c''}{c'} = \frac{b''}{b'} \tag{1}$$

et

$$d'a'' - a'd'' = 0, \quad d'c'' - c'd'' = 0 \quad \text{ou} \quad z = 0$$

et $y = 0$, alors

$$N_y = c'a' + c''a'',$$
$$- N_z = b'a' + b''a''$$

et comme on a identiquement

$$0 = a'a' + a''a''$$

il résulterait des égalités de rapport (1) que les numérateurs de $y$ et de $z$ seraient nuls, ce qui est contraire à l'hypothèse; donc il ne peut y avoir qu'impossibilité, et les seules valeurs de $x$ et de $Ky + z$ satisfaisant au système sont infinies; il faut remarquer que le rapport $\dfrac{y}{z}$ est constant, égal à $\dfrac{1}{K}$.

$2°$ $c = 0$, $b = 0$, $\dfrac{b'}{c'} = \dfrac{b''}{c''}$. — Les équations sont :

$$ax + 0 \cdot y + 0 \cdot z = d,$$
$$a'x + c'(Ky + z) = d',$$
$$a''x + c''(Ky + z) = d'',$$

système qui n'admet aucune solution finie, à moins que l'on n'ait :

$$\frac{ad' - da'}{c'} = \frac{ad'' - da''}{c''} \quad \text{ou} \quad \alpha'c' + \alpha''c'' = 0$$

et à cause de $\dfrac{b'}{c'} = \dfrac{b''}{c''}$

$$\alpha'b' + \alpha''b'' = 0,$$

relations qui expriment, puisque $c$ et $b$ sont nuls, que l'on a $N_y = 0$ et $N_z = 0$, ce qui est contraire à l'hypothèse; comme précédemment les valeurs de $x$, $y$, $z$ sont donc infinies, et le rapport $\dfrac{y}{z}$ est égal à $\dfrac{1}{K}$.

$3°$ $N_x = 0$ et $N_y = 0$.

D'après la troisième propriété, il en résulte

$$c = 0, \quad c' = 0, \quad c'' = 0.$$

Dans ce cas, les formules, si on conserve aux symboles $\dfrac{0}{0}$ et $\dfrac{m}{0}$ leur signification générale, représentent bien la solution du système.

En effet, on a les équations :

$$ax + by + 0 \cdot z = d,$$
$$a'x + b'y + 0 \cdot z = d',$$
$$a''x + b''y + 0 \cdot z = d''$$

auxquelles il est impossible de satisfaire à l'aide de valeurs finies attribuées à $x$, $y$, $z$; car il faudrait que deux équations fussent identiques, par exemple, les deux dernières, ce qui exige :

$$\frac{a''}{a'} = \frac{b''}{b'} = \frac{d''}{d'},$$

d'où $C = 0$ ; or, on a identiquement

$$C'a' + C''a'' = 0.$$

Donc on a aussi :

$$C'd' + C''d'' = 0 \quad \text{ou} \quad N_z = 0,$$

ce qui est contraire à l'hypothèse.

Au contraire, si on attribue à $z$ une valeur infinie, et que l'on désigne par $\delta$, $\delta'$, $\delta''$ les quantités indéterminées $cz$, $c'z$, $c''z$, lorsque $c$, $c'$, $c''$ deviennent nuls ; à cause de l'indétermination de $\delta$, $\delta'$, $\delta''$, il y a une infinité de systèmes de valeurs que l'on peut attribuer à $x$ et $y$ satisfaisant au système précédent, pourvu que l'on détermine $\delta$, $\delta'$, $\delta'$ de manière à vérifier la relation

$$a'' [(d - \delta) b' - b (d' - \delta')] + b'' [ a (d' - \delta') - (d - \delta) a']$$
$$= (d'' - \delta'') (ab' - ba').$$

TROISIÈME PARTIE. — LE DÉNOMINATEUR COMMUN EST NUL,<br>AINSI QUE LES TROIS NUMÉRATEURS.

Les valeurs de $x$, $y$, $z$ se présentent sous la forme $\dfrac{0}{0}$ ; or, la discussion suivante établira qu'il y a toujours indétermination au moins pour l'une des inconnues, par conséquent on peut dire que *si les formules générales se réduisent toutes les trois à la forme* $\dfrac{0}{0}$, *il y a réellement indétermination dans la solution du système proposé.*

On distingue quatre cas constitués par les groupes d'hypothèses suivantes :

$$\begin{array}{llllll}
1^{\text{er}} \text{ Cas.} & A'B'' - B'A'' = 0 & \text{et} & N_x = 0. \\
2^{\text{c}} \text{ Cas.} & A'' = 0, & B'' = 0, & C'' = 0, & Ad + A'd' = 0. \\
3^{\text{c}} \text{ Cas.} & A'' = 0, & A' = 0, & A = 0, & N_y = 0. \\
4^{\text{c}} \text{ Cas.} & A'' = 0, & A' = 0, & B'' = 0, & B' = 0.
\end{array}$$

**Premier cas**. : $\Delta = 0$ *et* $N_x = 0$ *avec la condition qu'aucun des coefficients monômes et binômes ne soit nul.*

Multiplions la première équation par A, la seconde par $A'$ et ajoutons membre à membre, on a :

$$x(aA + a'A') + y(bA + b'A') + z(cA + c'A') = dA + d'A'$$

ou

$$A''(a''x + b''y + c''z) = A''d''.$$

Si on divise par $A''$, qui, par hypothèse, n'est pas nul, on voit que la troisième équation n'est qu'une combinaison des deux autres, donc il y a indétermination simple, car les deux premières équations ne peuvent se réduire à une seule, puisqu'on ne peut supposer nul aucun coefficient monôme ou binôme.

On peut remarquer que si l'on suppose $\Delta = 0$ et $d = 0$, $d' = 0$, $d'' = 0$, d'après ce qui précède la troisième équation résulte de la même manière des deux autres, donc il y a indétermination simple.

**Deuxième cas** : $A'' = 0$, $B'' = 0$, $C'' = 0$, $Ad + A'd' = 0$.

Ce cas se divise en quatre autres, selon que l'on a :

$$\frac{a}{a'} = \frac{b}{b'} = \frac{c}{c'} = \frac{d}{d'} \, ;$$

ou

$$\frac{a}{a'} = \frac{b}{b'} = \frac{c}{c'}, \quad d = 0, \quad d' = 0 ;$$

ou

$$\frac{a}{a'} = \frac{b}{b'} = \frac{d}{d'}, \quad c = 0, \quad c' = 0 ;$$

ou

$$a = 0, \quad b = 0, \quad c = 0, \quad d = 0.$$

L'égalité de rapports entre $\dfrac{d}{d'}$ et $\dfrac{c}{c'}$ résultant de la condition $Ad + A'd' = 0$, que l'on peut écrire ainsi :

$$A(dc' - cd') = 0$$

exige $dc' - cd' = 0$, car la condition d'avoir les deux autres numérateurs nuls est traduite aussi par l'égalité

$$B(dc' - cd') = 0$$

et si l'on supposait $dc' \gtreqless cd'$, on devrait avoir :

$$A = 0, \quad B = 0.$$

or, déjà, on a $A'' = 0$, $B'' = 0$, et ces quatre conditions constituent le quatrième cas.

$1° \dfrac{a}{a'} = \dfrac{b}{b'} = \dfrac{c}{c'} = \dfrac{d}{d'}$. — Les deux premières équations du système sont identiques, donc il y a indétermination simple.

$2° \dfrac{a}{a'} = \dfrac{b}{b'} = \dfrac{c}{c'}$, $d = 0$, $d' = 0$. — Mêmes conclusions que les précédentes, ainsi que dans le troisième et le quatrième cas.

**Troisième cas** : $A = 0$, $A' = 0$, $A'' = 0$, $N_y = 0$.

D'après les trois premières conditions, on sait que $\Delta$ et $N_x$ sont nuls ; d'ailleurs, si l'on suppose en outre $N_y = 0$, on a aussi $N_z = 0$, d'après la première propriété ; le cas se subdivise en trois, selon que les trois premières conditions résultent de l'un des trois groupes d'hypothèses suivants :

$$1° \qquad \frac{b}{c} = \frac{b'}{c'} = \frac{b''}{c''} ;$$

$$2° \qquad b = 0, \quad c = 0, \quad \frac{b'}{c'} = \frac{b''}{c''} ;$$

$$3° \qquad b = 0, \quad b' = 0, \quad b'' = 0.$$

$1° \dfrac{b}{c} = \dfrac{b'}{c'} = \dfrac{b''}{c''}$ et $N_y = 0$. — Les équations sont de la forme

$$ax + c\,(\mathrm{K}y + z) = d,$$
$$a'x + c'(\mathrm{K}y + z) = d',$$
$$a''x + c''(\mathrm{K}y + z) = d'',$$

K représentant la valeur connue des rapports égaux à $\dfrac{b}{c}$.

Or, si on multiplie la première par B, la seconde par B', et qu'on ajoute membre à membre, on a :

$$x\,(a\mathrm{B} + a'\mathrm{B}') + (c\mathrm{B} + c'\mathrm{B}')\,(\mathrm{K}y + z) = \mathrm{B}d + \mathrm{B}'d'$$

ou

$$- a''\mathrm{B}''x - c''\mathrm{B}''(\mathrm{K}y + z) = - \mathrm{B}''d''$$

puisqu'on suppose $\mathrm{B}d + \mathrm{B}'d' + \mathrm{B}''d'' = 0$ ; or, cette dernière équation n'est autre que la troisième du système, dont les deux membres ont été multipliés par $- \mathrm{B}''$ ; donc il y a indétermination pour $y$ ou $z$ seulement, et le rapport $\dfrac{y}{z}$ est constant, égal à $- \dfrac{1}{\mathrm{K}} = - \dfrac{c}{b}$.

L'indétermination est simple.

$2°$ $b = 0$, $c = 0$, $\dfrac{b'}{c'} = \dfrac{b''}{c''}$ et $N_y = 0$. — Le système est :

$$
\begin{aligned}
ax + 0 \cdot y + 0 \cdot z &= d, \\
a'x + c'(Ky + z) &= d', \\
a''x + c''(Ky + z) &= d''.
\end{aligned}
$$

D'autre part, la condition $N_y = 0$ se réduit à $c'\alpha' + c''\alpha'' = 0$, puisque $c = 0$ ou :

$$
\frac{c'}{c''} = \frac{ad' - da'}{ad'' - da''} ; \tag{1}
$$

or, si on remplace $x$ par $\dfrac{d}{a}$ dans les deux dernières équations, on a :

$$
c'(Ky + z) = d' - \frac{a'd}{a} ,
$$

$$
c''(Ky + z) = d'' - \frac{a''d}{a} ,
$$

équations identiques d'après l'égalité (1) ; donc il y a indétermination pour $y$ ou $z$ seulement, et, comme précédemment, le rapport $\dfrac{y}{z}$ est constant ; l'indétermination est donc simple.

$3°$ $b = 0$, $b' = 0$, $b'' = 0$ et $N_y = 0$. — Le système est :

$$
\begin{aligned}
ax + 0 \cdot y + c \cdot z &= d, \\
a'x + 0 \cdot y + c' \cdot z &= d', \\
a''x + 0 \cdot y + c'' \cdot z &= d''.
\end{aligned}
$$

Or, si on multiplie la première par B, la seconde par B' et qu'on ajoute membre à membre, on a :

$$
- a''B''x - 0 \cdot B''y - c''B''z = - B''d''
$$

c'est-à-dire la troisième équation ; donc $x$ et $z$ seront déterminés par les deux premières équations et $y$ seul sera indéterminé. L'indétermination est encore simple.

**Quatrième cas :** $A' = 0$, $A'' = 0$, $B' = 0$, $B'' = 0$ ; *il en résulte que l'on a aussi* $A = 0$, $B = 0$, $C = 0$, $C' = 0$, $C'' = 0$.

Ce cas se subdivise en cinq, selon que l'un des groupes d'hypothèses suivants a lieu :

$$\frac{a}{a'} = \frac{b}{b'} = \frac{c}{c'} \quad \text{et} \quad \frac{a'}{a''} = \frac{b'}{b''} = \frac{c'}{c''},$$

$$a = 0, \quad b = 0, \quad c = 0 \quad \text{et} \quad \frac{a'}{a''} = \frac{b'}{b''} = \frac{c'}{c''},$$

$$a = 0, \quad a' = 0, \quad a'' = 0 \quad \text{et} \quad \frac{b}{c} = \frac{b'}{c'} = \frac{b''}{c''},$$

$$a = 0, \quad b = 0, \quad c = 0 \quad \text{et} \quad a' = 0, \quad b' = 0, \quad c' = 0,$$

$$a = 0, \quad a' = 0, \quad a'' = 0 \quad \text{et} \quad b = 0, \quad b' = 0, \quad b'' = 0.$$

$1°$ $\dfrac{a}{a'} = \dfrac{b}{b'} = \dfrac{c}{c'} = \mathrm{K}'$ et $\dfrac{a'}{a''} = \dfrac{b'}{b''} = \dfrac{c'}{c''} = \mathrm{K}''$. — Le système est de la forme :

$$ax + by + cz = d,$$
$$ax + by + cz = d'\mathrm{K}',$$
$$ax + by + cz = d\mathrm{K}''.$$

Aucun système de valeurs finies attribuées à $x$, $y$, $z$ ne peut satisfaire en même temps à ces équations ; mais si l'on donne à $x$, par exemple, une valeur finie, et à $y$ et $z$ des valeurs infinies, soit de même signe, soit de signes contraires, selon que $b$ et $c$ sont de signes contraires ou non, de manière que chacun des premiers membres présente une différence entre deux infinis, cette différence, qui n'est autre qu'une quantité indéterminée, peut donc être égale soit à $d$, à $d'\mathrm{K}'$ ou $d''\mathrm{K}''$. Il y a donc indétermination simple.

Si, en particulier, on avait $d = d'\mathrm{K}' = d''\mathrm{K}''$, ce qui résulte soit des égalités $\dfrac{d}{a} = \dfrac{d'}{a'} = \dfrac{d''}{a''}$, soit de $d = 0$, $d' = 0$, $d'' = 0$, les trois équations n'en constitueraient qu'une. L'indétermination serait alors double.

$2°$ $a = 0$, $b = 0$, $c = 0$, $\dfrac{a'}{b''} = \dfrac{b'}{b''} = \dfrac{c'}{c''}$. — Mêmes raisonnements et mêmes conclusions que précédemment, puisque le produit $0 . \infty$ représente une quantité indéterminée.

$3°$ $a = 0$, $a' = 0$, $a'' = 0$, $\dfrac{b}{c} = \dfrac{b'}{c'} = \dfrac{b''}{c''}$. — Il y a encore indétermination, mais seulement pour $x$ : $y$ et $z$ sont infinis ;

tandis que dans les deux cas précédents, l'indétermination pouvait être attribuée à $y$ ou $z$, et alors les deux autres inconnues devaient recevoir des valeurs infinies. L'indétermination est donc en outre du *second genre*.

$4^o\ a = 0,\ b = 0,\ c = 0,\ a' = 0,\ b' = 0,\ c' = 0.$ — Le système est :

$$0 \cdot x + 0 \cdot y + 0 \cdot z = d,$$
$$0 \cdot x + 0 \cdot y + 0 \cdot z = d',$$
$$a''x + b''y + c''z = d''.$$

Les deux premières équations sont identiques, car on peut les écrire ainsi :

$$\frac{0}{d}x + \frac{0}{d}y + \frac{0}{z} = 1 \quad \text{ou} \quad 0 \cdot x + 0 \cdot y + 0 \cdot z = 1.$$

Donc il y a indétermination pour l'une quelconque des inconnues, et les deux autres doivent recevoir des valeurs infinies ; car si $x$ et $y$, par exemple, possédaient des valeurs finies, d'après la troisième équation, $z$ aurait aussi une valeur finie, et un tel système ne peut vérifier la première équation. Si $d$ et $d'$ étaient nuls, l'indétermination serait double.

$5^o\ a = 0,\ a' = 0,\ a'' = 0,\ b = 0,\ b' = 0,\ b'' = 0.$ — Le système est :

$$0 \cdot x + 0 \cdot y + cz = d,$$
$$0 \cdot x + 0 \cdot y + c'z = d',$$
$$0 \cdot x + 0 \cdot y + c''z = d''.$$

Si l'on a $\dfrac{c}{d} \gtrless \dfrac{c'}{d'}$, l'une des deux inconnues $x$ et $y$ sera indéterminée et l'autre infinie, et si on a $\dfrac{c}{d} = \dfrac{c'}{d'} = \dfrac{c''}{d''}$, $x$ et $y$ sont indéterminés, les trois équations se réduisent à une seule ; l'indétermination est double.

*En résumé, lorsque les valeurs des inconnues se présentent toutes sous la forme $\dfrac{m}{d}$ ($d \gtrless 0$), ou toutes sous la forme $\dfrac{m}{0}$, ou toutes sous la forme $\dfrac{0}{0}$, les formules générales représentent la véritable solution du système ; mais si les unes se présentent sous la forme $\dfrac{m}{0}$, les autres sous la forme $\dfrac{0}{0}$, c'est l'infini qui est solution.*

## TABLEAU DE LA DISCUSSION.

Un numérateur nul au plus .................................... $x=\dfrac{N_x}{\Delta},\; y=\dfrac{N_y}{\Delta},\; z=\dfrac{N_z}{\Delta}$

**$\Delta \gtrless 0$**

*2 numérateurs au moins égaux à zéro.*

- $\alpha=0$ : $\dfrac{d}{a}=\dfrac{d'}{a'}=\dfrac{d''}{a''}$ ........................ $x=\dfrac{d}{a},\; y=0,\; z=0$
- $\alpha'=0$ : $\dfrac{d}{a}=\dfrac{d'}{a'}$, $\;d''=0$, $\;a''=0$ ............... $x=\dfrac{d}{a},\; y=0,\; z=0$
- $\alpha'=0$ : $d=0$, $\;d'=0$, $\;d''=0$ ...................... $x=0,\; y=0,\; z=0$

**$\Delta=0$ et un numérateur au moins différent de zéro.**

*1° Aucun numérat. nul.*

- $\dfrac{A'}{A''}=\dfrac{B'}{B''}=\dfrac{C'}{C''}$ ................................ $x=\infty,\; y=\infty,\; z=\infty$
- $A''=0$, $B''=0$, $C''=0$ :
  - $\dfrac{a}{a'}=\dfrac{b}{b'}=\dfrac{c}{c'}$ ...........................
  - $a=0$, $\;a'=0$, $\;\dfrac{b}{b'}=\dfrac{c}{c'}$ ...............
  - $a=0$, $\;b=0$, $\;c=0$ ...........................

  $\Big\}\; x=\infty,\; y=\infty,\; z=\infty$

*2° Un numérat. nul, cel. de $x$.*

- $A=0$, $A'=0$, $A''=0$ :
  - $\dfrac{b}{c}=\dfrac{b'}{c'}=\dfrac{b''}{c''}$ ...........................
  - $c=0$, $\;b=0$, $\;\dfrac{b'}{c'}=\dfrac{b''}{c''}$ ...............

  $\Big\}\; x=\infty,\; y=\infty,\; z=\infty$

*3° 2 num. nuls.*

- $c=0$, $\;c'=0$, $\;c''=0$ ...................... $x=\dfrac{0}{0},\; y=\dfrac{0}{0},\; z=\infty$

**$\Delta=0$ et les 3 numérateurs nuls.**

*1er Cas.* $\dfrac{A'}{A''}=\dfrac{B'}{B''}=\dfrac{C'}{C''}$ et $N_x=0$ ................. $x=\dfrac{0}{0},\; y=\dfrac{0}{0},\; z=\dfrac{0}{0}$

*2e Cas.* $A''=0$, $B''=0$, $C''=0$, $Ad+A'd'=0$ :

- $\dfrac{a}{a'}=\dfrac{b}{b'}=\dfrac{c}{c'}=\dfrac{d}{d'}$ ...........................
- $\dfrac{a}{a'}=\dfrac{b}{b'}=\dfrac{c}{c'}\qquad d=0,\; d'=0$ ...............
- $\dfrac{a}{a'}=\dfrac{b}{b'}=\dfrac{d}{d'}\qquad c=0,\; c'=0$ ...............
- $a=0,\; b=0,\; c=0,\; d=0$ ...........................

$\Big\}\; x=\dfrac{0}{0},\; y=\dfrac{0}{0},\; z=\dfrac{0}{0}$

*3e Cas.* $A=0$, $A'=0$, $A''=0$, $N_y=0$ :

- $\dfrac{b}{c}=\dfrac{b'}{c'}=\dfrac{b''}{c''}\qquad N_y=0$ ...................... $x$ déterm., $y=\dfrac{0}{0},\; z=\dfrac{0}{0}$
- $b=0,\; c=0,\; \dfrac{b'}{c'}=\dfrac{b''}{c''},\; N_y=0$ ...............
- $b=0,\; b'=0,\; b''=0,\quad N_y=0$ ................. $x$ et $z$ s. déterminés, $y=\dfrac{0}{0}$

*4e Cas.* $A'=0$, $A''=0$, $B'=0$, $B''=0$ :

- $\dfrac{a}{a'}=\dfrac{b}{b'}=\dfrac{c}{c'}$ et $\dfrac{a'}{a''}=\dfrac{b'}{b''}=\dfrac{c'}{c''}$ :
  - $\dfrac{d}{d'} \gtrless \dfrac{a}{a'}$, soit... $x=\dfrac{0}{0},\; y=\infty,\; z=\infty$
  - $\dfrac{d}{a}=\dfrac{d''}{a''}=\dfrac{d'}{a'}$ .. $x=\dfrac{0}{0},\; y=\dfrac{0}{0},\; z=\dfrac{0}{0}$
- $a=0,\; b=0,\; c=0,\; \dfrac{a'}{a''}=\dfrac{b'}{b''}=\dfrac{c'}{c''}$ ........ $\Big\{\; x=\dfrac{0}{0}:\; y=\infty,\; z=\infty\quad$ ou $\quad x=\dfrac{0}{0},\; y=\dfrac{0}{0},\; z=\dfrac{0}{0}$
- $a=0,\; a'=0,\; a''=0,\; \dfrac{b}{c}=\dfrac{b'}{c'}=\dfrac{b''}{c''}$ ........ $x=\dfrac{0}{0},\; y=\infty,\; z=\infty$
- $a=0,\; b=0,\; c=0,\; a'=0,\; b'=0,\; c'=0$, soit $x=\dfrac{0}{0},\; y=\infty,\; z=\infty$
- $a=0,\; a'=0,\; a''=0,\; b=0,\; b'=0,\; b''=0$ ..... $\Big\{\; x=\dfrac{0}{0},\; y=\infty,\; z=\infty\quad$ ou $\quad x=\dfrac{0}{0},\; y=\dfrac{0}{0},\; z=\dfrac{0}{0}$

**1 Résoudre et discuter le système :**

$$ax + b''y + b'z + c = 0,$$
$$b''x + a'y + bz + c' = 0,$$
$$b'x + by + a''z + c'' = 0.$$

En représentant par A, B″, B′ les coefficients binômes correspondants à ceux qui, dans la discussion générale, ont été désignés par A, A′, A″, par B″, A′, B ceux correspondants à B, B′, B″, et par B′, B, A″ ceux qui correspondent à C, C′, C″, on aura :

$$A = a'a'' - b^2 \qquad B'' = bb' - a''b'' \qquad B' = bb'' - a'b'$$
$$B'' = bb' - a''b'' \qquad A' = aa'' - b'^2 \quad \cdot \quad B = b'b'' - ab$$
$$B' = bb'' - a'b' \qquad B = b'b'' - ab \qquad A'' = aa' - b''^2.$$

Il résulte de la disposition symétrique des coefficients des inconnues que les coefficients binômes d'une même ligne sont identiques à ceux de la colonne de même ordre; et d'après les formules générales, on a :

$$x = \frac{Ac + B'c'' + B''c'}{\Delta}, \qquad y = \frac{A'c' + B''c + Bc''}{\Delta},$$

$$z = \frac{A''c'' + Bc' + B'c}{\Delta}$$

et

$$\Delta = Aa + B'b' + B''b'' = \frac{A'A'' - B^2}{a} = \frac{BB' - A''B''}{b''} = \frac{BB'' - A'B'}{b'}.$$

Il résulte du tableau précédent, le suivant où il n'a été indiqué que neuf cas principaux :

$\Delta \gtreqless 0$ . . . . . . . . . Les numérateurs quelconques. Une solution finie et déterminée. (1)

$\Delta = 0$ et un numérateur au moins $\gtreqless 0$, deux au moins des trois inconnues sont infinies. . . . . .

  Aucun numérateur nul. . . . . . . $\begin{cases}\dfrac{B''}{B'} = \dfrac{A'}{B} = \dfrac{B}{A''}.\end{cases}$ (2)

  Un numérateur nul, celui de $z$, si $B' = 0$, $B = 0$, $A'' = 0$,
  ou si $\begin{cases}\dfrac{b''}{a'} = \dfrac{b'}{b} = \dfrac{a''}{b}.\end{cases}$ (3)

  2 numérateurs nuls (ceux de $y$ et $z$). . . . . . . . . . . . . . . . $\begin{cases}a = 0,\ b'' = 0,\ b' = 0.\end{cases}$ (4)

$$\Delta = 0 \text{ et les trois numérateurs nuls...} \begin{cases} \text{Indétermination simple } \dots \dots \dfrac{B''}{B'} = \dfrac{A'}{B} = \dfrac{B}{A''} \text{ et } X_{\tau} = 0. & (5) \\[2mm] \qquad\qquad \text{Idem.} \qquad\qquad \dfrac{a}{b''} = \dfrac{b''}{a'} = \dfrac{b'}{b} = \dfrac{c}{c'}. & (6) \end{cases}$$

$$\Delta = 0 \text{ et les trois numérateurs nuls...} \begin{cases} \text{Une des inconnues est indéterminée, les deux autres sont infinies} \dots\dots \dfrac{a}{b''} = \dfrac{b''}{a'} = \dfrac{b'}{b} \gtrless \dfrac{c}{c'} \text{ et } b^2 = a'a'' & (7) \\[2mm] \text{Indétermination double} \dots\dots \dfrac{a}{b''} = \dfrac{b''}{a'} = \dfrac{b'}{b} = \dfrac{c}{c'} \text{ et } \dfrac{a'}{b} = \dfrac{b}{a''} = \dfrac{c'}{c''}. & (8) \\[2mm] \text{Une des inconnues est indéterminée, les deux autres sont infinies} \quad a = 0,\ a' = 0,\ b'' = 0,\ b = 0 \ (1). & (9) \end{cases}$$

### § 7. — De l'identité de deux polynômes entiers en $x$.

On a défini *identité* l'expression d'une égalité ayant lieu entre deux formules, indépendamment de toute valeur attribuée à chacune des lettres qu'elles renferment. Si, en particulier, on considère deux polynômes entiers et rationnels par rapport à une seule quantité arbitraire, désignée par $x$, *l'identité de ces deux polynômes exige qu'ils soient composés identiquement des mêmes termes.*

Soient, en effet les deux polynômes ordonnés par rapport à $x$ :

$$A_0 x^m + A_1 x^{m-1} + A_2 x^{m-2} + \dots \quad + A_{m-2} x^2 + A_{m-1} x + A_m$$
$$B_0 x^n + B_1 x^{n-1} + B_2 x^{n-2} + \dots \quad + B_{n-2} x^2 + B_{n-1} x + B_n.$$

$A_0, A_1 \dots\ B_0, B_1 \dots$ étant des coefficients déterminés.

Ces deux polynômes étant identiques quel que soit $x$, si on suppose $x = 0$, on doit avoir identiquement :

$$A_m = B_n.$$

Supprimant dans chacun de ces polynômes les deux termes identiques $A_m$ et $B_n$, et divisant par $x$, il y a encore identité entre les expressions :

$$A_0 x^{m-1} + A_1 x^{m-2} + A_2 x^{m-3} + \dots \quad + A_{m-2} x + A_{m-1}$$
$$B_0 x^{n-1} + B_1 x^{n-2} + B_2 x^{n-3} + \dots \quad + B_{n-2} x + B_{n-1}.$$

---

(1) Analytiquement, chacune des équations proposées représente un plan ; il en résulte : les trois plans se coupent (1) suivant un point ; (2) deux à deux suivant des droites parallèles ; (3) deux plans sont parallèles, le troisième quelconque ; (4) deux plans quelconques, le troisième plan de l'infini ; (5) trois plans passant par une droite ; (6) deux plans coïncidant, le troisième quelconque ; (7) trois plans parallèles ; (8) trois plans coïncidant ; (9) deux plans coïncidant avec le plan de l'infini, le troisième parallèle au plan des $xy$.

D'après ce qui précède, on doit donc avoir :

$$A_{m-1} = B_{n-1}$$

et ainsi de suite ; les polynômes sont donc composés des mêmes termes ; par suite, ils sont *du même degré*.

**Applications.** — *1° Peut-on mettre le polynôme* $x^4 + x^3 + x^2 + x + 1$ *sous la forme* $(x^2 + \alpha x + \beta)^2 - \gamma x^2$, *et, si c'est possible, déterminer* $\alpha, \beta, \gamma$ ?

Il faut examiner si l'on peut avoir identiquement :

$$x^4 + x^3 + x^2 + x + 1 = (x^2 + \alpha x + \beta)^2 - \gamma x^2$$

ou

$$x^4 + x^3 + x^2 + x + 1 = x^4 + 2\alpha x^3 + (\alpha^2 + 2\beta - \gamma)x^2 + 2\alpha\beta x + \beta^2.$$

Par conséquent, il faut pouvoir satisfaire au système des quatre équations à trois inconnues

$$\begin{aligned}
1 &= 2\alpha, \\
1 &= \alpha^2 + 2\beta - \gamma, \\
1 &= 2\alpha\beta, \\
1 &= \beta^2.
\end{aligned}$$

Or, de la première on déduit $\alpha = \dfrac{1}{2}$ ; de la troisième $\beta = \dfrac{1}{2\alpha} = 1$, puis de la seconde $\gamma = \dfrac{5}{4}$, et la quatrième est satisfaite par la valeur 1 trouvée pour $\beta$ ; donc on a l'identité

$$x^4 + x^3 + x^2 + x + 1 = \left(x^2 + \frac{x}{2} + 1\right)^2 - \frac{5}{4}x^2.$$

*2° Trouver les conditions pour que la fraction* $\dfrac{ax^2 + bx + c}{a'x^2 + b'x + c'}$ *ait une valeur constante, quel que soit* x.

Soit K cette valeur constante, on aurait donc identiquement :

$$ax^2 + bx + c = Ka'x^2 + Kb'x + Kc',$$

d'où

$$a = Ka', \quad b = Kb', \quad c = Kc'.$$

Éliminant K, on obtient comme conditions :

$$\frac{a}{a'} = \frac{b}{b'} = \frac{c}{c'}.$$

3° *Conditions pour qu'un polynôme entier en* x *de degré* m *soit exactement divisible par un polynôme entier en* x *de degré* n. (On suppose : $m > n$).

Si on effectue la division de ces polynômes ordonnés par rapport aux puissances décroissantes de $x$, jusqu'à ce que l'on arrive à un reste de degré inférieur d'une unité au moins à celui du diviseur, il suffira d'écrire que ce reste est identiquement nul.

Exemple. — Conditions pour que le polynôme $x^4 + 4p^2x^2 - 4apx^2 - 8p^2bx + 4p^2 (a^2 + b^2 - r^2)$ soit divisible par le suivant : $x^3 - 2p (\alpha - p) x - 2p^2\beta$.

Effectuant la division, on obtient comme reste :

$$4p^2x^2 - 4apx^2 + 2p (\alpha - p) x^2 - 8p^2bx + 2p^2\beta x + 4p^2 (\alpha^2 + \beta^2 - r^2).$$

Les conditions cherchées sont

$$p - 2a + \alpha = 0,$$
$$4b - \beta = 0,$$
$$\alpha^2 + \beta^2 - r^2 = 0,$$

puisque l'on a $p \gtreqless 0$.

EXERCICES.

1. Résoudre les équations suivantes :

$$x - \frac{1}{100} - \frac{7x}{15} = \frac{7x}{20} - \frac{1}{540} + \frac{8x}{45} \qquad \left( x = \frac{22}{15} \right)$$

$$\frac{2x + 7}{6} - \frac{4x - 1}{12} - 20x = \frac{3}{4} + \frac{2 (7x - 1)}{3} + 13 \qquad \left( x = -\frac{1}{2} \right)$$

$$\frac{x - b}{a} + \frac{x - a}{b} + \frac{x - c}{a} + \frac{x - a}{b} + \frac{x - c}{c}$$
$$+ \frac{x - b}{c} = 0$$
$$\left( x = \frac{a^2 (b + c) + b^2 (a + c) + c^2 (a + b)}{2(ab + bc + ac)} \right)$$

$$\frac{a}{x} + \frac{x}{a} + \frac{a (x - a)}{x (x + a)} - \frac{x (x + a)}{a (x - a)} = \frac{ax}{a^2 - x^2} - 2 \qquad (x = 4a)$$

$$\frac{1}{x^2 + 3x + 2} + \frac{2x}{x^2 + 4x + 3} + \frac{1}{x^2 + 5x + 6}$$
$$= 14 - \frac{60 + 4x}{x + 3} \qquad (x = 2)$$

$$\frac{\sqrt{x+28}}{\sqrt{x+4}} = \frac{\sqrt{x+38}}{\sqrt{x+6}} \qquad\qquad (x=4)$$

$$\frac{\sqrt{12x+1}+\sqrt{12x}}{\sqrt{12x+1}-\sqrt{12x}} = 18 \qquad\qquad \left(x=\frac{289}{864}\right)$$

$$\sqrt{a+\sqrt{x}}+\sqrt{a-\sqrt{x}} = \sqrt{x} \qquad\qquad [x=4(a-1)]$$

$$1+\frac{1}{x} = \sqrt{1-\frac{1}{x}}\,\sqrt{1+\frac{1}{x^2}}.$$

**2.** Résoudre les systèmes suivants :

$$\begin{cases} x+4y=16 \\ 4x+y=34 \end{cases} \qquad\qquad \begin{cases} \dfrac{x}{4}+\dfrac{y}{5}=30 \\[2mm] \dfrac{x}{8}+\dfrac{y}{5}=13 \end{cases}$$

$$\begin{cases} \dfrac{3x}{10}-\dfrac{y}{15}-\dfrac{4}{9}=\dfrac{x}{12}-\dfrac{y}{18} \\[2mm] 2x-\dfrac{8}{3}=\dfrac{x}{12}-\dfrac{y}{15}+\dfrac{11}{10} \end{cases} \qquad \begin{cases} x^2-xy=48 \\ xy-y^2=12 \end{cases}$$

$$\begin{cases} \dfrac{x}{a}+\dfrac{y}{b}=1-\dfrac{x}{c} \\[2mm] \dfrac{x}{b}+\dfrac{y}{a}=1+\dfrac{y}{c} \end{cases} \qquad \begin{cases} (x+a)(y+b)=xy+c \\ (x+a')(y+b')=xy+c \end{cases}$$

$$\begin{cases} 2x+3y+4z=29 \\ 3x+2y+5z=32 \\ 4x+3y+2z=25 \end{cases} \qquad \begin{cases} 4x-2y+5z=18 \\ 2x+4y-3z=22 \\ 6x+7y-\ \ z=63 \end{cases}$$

$$\begin{cases} 2x+\ \ y-8z=10 \\ 3x-2y+5z=14 \\ 8x-3y+2z=35 \end{cases} \qquad \begin{cases} 6x-4y-3z=15 \\ 3x-2y+5z=14 \\ 9x-6y-7z=20 \end{cases}$$

**3.** Résoudre et discuter les systèmes :

$$\begin{cases} x+y+z=0 \\ (a+b)x-(a-c)y+(b+c)z=0 \\ abx-acy+bcz=0 \end{cases} \quad \begin{cases} ax+by+cz=m^2 \\ (a+\lambda)x+(b+\lambda)y+(c+\lambda)z=n^2 \\ (a+2\lambda)x+(b+2\lambda)y+(c+2\lambda)z=p^2 \end{cases}$$

$$\begin{cases} bx+ay=0 \\ cy+bz=0 \\ cx+az=1 \end{cases} \qquad \begin{cases} az+\alpha y+\alpha z=1 \\ \alpha x+by+\alpha z=1 \\ \alpha x+\alpha y+cz=1 \end{cases}$$

$$\begin{cases} cy+bz+du=0 \\ cx+az+bu=0 \\ bx+ay+cu=0 \\ dx+by+cz=1. \end{cases}$$

4. Les aiguilles des heures, des minutes et des secondes d'un chronomètre sont sur midi, après combien de temps l'une des trois aiguilles divisera-t-elle en deux parties égales l'angle formé par les deux autres?

5. Trouver la hauteur d'une calotte sphérique, sachant que sa surface est équivalente à $m$ fois celle du cône ayant son sommet au centre de la sphère et pour base celle de la zone; on donne le rayon R de la sphère.

6. La date de l'invention de l'imprimerie par Guttenberg est exprimée par un nombre de quatre chiffres dont la somme est 14; le chiffre des unités égale le double de celui des dizaines; le chiffre des mille est égal au chiffre des centaines moins celui des dizaines; et si on augmente le nombre de 4905 unités, on obtient le nombre renversé.

7. Un courrier marche pendant le temps $x$ avec une vitesse $v$, puis pendant le temps $y$ avec une vitesse $v'$; la somme des chemins ainsi parcourus est $d$; le même courrier marche ensuite pendant le temps $x$ avec la vitesse $v'$, puis pendant le temps $y$ avec la vitesse $v$; il a ainsi parcouru le chemin $md$ : trouver $x$ et $y$?

# CHAPITRE III.

### ÉQUATIONS DU SECOND DEGRÉ.

## § 1. — Résolution de l'équation du second degré.

**Définitions.** — Une équation à une inconnue $x$ est dite du *second degré*, lorsque ses deux membres, étant rationnels et entiers par rapport à $x$, contiennent le carré de l'inconnue et ne la renferment pas à une puissance supérieure. Une telle équation présente donc, au plus, trois sortes de termes, savoir : ceux qui contiennent $x^2$, ceux qui contiennent $x$ et ceux qui sont indépendants de $x$. Si on transpose tous les termes dans un même membre; après avoir groupé les termes en $x^2$ et en $x$, si on met $x^2$ et $x$ en facteurs, l'équation du second degré sera de la forme :

$$ax^2 + bx + c = 0.$$

Telle est sa forme générale; on l'appelle aussi la *forme complète*. — Si l'un des coefficients $b$ ou $c$ est nul, ou si tous les deux le sont, l'équation présente une forme dite *incomplète*.

Les solutions d'une équation du second degré sont aussi appelées *ses racines*.

### RECHERCHE DES RACINES DE L'ÉQUATION DU SECOND DEGRÉ.

On distingue trois cas, selon que $c$ ou $b$ sont nuls séparément, ou tous les deux différents de zéro.

**Premier cas** : $c = 0$. — L'équation à résoudre est

$$ax^2 + bx = 0.$$

Mettant $x$ en facteur dans le premier membre, on a :

$$x(ax + b) = 0.$$

Or, pour qu'un produit de deux facteurs soit nul, il est nécessaire et suffisant que l'un quelconque des deux facteurs soit nul ; on a donc toutes les solutions de l'équation en posant :

$$x = 0 \quad \text{et} \quad ax + b = 0.$$

Ces équations, étant du premier degré, admettent chacune une racine et une seule; si on représente par $x'$ la première, c'est-à-dire 0, et par $x''$ la seconde racine $-\dfrac{b}{a}$, le premier membre de l'équation peut s'écrire ainsi :

$$ax\left(x + \frac{b}{a}\right) = a(x - 0)\left[x - \left(-\frac{b}{a}\right)\right] = a(x - x')(x - x''),$$

d'où l'énoncé suivant :

*Toute équation du second degré de la forme*

$$ax^2 + bx = 0$$

*a deux racines et son premier membre peut se mettre sous la forme d'un produit de trois facteurs dont le premier est le coefficient* $x^2$ *et les deux autres du premier degré par rapport à* x *sont égaux à la différence entre* x *et chacune des racines.*

**Deuxième cas** : $b = 0$. — L'équation présente la forme

$$ax^2 + c = 0.$$

Si l'on divise par $a$, on a :

$$x^2 + \frac{c}{a} = 0.$$

Il peut arriver que la quantité $\frac{c}{a}$ soit positive ou négative.

PREMIÈRE HYPOTHÈSE : $\frac{c}{a} < 0$. — On peut poser :

$$\frac{c}{a} = - K^2,$$

d'où

$$K^2 = - \frac{c}{a}.$$

L'équation à résoudre est donc

$$x^2 - K^2 = 0 \quad \text{ou} \quad (x - K)(x + K) = 0$$

Or, il n'y a que deux manières d'annuler ce produit de deux facteurs, soit en posant $x - K = 0$, soit $x + K = 0$, d'où

$$x = + K = + \sqrt{-\frac{c}{a}} \text{ et } x = - K = - \sqrt{-\frac{c}{a}}.$$

Si on représente par $x'$ et $x''$ chacune de ces racines, le premier membre de l'équation peut être écrit ainsi :

$$a\left(x^2 + \frac{c}{a}\right) = a(x^2 - K^2) = a(x - K)(x + K)$$

or

$$x' = + K = + \sqrt{-\frac{c}{a}}$$

et

$$x'' = - K = - \sqrt{-\frac{c}{a}},$$

donc

$$ax^2 + c = a(x - x')(x - x'').$$

❡ DEUXIÈME HYPOTHÈSE : $\dfrac{c}{a} > 0$. — Soit $\dfrac{c}{a} = + K^2$. L'équation à résoudre est

$$x^2 + K^2 = 0 ;$$

or, il n'existe aucune grandeur positive ou négative qui puisse satisfaire à cette équation, puisque le carré d'une telle grandeur étant toujours positif ajouté à $K^2$, qui est positif, donne un résultat essentiellement positif et non nul. Cette impossibilité, provenant de ce fait que les grandeurs introduites jusqu'ici en algèbre ont leur carré positif, on a, en vue de la généralisation, défini *quantité imaginaire, toute quantité dont le carré est négatif*, qui est la seule forme sous laquelle puisse se présenter $x$ pour satisfaire à l'équation ci-dessus :

$$x^2 + K^2 = 0.$$

On a dès lors étendu à ces quantités toutes les règles du calcul algébrique démontrées précédemment pour les quantités positives et négatives que l'on a appelées *réelles* par opposition, tout en se réservant plus tard de justifier cette extension.

En particulier, d'après les règles du calcul algébrique, on a identiquement :

$$(\sqrt{A})^2 = A$$

lorsque A est une quantité positive; on suppose donc que cette identité a lieu lorsque A est négatif, de sorte que l'égalité

$$(\sqrt{-K^2})^2 = -K^2$$

n'est que la traduction de la définition de la quantité imaginaire.

Remarquons que l'on a identiquement :

$$\sqrt{-K^2} = \sqrt{(-1)K^2} = K\sqrt{-1}.$$

Le multiplicateur $\sqrt{-1}$ est donc caractéristique de la quantité imaginaire, c'est pourquoi on appelle ce facteur le *symbole* des quantités imaginaires; on le désigne par $i$, et on a par définition $i^2 = -1$.

Cela posé, l'équation proposée peut s'écrire :

$$x^2 + K^2 = x^2 - (-K^2) = x^2 - (K \sqrt{-1})^2 = 0$$

ou :

$$x^2 + K^2 = (x - K \sqrt{-1})(x + K \sqrt{-1}) = 0.$$

D'après la convention faite, pour que ce produit de facteurs imaginaires soit nul, il faut que l'on ait, soit :

$$x - K \sqrt{-1} = 0, \quad \text{d'où} \quad x = + K \sqrt{-1} = Ki = x',$$

soit :

$$x + K \sqrt{-1} = 0, \quad \text{d'où} \quad x = - K \sqrt{-1} = - Ki = x''.$$

Si on représente par $x'$ et $x''$ ces deux racines, le premier membre de l'équation peut être écrit ainsi :

$$a \left( x^2 + \frac{c}{a} \right) = a (x^2 + K^2) = a (x - Ki)(x + Ki)$$

ou :

$$ax^2 + c = a (x - x')(x - x'').$$

On peut déjà observer qu'à l'aide de cette généralisation, on trouve des résultats analogues aux précédents ; et en rapprochant ceux-ci on peut énoncer le théorème suivant :

THÉORÈME GÉNÉRAL. — *Toute équation du second degré de la forme* $ax^2 + c = 0$ *a deux racines et deux seulement, réelles, égales et de signes contraires si* $-\dfrac{c}{a}$ *est positif,* imaginaires *si* $-\dfrac{c}{a}$ *est négatif, et son premier membre peut se mettre sous la forme d'un produit de trois facteurs dont le premier est le coefficient de* $x^2$ *et les deux autres du premier degré par rapport à* x *sont égaux à la différence entre* x *et chacune des racines.*

REMARQUE. — Si le premier membre d'une équation du second degré de la forme $ax^2 + c = 0$ est une *différence* de deux carrés, les racines de cette équation sont *réelles*, et s'il est une *somme* de deux carrés, les racines sont *imaginaires*.

Réciproquement, toute équation du second degré dont les

racines sont *réelles*, égales et de signes contraires est de la forme $x^2 - K^2 = 0$, et si ses racines sont *imaginaires*, égales et de signes contraires, elle est de la forme $x^2 + K^2 = 0$.

En effet, soient $+ K$, $- K$ les racines de l'équation

$$ax^2 + bx + c = 0,$$

on doit avoir les identités :

$$aK^2 + bK + c = 0,$$
$$aK^2 - bK + c = 0,$$

d'où, par addition :

$$2aK^2 + 2c = 0, \quad \text{d'où} \quad \frac{c}{a} = - K^2$$

et par soustraction :

$$2bK = 0, \quad \text{d'où} \quad b = 0,$$

car K est supposé différent de zéro ; l'équation est donc :

$$ax^2 + c = 0 \quad \text{ou} \quad x^2 - K^2 = 0.$$

La démonstration est la même, si on suppose que les racines soient $+ Ki$, $- Ki$.

Examples. — 1° Soit à résoudre $4x^2 - 9 = 0$. Divisant par 4, on a :

$$x^2 - \frac{9}{4} = x^2 - \left(\frac{3}{2}\right)^2 = 0,$$

donc :

$$\left(x - \frac{3}{2}\right)\left(x + \frac{3}{2}\right) = 0.$$

Les racines sont $+ \dfrac{3}{2}$ et $- \dfrac{3}{2}$.

2° Soit à résoudre $x^2 + 9 = 0$. On écrira :

$$x^2 - (- 9) = x^2 - \left(3\sqrt{-1}\right)^2 = 0$$

ou

$$\left(x - 3\sqrt{-1}\right)\left(x + 3\sqrt{-1}\right) = 0.$$

Les racines sont $+ 3\sqrt{-1}$, $- 3\sqrt{-1}$.

*3° Partager la surface d'un trapèze dont les bases sont* a *et* b *en deux parties proportionnelles à* m *et* n *par une parallèle aux bases.*

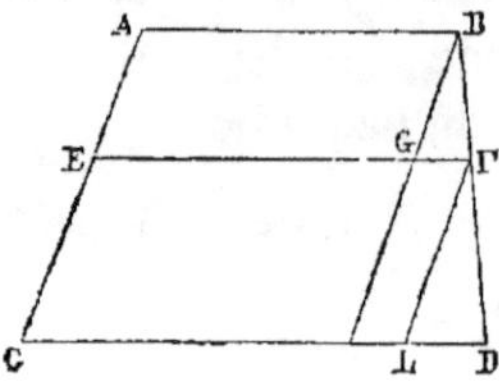

Soient $x$ la longueur de cette parallèle EF, $a =$ AB, $b =$ CD,

$h$ la distance des parallèles AB, EF,

$h'$          id.          EF, CD.

L'équation du problème est

$$\frac{(x + a)\,h}{(b + x)\,h'} = \frac{m}{n}.$$

Menons BG, FL parallèles à AC, la similitude des triangles BGF, FLD donne :

$$\frac{h}{h'} = \frac{GF}{LD} = \frac{EF - EG}{CD - EF} = \frac{x - a}{b - x}$$

substituant, on a :

$$\frac{(x + a)\,(x - a)}{(b + x)\,(b - x)} = \frac{m}{n}$$

ou

$$\frac{x^2 - a^2}{m} = \frac{b^2 - x^2}{n} = \frac{b^2 - a^2}{m + n}.$$

donc

$$x^2 = a^2 + \frac{m\,(b^2 - a^2)}{m + n} = \frac{na^2 + mb^2}{m + n}$$

$$x = + \sqrt{\frac{na^2 + mb^2}{m + n}}$$

est la solution.

La racine négative doit être rejetée d'après l'énoncé.

**Troisième cas.** — *Les coefficients* b *et* c *sont différents de zéro.*

L'équation présente la forme complète :

$$ax^2 + bx + c = 0.$$

Divisant par $a$ et posant $\dfrac{b}{a} = p$, $\dfrac{c}{a} = q$, on a :

$$x^2 + px + q = 0,$$

équation aussi générale que la précédente, dont la résolution repose sur le théorème suivant :

THÉORÈME I. — *Toute équation du second degré peut se ramener à l'une des deux formes*

$$(x + \alpha)^2 - K^2 = 0, \quad (x + \alpha)^2 + K^2 = 0$$

*c'est-à-dire que son premier membre peut toujours être mis sous la forme d'une différence ou d'une somme de deux carrés, dont un seul renferme l'inconnue.*

Le procédé le plus simple pour démontrer ce théorème consiste à remarquer que

$$x^2 + px \quad \text{ou} \quad x^2 + 2x \cdot \frac{p}{2}$$

sont les deux premiers termes du carré du binôme $x + \frac{p}{2}$; en sorte que si dans le premier membre on ajoute et on retranche $\frac{p^2}{4}$, troisième terme du carré de ce binôme, l'équation peut être écrite :

$$\left(x + \frac{p}{2}\right)^2 + q - \frac{p^2}{4} = 0$$

équation de la forme $(x + \alpha)^2 \pm K^2 = 0$, suivant le signe de la quantité $q - \frac{p^2}{4}$.

A cause de l'importance de ce théorème, il est bon de connaître deux autres procédés de démonstration, qui sont d'ailleurs l'application de méthodes souvent employées en algèbre.

Dans le premier, on recherche si l'identité

$$x^2 + px + q = (x + \alpha)^2 \pm K^2$$

est toujours possible ; or, si on développe, on a :

$$x^2 + px + q = x^2 + 2\alpha x + \alpha^2 \pm K^2$$

on doit donc avoir :

$$p = 2\alpha, \quad q = \alpha^2 \pm K^2,$$

d'où

$$\alpha = \frac{p}{2}, \qquad \pm K^2 = q - \frac{p^2}{4}$$

égalités toujours possibles, en ayant soin de prendre devant $K^2$ le signe de $q - \frac{p^2}{4}$.

L'autre procédé consiste à changer d'inconnue en posant $x = y + \alpha$, et à déterminer ensuite $\alpha$ de manière que la nouvelle équation, qui sera encore du second degré en $y$, ne renferme pas de termes du premier degré.

Si on fait la substitution, on a :

$$(y + \alpha)^2 + p(y + \alpha) + q = 0.$$

Développant et ordonnant par rapport à $y$, il vient

$$y^2 + (2\alpha + p)y + \alpha^2 + p\alpha + q = 0.$$

Or, si on pose

$$2\alpha + p = 0, \quad \text{d'où} \quad \alpha = -\frac{p}{2}$$

l'équation est :

$$y^2 + \left(-\frac{p}{2}\right)^2 + p\left(-\frac{p}{2}\right) + q = 0$$

ou

$$y^2 - \frac{p^2}{4} + q = 0$$

et remplaçant $y$ par $x - \alpha = x + \frac{p}{2}$, on a :

$$\left(x + \frac{p}{2}\right)^3 + q - \frac{p^2}{4} = 0.$$

Théorème II. — *Toute équation du second degré a toujours deux racines et deux seulement.*

En effet, si on pose $x + \frac{p}{2} = y$, l'équation complète se ramène à la forme

$$y^2 \pm K^2 = 0.$$

Or, cette dernière équation a toujours deux racines et deux

seulement, $y'$ et $y''$, par conséquent l'équation en $x$ a aussi deux racines et deux seulement :

$$-\frac{p}{2} + y', \qquad -\frac{p}{2} + y''.$$

Corollaire I. — Les racines sont *réelles* si le premier membre de l'équation est une *différence* de deux carrés, et *imaginaires*, si le premier membre est une *somme* de deux carrés.

Corollaire II. — Les expressions des racines sont :

$$x' = -\frac{p}{2} - \sqrt{\frac{p^2}{4} - q},$$

$$x'' = -\frac{p}{2} + \sqrt{\frac{p^2}{4} - q}\,.$$

Leur formation peut s'indiquer ainsi :

*On prend la moitié du coefficient* p *de* x *changé de signe, puis on ajoute ou on retranche la racine carrée de la quantité obtenue en soustrayant le terme tout connu* q *du carré de cette moitié.*

Si, dans les expressions précédentes, on remplace $p$ et $q$ par leurs valeurs $\dfrac{b}{a}$, $\dfrac{c}{a}$, on obtient les formules

$$x' = \frac{-b + \sqrt{b^2 - 4ac}}{2a}, \qquad x'' = \frac{-b + \sqrt{b^2 - 4ac}}{2a}$$

qui représentent les racines de l'équation :

$$ax^2 + bx + c = 0.$$

S'il arrive que le coefficient $b$ de $x$ soit pair, égal à $2b'$, les expressions précédentes se simplifient en supprimant le facteur 2 commun aux deux termes de la fraction ; on a :

$$x' = \frac{-b' - \sqrt{b'^2 - ac}}{a}, \qquad x'' = \frac{-b' + \sqrt{b'^2 - ac}}{a}.$$

Théorème III. — *Le premier membre de l'équation complète* ax² + bx + c = 0 *peut toujours être mis sous la forme d'un produit de trois facteurs dont le premier est le coefficient* a *de* x² *et les deux autres du premier degré en* x *sont égaux à la différence entre* x *et chacune des racines.*

En effet, on a identiquement :

$$ax^2 + bx + c = a\left[x^2 + \frac{b}{a}x + \frac{b^2}{4a^2} + \frac{c}{a} - \frac{b^2}{4a^2}\right]$$

$$= a\left[\left(x + \frac{b}{2a}\right)^2 - \left(\frac{\sqrt{b^2 - 4ac}}{2a}\right)^2\right]$$

$$= a\left[x + \frac{b}{2a} + \frac{\sqrt{b^2 - 4ac}}{2a}\right]\left[x + \frac{b}{2a} - \frac{\sqrt{b^2 - 4ac}}{2a}\right]$$

$$= a(x - x')(x - x'')$$

puisque

$$-x' = \frac{b + \sqrt{b^2 - 4ac}}{2a} \quad \text{et} \quad -x'' = \frac{b - \sqrt{b^2 - 4ac}}{2a}.$$

Corollaire. — Dans le cas où l'équation est de la forme :

$$x^2 + px + q = 0.$$

$a = 1$, et l'on a :

$$x^2 + px + q = (x - x')(x - x'').$$

*Résolution directe de l'équation* $ax^2 + bx + c = 0$. Multipliant par $4a$, on a :

$$4a^2x^2 + 4abx + 4ac = 0$$

on remarque que $4a^2x^2 + 4abx$ sont les deux premiers termes du carré du binôme $2ax + b$; ajoutant et retranchant $b^2$ pour compléter le carré, on a :

$$(2ax + b)^2 + 4ac - b^2 = 0$$

ou

$$(2ax + b)^2 - (\sqrt{b^2 - 4ac})^2 = 0,$$

$$(2ax + b + \sqrt{b^2 - 4ac})(2ax + b - \sqrt{b^2 - 4ac}) = 0.$$

Égalant successivement à zéro chacun de ces deux facteurs, on a la formule renfermant les deux racines :

$$x = \frac{-b \pm \sqrt{b^2 - 4ac}}{2a}.$$

EXEMPLES. — 1° Soit à résoudre l'équation :

$$x^2 - 5x + 6 = 0.$$

On a :

$$x = \frac{5}{2} \pm \sqrt{\frac{25}{4} - 6} = \frac{5}{2} \pm \frac{1}{2}$$

donc

$$x' = 2, \qquad x'' = 3.$$

2° Résoudre l'équation :

$$5x^2 - 7x - 8 = 0.$$

On a :

$$x = \frac{7 \pm \sqrt{49 + 4 \cdot 5 \cdot 8}}{2 \cdot 5} = \frac{7 \pm \sqrt{209}}{10} \, ;$$

donc

$$x' = \frac{7 - \sqrt{209}}{10}, \qquad x'' = \frac{7 + \sqrt{209}}{10}.$$

3° Résoudre l'équation :

$$21x^2 + 26x + 8 = 0.$$

On a :

$$x = \frac{-13 \pm \sqrt{13^2 - 8 \cdot 21}}{21} = \frac{-13 \pm 1}{21},$$

donc

$$x' = -\frac{14}{21} = -\frac{2}{3}, \qquad x'' = -\frac{12}{21} = -\frac{4}{7}.$$

4° Résoudre l'équation :

$$\frac{ax + b^2}{x + a} - \frac{bx - a^2}{x - b} = a + b.$$

Chassant les dénominateurs et faisant passer tous les termes dans le même membre, on a, après réductions :

$$2bx^2 - 2bx(b - a) - ab(a + b) - (a^3 - b^3) = 0,$$

donc :

$$x = \frac{b(b - a) \pm \sqrt{b^2(b - a)^2 + 2ab^2(a + b) + 2b(a^3 - b^3)}}{2b}$$

ou

$$x = \frac{b(b - a) \pm \sqrt{(a + b)^2 b(2a - b)}}{2b},$$

$$x = \frac{b(b - a) \pm (a + b)\sqrt{b(2a - b)}}{2b},$$

## 1.-EXAMEN DES DIFFÉRENTES FORMES DES RACINES DE L'ÉQUATION DU SECOND DEGRÉ.

Comme $\dfrac{p^2}{4} - q$ et $b^2 - 4ac$ sont des quantités de même signe, par suite des égalités $p = \dfrac{b}{a}$, $q = \dfrac{c}{a}$, on n'a qu'à examiner les formules

$$x' = \frac{-b - \sqrt{b^2 - 4ac}}{2a}, \qquad x'' = \frac{-b + \sqrt{b^2 - 4ac}}{2a}$$

Première hypothèse : $b^2 - 4ac$ *est une quantité positive.* — Les deux racines sont *réelles* et *inégales;* elles seront commensurables, si la quantité $b^2 - 4ac$ est un carré parfait; dans le cas contraire, les expressions des racines sont de la forme $A + \sqrt{B}$; pour cette raison, toute quantité de cette forme est appelée *irrationnelle du second degré.*

Deuxième hypothèse : $b^2 - 4ac$ *est nulle.* — Les deux racines de l'équation sont *égales* entre elles et à : $-\dfrac{b}{2a}$.

On peut se rendre compte de ce fait, soit en remarquant que le premier membre de l'équation est carré parfait, car on a :

$$\left(x + \frac{b}{2a}\right)^2 = \left(x + \frac{b}{2a}\right)\left(x + \frac{b}{2a}\right)$$

et les deux manières d'annuler ce produit de deux facteurs donnent pour $x$ la même valeur; soit en faisant décroître la quantité $b^2 - 4ac$ d'une valeur positive quelconque jusqu'à zéro; alors, à la limite, les deux racines sont :

$$x' = \frac{-b - 0}{2a}, \qquad x'' = \frac{-b + 0}{2a}.$$

Troisième hypothèse : $b^2 - 4ac$ *est une quantité négative.* — Les deux racines sont des quantités renfermant le symbole $\sqrt{-1}$; si on pose

$$A = -\frac{b}{2a} \quad \text{et} \quad B = \frac{\sqrt{4ac - b^2}}{2a},$$

les racines sont :

$$A - B \sqrt{-1}, \qquad A + B \sqrt{-1}.$$

Telle est, en algèbre, la *quantité imaginaire* sous sa forme la plus générale.

Les deux expressions précédentes, qui ne diffèrent que par le signe précédant le facteur $\sqrt{-1}$, sont appelées *imaginaires conjuguées*.

DES OPÉRATIONS SUR LES QUANTITÉS IMAGINAIRES.

En étendant aux quantités imaginaires les règles du calcul algébrique, et en y ajoutant la convention suivante $i^2 = -1$, on a les identités :

$$(A + Bi) + (A' + B'i) = A + A' + (B + B')i,$$
$$(A + Bi) - (A' + B'i) = A - A' + (B - B')i,$$
$$(A + Bi)(A' + B'i) = AA' - BB' + (AB' + BA')i,$$
$$(A + Bi)^2 = (A^2 - B^2) + 2ABi,$$
$$\frac{A + Bi}{A' + B'i} = \frac{(A + Bi)(A' - B'i)}{A'^2 + B'^2} = \frac{AA' + BB'}{A'^2 + B'^2} + \frac{BA' - AB'}{A'^2 + B'^2} i.$$

On voit que pour les cinq premières opérations, le résultat est une quantité imaginaire de même forme; de même l'extraction de la racine carrée d'une quantité imaginaire est une quantité imaginaire de même forme. (Voir les équations bicarrées.)

Si, en particulier, on considère deux quantités imaginaires conjuguées :

$$A + Bi, \qquad A - Bi,$$

on voit qu'elles jouissent des deux propriétés suivantes :

1° *Leur somme est réelle*, égale à 2A;

2° *Leur produit est réel et positif*, égal à $A^2 + B^2$.

**Applications.** — 1° *Démontrer que l'équation*

$$(Ax + B)^2 + (A'x + B')^2 + (A''x + B'')^2 = 0$$

*a toujours ses racines imaginaires.*

La forme de cette équation le montre indirectement, car toute valeur réelle, substituée à $x$ dans une expression de la forme $(ax + b)^2$, ne peut donner qu'un résultat positif ou nul ; donc on aura dans le premier membre de l'équation à faire la *somme* de trois quantités essentiellement positives et inégales, ce qui ne peut donner un résultat égal à zéro.

On peut aussi le montrer en formant la quantité sous le radical, qui est :

$$(AB + A'B' + A''B'')^2 - (A^2 + A'^2 + A''^2)(B^2 + B'^2 + B''^2)$$

et observant qu'on peut l'écrire ainsi :

$$- [(AB' - BA')^2 + (A'B'' - B'A'')^2 + (AB'' - BA'')^2]$$

quantité évidemment toujours négative.

2° *Dans quels cas les racines de l'équation*

$$(b'^2 - 4a'c')\, x^2 + 2\, (2ac' + 2ca' - bb')\, x + b^2 - 4ac = 0$$

*sont-elles réelles ou imaginaires?*

La condition suffisante et nécessaire pour qu'une équation du second degré ait ses racines réelles étant que la quantité sous le radical soit positive, il faut rechercher dans quels cas l'expression

$$(2ac' + 2ca' - bb')^2 - (b^2 - 4ac)(b'^2 - 4a'c') \quad (1)$$

est positive. Or, si les deux binômes $b^2 - 4ac$, $b'^2 - 4a'c'$ sont de signes contraires, cette expression est positive. Il reste donc à examiner les cas où ces expressions sont de même signe.

Supposons-les d'abord négatifs, et soit

$$b^2 - 4ac = - \alpha^2, \qquad b'^2 - 4a'c' = - \alpha'^2;$$

d'où

$$c = \frac{b^2 + \alpha^2}{4a}, \qquad c' = \frac{b'^2 + \alpha'^2}{4a'};$$

éliminant $c$ et $c'$, l'expression (1) devient :

$$\left( \frac{a(b'^2 + \alpha'^2)}{2a'} + \frac{a'(b^2 + \alpha^2)}{2a} - bb' \right)^2 - \alpha^2\alpha'^2 = \left[ \frac{(ab' - ba')^2 + a^2\alpha'^2 + a'^2\alpha^2}{2aa'} \right]^2$$

$$- \alpha^2\alpha'^2 = \frac{[(ab' - ba')^2 + a^2\alpha'^2 + a'^2\alpha^2]^2 - 4a^2a'^2\alpha^2\alpha'^2}{4a^2a'^2}$$

$$= \frac{[(ab'-ba')^2 + a^2\alpha'^2 + a'^2\alpha^2 - 2aa'\alpha\alpha'][(ab'-ba')^2 + a^2\alpha'^2 + a'^2\alpha^2 + 2aa'\alpha\alpha']}{4a^2a'^2}$$

$$= \frac{[(ab'-ba')^2 + (a\alpha' - \alpha a')^2][(ab'-ba')^2 + (a\alpha' + \alpha a')^2]}{4a^2a'^2}$$

quantité essentiellement positive; donc, l'équation a encore ses racines réelles.

En second lieu, si les binômes $b^2 - 4ac$, $b'^2 - 4a'c'$ sont des quantités positives $+ \alpha^2$, $+ \alpha'^2$, l'expression peut être écrite ainsi :

$$\frac{[(ab' - ba')^2 - (a\alpha' - \alpha a')^2][(ab' - ba')^2 - (a\alpha' + \alpha a')^2]}{4a^2a'^2}$$

produit qui peut être positif ou négatif, selon que les deux facteurs du numérateur seront de même signe ou de signes contraires. En résumé, les racines seront *réelles*, soit que les deux binômes $b^2 - 4ac$, $b'^2 - 4a'c'$ soient de *signes contraires*, ou *négatifs tous deux*, ou *tous deux positifs avec la condition* $(ab' - ba')^2 > (a\alpha' - \alpha a')^2$ en supposant $a$ et $a'$ positifs. Enfin, les racines seront *imaginaires*, ces deux binômes étant positifs, si on a en outre les inégalités :

$$(a\alpha' - \alpha a')^2 < (ab' - ba')^2 < (a\alpha' + \alpha a')^2$$

### § 2. — **Propriétés des racines de l'équation du second degré.**

**THÉORÈME.** — *Il existe deux relations indépendantes entre les coefficients et les racines de l'équation du second degré.*

En effet, $x'$ et $x''$ étant les deux racines de l'équation, on a les deux égalités :

$$(1) \qquad \begin{cases} ax'^2 + bx' + c = 0 \\ ax''^2 + bx'' + c' = 0 \end{cases}$$

qui sont bien deux relations entre $a$, $b$, $c$ et $x'$, $x''$; et il ne peut pas exister entre ces grandeurs une troisième relation indépendante des deux précédentes; car si cela était, soit $A = B$ cette relation, si dans celle-ci on substitue à $x'$, $x''$ leurs expressions déduites du système (1) en fonction de

$a$, $b$, $c$; on aura une relation où ne figureront que les trois coefficients $a$, $b$, $c$; si cette relation est identique, c'est que la relation A $=$ B n'est pas distincte ; sinon, les trois coefficients ne pourraient être pris arbitrairement, indépendants les uns des autres, ce qui est absurde.

En combinant les relations (1) entre elles, on obtient de nouvelles relations différentes de celles-ci, parmi lesquelles s'en trouvent deux très-simples constituées par les expressions de $\dfrac{b}{a}$ ou $p$ et de $\dfrac{c}{a}$ ou $q$ en fonction de $x'$ et $x''$.

Pour les trouver, il faut donc résoudre le système

$$x'^2 + \frac{b}{a}x' + \frac{c}{a} = 0$$

$$x''^2 + \frac{b}{a}x'' + \frac{c}{a} = 0$$

par rapport à $\dfrac{b}{a}$ et $\dfrac{c}{a}$.

Retranchant membre à membre, on a :

$$x'^2 - x''^2 + \frac{b}{a}(x' - x'') = 0.$$

Divisant par $x' - x''$, on a :

$$x' + x'' + \frac{b}{a} = 0,$$

d'où

$$x' + x'' = -\frac{b}{a} = -p$$

puis

$$\frac{c}{a} = -x'^2 + x'(x' + x'') = x'x''.$$

D'où les deux énoncés suivants, qui constituent les propriétés fondamentales des racines de l'équation du second degré :

*La somme des racines est égale au coefficient* p *ou* $\dfrac{b}{a}$ *de* x *changé de signe ; le produit des racines est égal au terme tout connu* q ou $\dfrac{c}{a}$, selon que l'on considère l'équation $x^2 + px + q = 0$ ou $ax^2 + bx + c = 0$.

La démonstration précédente suppose que l'on a $x' \gtreqless x''$ ; la démonstration suivante, plus simple, s'applique quelles que soient $x'$ et $x''$.

On a identiquement :

$$x^2 + px + q = (x - x')(x - x'') = x^2 - x(x' + x'') + x'x'' ;$$

par conséquent, on doit avoir :

$$p = -(x' + x''), \qquad q = x'x''.$$

Ces deux propriétés permettent de résoudre les problèmes suivants, qui se présentent fréquemment :

PROBLÈME I. — *Trouver deux quantités, connaissant leur somme* S *et leur produit* P.

Il est évident que ces quantités sont les racines de l'équation $x^2 - Sx + P = 0$.

PROBLÈME II. —(*Corollaire du problème précédent.*)— *Trouver deux quantités connaissant leur différence* δ *et leur produit* P.

Soient $x'$, $y'$ ces deux grandeurs, on a :

$$x' - y' = \delta \quad \text{et} \quad x'y' = P$$

et si on pose $-y' = x''$, ces équations deviennent :

$$x' + x'' = \delta \quad \text{et} \quad x'x'' = -P,$$

donc $x'$ et $x''$ sont les racines de l'équation

$$x^2 - \delta x - P = 0.$$

Si δ est *positif*, par suite $x' - y' > 0$, on prendra pour valeur de $x'$ la plus grande des racines de cette équation, et l'autre racine, changée de signe, représentera $y'$. Si δ est *négatif*, on fera le contraire.

REMARQUE. — Si P est positif, le problème précédent est toujours possible, car la quantité sous le radical $\dfrac{\delta^2}{4} + P$ est essentiellement positive, tandis que dans le premier problème la condition de possibilité est

$$\frac{S^2}{4} - P > 0, \quad \text{d'où} \quad P < \frac{S^2}{4},$$

ce qui montre que le produit de deux grandeurs réelles, dont la somme est S, est toujours inférieur à $\frac{S^2}{4}$ ; propriété qui sera traitée au sujet des maxima et minima.

**Application.** — *Mener par l'arête AB de la base carrée d'une pyramide régulière un plan tel que le rapport du volume de la pyramide SABCD à la pyramide totale SABG soit égal à* $\frac{m}{n}$.

Soient $a$ le côté AB et $h$ la hauteur de la pyramide donnée, on a :

$$\frac{m}{n} = \frac{MN \cdot KL \cdot SF}{a^2 h}$$

MN représentant la hauteur du trapèze ABCD, KL la demi-somme de ses bases et SF la hauteur de la pyramide SABCD. Or, si du point N on abaisse NH perpendiculaire sur SM, on a

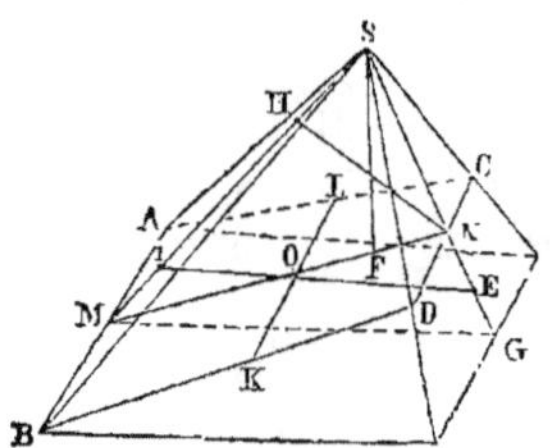
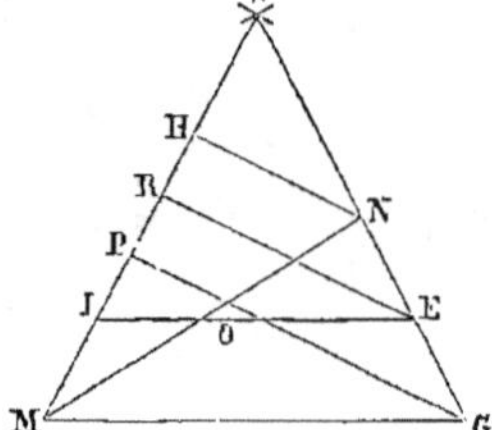

MN.SF = SM.NH ; d'autre part, si par le milieu O de KL on mène IE parallèle à la base, on a IE = KL ; faisant ces substitutions, l'équation du problème devient :

$$\frac{m}{n} = \frac{SM \cdot NH \cdot IE}{a^2 h}.$$

De E et G menons ER, GP, perpendiculaires sur SM, on a :

$$\frac{IE}{MG} = \frac{ER}{GP}, \quad \text{d'où} \quad IE = \frac{MG \cdot ER}{GP}$$

donc

$$\frac{m}{n} = \frac{\mathrm{SM} \cdot \mathrm{NH} \cdot \mathrm{MG} \cdot \mathrm{ER}}{a^2 h \cdot \mathrm{GP}} = \frac{\mathrm{SM} \cdot \mathrm{ER} \cdot \mathrm{NH}}{ah \cdot \mathrm{GP}}$$

car $\mathrm{MG} = a$.

Or, $\mathrm{SM} \cdot \mathrm{GP} = \mathrm{MG} \cdot h = ah$, donc

$$\frac{m}{n} = \frac{\mathrm{ER} \cdot \mathrm{NH}}{\overline{\mathrm{GP}}^2} \quad \text{et} \quad 2\mathrm{ER} = \mathrm{PG} + \mathrm{NH}$$

puisque E est le milieu de NG, O étant le milieu de MN.

Soient $\mathrm{ER} = x$, $\mathrm{NH} = y$, on a les deux équations :

$$xy = \frac{m \cdot \overline{\mathrm{GP}}^2}{n}, \qquad 2x = \mathrm{PG} + y,$$

ou

$$2xy = \frac{2m\overline{\mathrm{GP}}^2}{n}, \qquad 2x - y = \mathrm{PG}.$$

Si on pose $2x = x'$, $-y = x''$, elles deviennent

$$x'x'' = -\frac{2m\mathrm{GP}^2}{n},$$
$$x' + x'' = \mathrm{PG},$$

donc $x'$ et $x''$ sont les racines de l'équation :

$$\mathrm{X}^2 - \mathrm{PG} \cdot \mathrm{X} - \frac{2m\overline{\mathrm{PG}}^2}{n} = 0.$$

donc

$$x' = 2x = \frac{\mathrm{PG}}{2} + \frac{\mathrm{PG}}{2}\sqrt{1 + \frac{8m}{n}},$$
$$x = \frac{\mathrm{PG}}{4}\left(1 + \sqrt{1 + \frac{8m}{n}}\right),$$
$$y = \frac{\mathrm{PG}}{2}\left(\sqrt{1 + \frac{8m}{n}} - 1\right).$$

Dans le cas particulier où $\dfrac{m}{n} = \dfrac{1}{2}$, on a :

$$y = \frac{\mathrm{PG}}{2}\left(\sqrt{5} - 1\right)$$

Ainsi $y$ est égal au plus petit des deux segments divisant PG en moyenne et extrême raison.

PROBLÈME III. — *Former l'équation du second degré ayant pour racines deux quantités données* x' *et* x".

Cette équation est évidemment :

$$x^2 - x(x' + x'') + x'x'' = 0.$$

**Application.** — Soit $x' = \dfrac{5}{3}$, $x'' = -7$. On a :

$$x' + x'' : \frac{5}{3} - 7 = -\frac{16}{3}$$

$$x'x'' = -\frac{35}{3}$$

l'équation cherchée est donc :

$$x^2 + \frac{16}{3}x - \frac{35}{3} = 0 \quad \text{ou} \quad 3x^2 + 16x - 35 = 0.$$

PROBLÈME IV. — *Quelle relation doit exister entre les coeffi-cients* p *et* q *de l'équation* $x^2 + px + q = 0$, *pour que les racines de cette équation présentent entre elle la relation* $mx' + nx'' = r$.

Il suffit d'éliminer $x'$ et $x''$ entre les trois équations :

$$mx' + nx'' = r,$$
$$x' + x'' = -p,$$
$$x'x'' = q.$$

Or, les deux premières, du premier degré, donnent

$$x' = \frac{r + np}{m - n}, \qquad x'' = \frac{-(r + mp)}{m - n}$$

Faisant le produit de ces deux égalités membre à membre, on a :

$$q = \frac{-(r + np)(r + mp)}{(m - n)^2}$$

qui est la relation cherchée.

PROBLÈME V. — *Trouver, sans résoudre une équation du second degré, la somme des carrés, la somme des cubes, la somme des quatrièmes puissances, etc..., de ses racines; puis la somme des inverses, la somme des carrés des inverses, etc..., de ses ra-cines.*

PREMIÈRE MÉTHODE. — On se sert des deux relations :

$$(1) \qquad \begin{cases} x'^2 + px' + q = 0, \\ x''^2 + px'' + q = 0, \end{cases}$$

qui, ajoutées, donnent : :

$$x'^2 + x''^2 + p(x' + x'') + 2q = 0,$$

d'où

$$[x'^2 + x''^2 = p^2 - 2q.$$

Multipliant les égalités (1) respectivement par $x'$ et $x''$ et les ajoutant, on a :

$$x'^3 + x''^3 + p(x'^2 + x''^2) + q(x' + x'') = 0,$$

d'où

$$x'^3 + x''^3 = -p(p^2 - 2q) + pq = -p^3 + 3pq$$

et ainsi de suite.

DEUXIÈME MÉTHODE. — On a identiquement :

$$(x - x') + (x - x'') = 2x + p,$$
$$(x - x')(x - x'') = x^2 + px + q,$$

d'où, en divisant membre à membre :

$$\frac{(x - x') + (x - x'')}{(x - x')(x - x'')} = \frac{2x + p}{x^2 + px + q}$$

ou

$$\frac{1}{x - x'} + \frac{1}{x - x''} = \frac{2x + p}{x^2 + px + q}$$

or

$$\frac{1}{x - x'} = \frac{1}{x} + \frac{x'}{x^2} + \frac{x'^2}{x^3} + \frac{x'^3}{x^4} + \cdots$$

$$\frac{1}{x - x''} = \frac{1}{x} + \frac{x''}{x^2} + \frac{x''^2}{x^3} + \frac{x''^3}{x^4} + \cdots$$

$$\frac{2x + p}{x^2 + px + q} = \frac{2}{x} - \frac{p}{x^2} + \frac{p^2 - 2q}{x^3} - \frac{p^3 - 3pq}{x^4} + \cdots$$

Il en résulte l'identité suivante :

$$\frac{2}{x} + \frac{x' + x''}{x^2} + \frac{x'^2 + x''^2}{x^3} + \frac{x'^3 + x''^3}{x^4} + \frac{x'^4 + x''^4}{x^5} + \frac{x'^5 + x''^5}{x^6} + \cdots$$

$$= \frac{2}{x} - \frac{p}{x^2} + \frac{p^2 - 2q}{x^3} - \frac{p^3 - 3pq}{x^4} + \frac{p^4 - 4p^2q + 2q^2}{x^5}$$

$$- \frac{p^5 - 5p^3q + 5pq^2}{x^6} + \cdots$$

et, par conséquent, $x' + x'' = -p$.

$$x'^2 + x''^2 = p^2 - 2q,$$
$$x'^3 + x''^3 = -p^3 + 3pq,$$
$$x'^4 + x''^4 = p^4 - 4p^2q + 2q^2,$$
$$x'^5 + x''^5 = -p^5 + 5p^3q - 5pq^2, \text{ etc.}$$

Pour trouver la somme des inverses, la somme des carrés des inverses, ..... des racines de l'équation

$$x^2 + px + q = 0 \qquad (1)$$

on posera $x = \dfrac{1}{y}$, et la nouvelle équation

$$1 + py + qy^2 = 0 \qquad (2)$$

étant telle que ses racines sont égales à $\dfrac{1}{x'}$, $\dfrac{1}{x''}$, donnera

$\dfrac{1}{x'} + \dfrac{1}{x''}$, $\dfrac{1}{x'^2} + \dfrac{1}{x''^2}$, ..... selon que l'on considérera dans l'équation (2) la somme des racines, ou la somme des carrés des racines, etc.

On déduit des relations précédentes la solution des deux questions suivantes :

1° *Trouver deux quantités connaissant leur somme* $S_1$ *et la somme* $S_2$ *de leurs carrés, ou leur somme* $S_1$ *et la somme* $S_3$ *de leurs cubes, etc.*

Soient $x'$ et $x''$ ces deux quantités, on a :

$$-p = x' + x'' = S_1$$

et si l'on connaissait le produit $q$ de $x'$ par $x''$, les deux quantités cherchées seraient les racines de l'équation

$$x^2 + px + q = 0.$$

Or, si on donne $S_2$, on a :

$$p^2 - 2q = S_2, \quad \text{d'où} \quad q = \frac{p^2 - S_2}{2}$$

Si c'est $S_3$, on a :

$$-p^3 + 3pq = S_3, \quad \text{d'où} \quad q = \frac{p^3 + S_3}{3p}$$

Si c'est $S_4$, on a :

$$p^4 - 4p^2q + 2q^2 = S_4, \quad \text{d'où} \quad q = p^2 \pm \sqrt{\frac{p^4 + S_4}{2}}$$

Si c'est $S_5$, on a :

$$-p^5 + 5p^3q - 5pq^2 = S_5, \quad \text{d'où} \quad q = \frac{5p^3 \pm \sqrt{5p\,(p^5 - 4S_5)}}{10p}$$

Au delà de $S_5$ l'équation déterminant $q$, étant de degré supérieur au second, ne peut être résolue ici.

Il reste à examiner si les valeurs de $q$ ainsi trouvées satisfont à l'inégalité $\dfrac{p^2}{4} - q > 0$, qui est la condition de réalité des racines de l'équation du second degré ; discussion qui sera traitée plus loin.

2° *Trouver deux quantités $x'$, $x''$, connaissant leur produit* q *et la somme* $S_2$ *de leurs carrés, ou la somme* $S_4$ *de leurs quatrièmes puissances.*

Si on pose $x' + x'' = -p$, $x'$ et $x''$ sont les racines de l'équation

$$x^2 + px + q = 0$$

et on a, pour déterminer $p$ dans le premier cas, l'équation

$$p^2 - 2q = S_2$$

et dans le second, l'équation

$$p^4 - 4p^2q + 2q^2 = S_4,$$

que l'on apprendra à résoudre dans le chapitre suivant.

**Application.** — *Trouver deux nombres, connaissant la différence de leurs carrés* A *et leur produit* $\dfrac{B}{2}$.

Soient $x$ et $y$ ces deux nombres, les équations du problème sont :

$$x^2 - y^2 = A,$$
$$xy = \frac{B}{2}.$$

Élevant les deux membres de la seconde au carré, et changeant les signes des deux membres ; on a le système :

$$x^2 - y^2 = A,$$
$$x^2\,(-y^2) = -\frac{B^2}{4}$$

donc $x^2$ et $-y^2$ sont les racines de l'équation :

$$X^2 - AX - \frac{B^2}{4} = 0,$$

d'où :

$$x^2 = \frac{A + \sqrt{A^2 + B^2}}{2}$$

$$-y^2 = \frac{A - \sqrt{A^2 + B^2}}{2} \quad \text{ou} \quad y^2 = \frac{\sqrt{A^2 + B^2} - A}{2}$$

Extrayant la racine carrée, on obtient deux valeurs pour $x$ et $y$, égales et de signes contraires, mais on ne doit prendre que celles telles que leur produit soit égal à $+\dfrac{B}{2}$, car en élevant au carré la seconde équation, les solutions obtenues comprennent aussi celles du système :

$$x^2 - y^2 = A,$$
$$xy = -\frac{B}{2}\cdot$$

Il résulte de là que la question posée admet les deux systèmes de solution :

$$1° \quad x = +\sqrt{\frac{\sqrt{A^2 + B^2} + A}{2}} \quad y = +\sqrt{\frac{\sqrt{A^2 + B^2} - A}{2}}$$

$$2° \quad x = -\sqrt{\frac{\sqrt{A^2 + B^2} + A}{2}} \quad y = -\sqrt{\frac{\sqrt{A^2 + B^2} - A}{2}}$$

### DÉTERMINATION A PRIORI DES SIGNES DES RACINES DE D'ÉQUATION : $x^2 + px + q = 0$.

Les deux relations :

$$x' + x'' = -p,$$
$$x'x'' = q$$

permettent encore de déterminer les signes des racines sans résoudre l'équation.

En effet, supposons $\dfrac{p^2}{4} - q > 0$, c'est-à-dire les racines réelles ; il y a deux cas à distinguer selon que le terme constant $q$ est positif ou négatif. Dans le premier cas, le produit des racines étant positif, celles-ci sont de même signe, qui sera $+$, si $p$ est *négatif*, puisque leur somme est alors positive, et qui sera $-$, si $p$ est *positif*.

Dans le second cas, où l'on a : $q < 0$, les racines sont de signes contraires ; il y en a donc une positive, une négative, et l'on peut se demander quelle est la plus grande des deux en valeur absolue ; or, si $p$ est *négatif*, leur somme $- p$ est *positive*, donc la racine positive est la plus grande en valeur absolue ; et si $p$ est *positif*, c'est le contraire qui a lieu.

TABLEAU DE LA DISCUSSION.

$q > 0 \begin{cases} x' \text{ et } x'' \text{ sont de} \\ \text{ même signe.} \end{cases} \begin{cases} p < 0 & \text{2 rac. positives.} \\ p > 0 & \text{2 rac. négatives.} \end{cases} \Big\}$ On suppose aussi $\dfrac{p^2}{4} > q$.

$q < 0 \begin{cases} x' \text{ et } x'' \text{ sont de} \\ \text{ signes contr.} \end{cases} \begin{cases} p < 0 & \text{la plus grande en valeur absol. est la positive.} \\ p > 0 & \text{—} \qquad\qquad \text{—} \qquad\qquad \text{négative.} \end{cases}$

Remarque I. — Dans le cas où $q$ est négatif, les racines sont toujours réelles, quel que soit $p$, car la quantité sous le radical, savoir : $\dfrac{p^2}{4} + (-q)$ est essentiellement positive.

Remarque II. — La condition suffisante et nécessaire pour que les racines soient égales et de signes contraires, est $p = 0$, car de $x' = -x''$, on déduit $x' + x'' = 0$, donc $p = 0$.

Lorsqu'on appliquera ces résultats à l'équation

$$ax^2 + bx + c = 0.$$

il faudra avoir soin de remplacer $p$ par $\dfrac{b}{a}$ et $q$ par $\dfrac{c}{a}$.

CONSTRUCTION GÉOMÉTRIQUE DES RACINES DE L'ÉQUA-<br>TION : $x^2 + px + q = 0$.

On commence par rendre l'équation homogène ; pour cela, si $x$ représente une longueur, on construira un carré $a^2$ équivalent à la quantité $q$ regardée comme positive, alors l'équation, si l'on met en évidence les signes de ses divers termes, présente l'une des quatre formes :

$$x^2 + px + a^2 = 0,$$
$$x^2 + px - a^2 = 0,$$
$$x^2 - px + a^2 = 0,$$
$$x^2 - px - a^2 = 0.$$

Les racines de la première et de la seconde équation sont égales respectivement à celles de la troisième et de la quatrième prises en signes contraires ; il n'y a donc qu'à considérer les deux dernières. Or, si on les écrit ainsi :

$$x (p - x) = a^2,$$
$$x (x - p) = a^2.$$

on voit qu'il faut construire un rectangle équivalent à un carré donné $a^2$ et dont la somme ou la différence de la base $x$ et de la hauteur $p - x$ est donnée, égale à $p$ ; problèmes résolus en géométrie élémentaire.

## RÉSOLUTION TRIGONOMÉTRIQUE DE L'ÉQUATION DU SECOND DEGRÉ DANS LE CAS OU LES RACINES SONT RÉELLES.

On distingue deux cas, selon le signe de $q$.

**Premier Cas** : $q > 0$. — Posons $R = \sqrt{q}$, R étant la valeur absolue de $\sqrt{q}$
et

$$\pm \sin \varphi = \frac{2\sqrt{q}}{p} = \frac{2R}{p},$$

ce qui est possible, puisque par hypothèse, on a :

$$p^2 > 4q \quad \text{ou} \quad \frac{4q}{p^2} < 1$$

on prendra d'ailleurs le signe $+$ ou le signe $-$ devant $\sin \varphi$ selon que $p$ sera positif ou négatif ; de sorte que $\varphi$ est compris entre 0 et 90°.

Or

$$x' = -\frac{p}{2} - \sqrt{\frac{p^2}{4} - q} = -\frac{p}{2}\left(1 + \sqrt{1 - \frac{4q}{p^2}}\right)$$

$$x' = \mp \frac{R}{\sin \varphi}(1 - \cos \varphi) = \mp R \cotang \frac{\varphi}{2}$$

et

$$x'' = \mp \frac{R}{\sin \varphi}(1 - \cos \varphi) = \mp R \,\text{tang}\, \frac{\varphi}{2}\,.$$

**Deuxième Cas ;** $q < 0$. — On pose $tang\, \varphi = \dfrac{2\sqrt{-q}}{p}$ d'où :

$$\text{tang}^2\, \varphi = \frac{-4q}{p^2}$$

et

$$x' = -\frac{p}{2}\left(1 + \sqrt{1 + \text{tang}^2\, \varphi}\right) = -\frac{p}{2}\left(\frac{\cos \varphi + 1}{\cos \varphi}\right) = -\frac{p \cos^2 \frac{\varphi}{2}}{\cos \varphi},$$

$$x'' = -\frac{p}{2}\left(\frac{\cos \varphi - 1}{\cos \varphi}\right) = \frac{p \sin^2 \frac{\varphi}{2}}{\cos \varphi}$$

## EXAMEN D'UN CAS PARTICULIER REMARQUABLE.

*Le coefficient* a *du terme du second degré est très-petit.*
Si dans l'équation générale :

$$ax^2 + bx + c = 0 \qquad\qquad (1)$$

on suppose que le coefficient $a$ décroisse jusqu'à zéro, les formules qui donnent les racines ne semblent plus applicables pour $a = 0$, car la première donne $x' = \dfrac{-2b}{0}$ et la seconde $x'' = \dfrac{0}{0}$, tandis que l'une des racines est certainement égale à $-\dfrac{b}{c}$, puisque l'équation se réduit à $bx + c = 0$. Ce fait résulte de ce que pour trouver $x'$, $x''$, on a divisé par $a$, opération qui n'est plus permise, si $a = 0$. On peut mettre les formules d'accord avec ce que l'on trouve *à priori*, en multipliant les deux termes de la fraction représentant $x''$ par $b + \sqrt{b^2 - 4ac}$, on a :

$$x'' = \frac{\left(- b + \sqrt{b^2 - 4ac}\right)\left(b + \sqrt{b^2 - 4ac}\right)}{2a\left(b + \sqrt{b^2 - 4ac}\right)}$$

$$x'' = \frac{- 2c}{b + \sqrt{b^2 - 4ac}}$$

en supprimant le facteur commun $2a$ aux deux termes ; si maintenant, on suppose que $a$ tende vers zéro, la valeur limite de $x''$ est $-\dfrac{c}{b}$. Quant à la valeur de $x'$, elle fait connaître que si $a$ tend vers zéro, $x'$ augmente de plus en plus, et peut surpasser toute quantité aussi grande que l'on veut. Ce qui peut se déduire directement de l'équation. En effet, en divisant par $x^2$, on a :

$$a + \frac{b}{x} + \frac{c}{x^2} = 0 \quad \text{ou} \quad \frac{1}{x}\left(b + \frac{c}{x}\right) = - a \qquad (2)$$

Or, toute valeur de $x$ différente de zéro satisfaisant à l'équation (2), satisfait à l'équation (1) et réciproquement ; mais pour des valeurs de $x$ très-grandes, la valeur du binôme $b + \dfrac{c}{x}$ diffère très-peu du terme $b$ ; donc le produit $\dfrac{1}{x}\left(b + \dfrac{c}{x}\right)$ diffère très-peu de $\dfrac{b}{x}$. Or, à la limite, le second membre étant nul, $\dfrac{b}{x}$ doit être nul, par conséquent $x = \infty$ est solution de l'équation $\dfrac{1}{x}\left(b + \dfrac{c}{x}\right) = 0$.

Remarque. — Puisque la multiplication ou la division par le facteur $a$ donne des formules en désaccord avec les véritables valeurs des racines, proposons-nous de résoudre l'équation :

$$ax^2 + bx + c = 0$$

sans effectuer d'opérations où entre le facteur $a$. A cet effet, on multiplie les deux membres par $4c$, et on a :

$$4acx^2 + 4bcx + 4c^2 = 0$$

ou

$$4acx^2 + (2c + bx)^2 - b^2x^2 = 0$$
$$(2c + bx)^2 - x^2(b^2 - 4ac) = 0$$
$$(2c + bx - x\sqrt{b^2 - 4ac})(2c + bx + \sqrt{b^2 - 4ac}) = 0,$$

d'ou :

$$x = \frac{2c}{-b \pm \sqrt{b^2 - 4ac}}$$

formule déjà trouvée par une autre voie, et qui est en désaccord avec la première si $c = 0$.

On peut établir une troisième formule, qui ne sera en défaut dans aucune de ces hypothèses, mais un peu plus compliquée que les précédentes.

Pour cela, on multiplie le premier membre de l'équation (1) successivement par $4a$, $4c$, $4b$, on obtient trois équations, que l'on peut écrire ainsi, en complétant les carrés :

$$4a^2x^2 + 4abx + b^2 - (b^2 - 4ac) = 0$$
$$b^2x^2 + 4bcx + 4c^2 - (b^2 - 4ac)x^2 = 0$$
$$4abx^2 + (2b^2x + 8acx) + 4bc + 2(b^2 - 4ac)x = 0$$

ajoutant membre à membre ces trois équations, on a :

$$x^2(2a + b)^2 + 2x(2a + b)(b+2c) + (b+2c)^2 - (b^2 - 4ac)(1-x)^2 = 0$$

ou :

$$[x(2a + b) + 2c + b]^2 - [(1 - x)\sqrt{b^2 - 4ac}]^2 = 0,$$

d'ou :

$$x = \frac{b + 2c \pm \sqrt{b^2 - 4ac}}{-(b + 2a) \pm \sqrt{b^2 - 4ac}}$$

formule dans laquelle on doit prendre les signes supérieurs ou les signes inférieurs ensemble devant chaque radical.

CALCUL DES RACINES DE L'ÉQUATION, LORSQUE $a$ EST<br>TRÈS-PETIT.

En premier lieu supposons que l'équation ait ses racines positives, elle sera de la forme

$$ax^2 - bx + c = 0$$

$a$, $b$, $c$ étant des quantités positives, on a :

$$x' = \frac{b - \sqrt{b^2 - 4ac}}{2a} = \frac{2c}{b + \sqrt{b^2 - 4ac}}; \quad x'' = \frac{b + \sqrt{b^2 - 4ac}}{2a}.$$

La plus petite racine $x'$ qui est comprise entre $\frac{2c}{b}$ et $\frac{c}{b}$ sera d'abord calculée, on obtiendra ensuite l'autre à l'aide de la relation : $x'' = \frac{b}{a} - x'$.

L'équation résolue par rapport à $bx$, donne :

$$bx = c + ax^2, \quad \text{d'où} \quad x = \frac{c}{b} + \frac{a}{b} x^2 \qquad (1)$$

$a$ étant très-petit, $\frac{a}{b} x^2$ a une valeur très-petite, puisque $b$ est fini et que $x$ représente ici la plus petite racine, qui a une valeur finie. On peut donc écrire comme première approximation de la racine $x'$ :

$$\alpha_1 = \frac{c}{b}.$$

L'erreur commise sur $x'$ en prenant $\alpha_1$ étant par défaut, si on remplace dans le second membre de l'équation (1) $x$ par $\alpha_1$, on aura une seconde valeur $\alpha_2$ approchée encore par défaut, savoir :

$$\alpha_2 = \frac{c}{b} + \frac{a}{b} \alpha_1^2 = \frac{c}{b} + \frac{a}{b} \left(\frac{c}{b}\right)^2.$$

Si dans la même équation (1), on remplace de nouveau $x$ par $\alpha_2$, on aura une troisième valeur $\alpha_3$ approchée par défaut

$$\alpha_3 = \frac{c}{b} + \frac{a}{b} (\alpha_2)^2$$

et ainsi de suite.

Ces valeurs vont en croissant, puisque $\alpha_2 > \alpha_1$, on a aussi :

$$\frac{a}{b} (\alpha_2)^2 > \frac{a}{b} (\alpha_1)^2$$

et

$$\frac{c}{b} + \frac{a}{b} (\alpha_2)^2 > \frac{c}{b} + \frac{a}{b} (\alpha_1)^2$$

c'est-à-dire

$$\alpha_3 > \alpha_2, \text{ etc.}$$

En outre, ces valeurs sont toujours inférieures à $x'$ et leur différence avec $x'$ a pour limite zéro. En effet, on a :

$$x' - \alpha_1 \cdot \frac{a}{b} x'^2 \qquad (2)$$

puis

$$x' - \alpha_2 = \frac{a}{b}(x'^2 - \alpha_1{}^2) = \frac{a}{b}(x' - \alpha_1)(x' + \alpha_1).$$

donc on a : ·

$$\left\{ \begin{aligned} &x' - \alpha_2 < (x' - \alpha_1)\frac{4ac}{b^2} \qquad \text{car} \qquad x' + \alpha_1 < \frac{4c}{b}, \\ &x' - \alpha_3 < (x' - \alpha_2)\frac{4ac}{b^2} \\ &\cdots\cdots\cdots\cdots\cdots\cdots \\ &x' - \alpha_n < (x' - \alpha_{n-1})\frac{4ac}{b^2} \end{aligned} \right.$$

Multipliant membre à membre ces $n - 1$ inégalités ainsi que l'égalité (2), on a, après simplification :

$$x' - \alpha_n < \frac{a}{b} x'^2 \left(\frac{4ac}{b^2}\right)^{n-1}$$

et à fortiori :

$$x' - \alpha_n < \frac{c}{b}\left(\frac{4ac}{b^2}\right)^n$$

en remplaçant $x'^2$ par la quantité plus grande $\left(\dfrac{2c}{b}\right)^2$.

Or, on a $b^2 - 4ac > 0$, d'où

$$\frac{4ac}{b^2} < 1.$$

d'autre part, les puissances successives de la quantité $\dfrac{4ac}{b^2}$ ont pour limite zéro, lorsque $n$ augmente indéfiniment, donc la différence entre $x'$ et $\alpha_n$ est aussi petite que l'on veut, en prenant $n$ suffisamment grand. En outre, $\alpha_1 \left(\dfrac{4ac}{b^2}\right)^n$ est une limite supérieure de l'erreur commise en s'arrêtant à la $n^e$ approximation.

Supposons, en second lieu, *que les deux racines soient de signes contraires*, l'équation aura l'une des deux formes :

$$ax^2 + bx - c = 0, \quad ax^2 - bx - c = 0$$

ces équations ne différant que par les signes de leurs racines, ne considérons que la première dans laquelle la racine positive $x'$ est la plus petite en valeur absolue.

Une première valeur approchée de cette racine est encore $\alpha_1 = \dfrac{c}{b}$, et, en appliquant la méthode de calcul précédente, les valeurs approchées sont :

$$\alpha_1 = \frac{c}{b} \qquad\qquad \alpha_2 = \frac{c}{b} - \frac{a}{b}\, \alpha_1{}^2$$

$$\alpha_3 = \frac{c}{b} - \frac{a}{b}\, \alpha_2{}^2 \qquad\qquad \alpha_4 = \frac{c}{b} - \frac{a}{b}\, \alpha_3{}^2$$

$$\dots\dots\dots\dots\dots\dots\dots\dots\dots\dots\dots \text{ etc.}$$

La première $\alpha_1$ est supérieure à $x''$, puisque

$$(2) \qquad\qquad x'' = \frac{c}{b} - \frac{a}{b} x''^2 = \alpha_1 - \frac{a}{b} x''^2.$$

Or, on a $\alpha_2 > 0$ ou $\dfrac{c}{b} > \dfrac{a}{b} \cdot \left(\dfrac{c}{b}\right)^2$, $a$ étant très-petit par rapport à $b$ et $c$ et en outre

$$\alpha_2 < x''$$

car dans le second membre de l'égalité (2), on remplace $x''$ par une quantité plus grande $\alpha_1$; donc le résultat de la substitution $\alpha_1 - \dfrac{a}{b}\, \alpha_1{}^2$ ou $\alpha_2$ est inférieur au premier membre $x''$.

Ensuite, on a :

$$\alpha_3 > x''$$

puisqu'on remplace $x'$ par une quantité moindre $\alpha_2$ dans le second membre de l'égalité (2); puis $\alpha_4 < x''$ et ainsi de suite; les valeurs approchées d'ordre impair sont supérieures à $x''$, et celles d'ordre pair inférieures à $x''$. D'ailleurs les premières, toujours supérieures à $x''$, vont en décroissant, et les secondes, toujours inférieures à $x''$, vont en croissant, car on a :

$$\alpha_1 - \alpha_3 = \frac{a}{b}\, \alpha_2{}^2,$$

donc
$$\alpha_3 < \alpha_1$$

puis

$$\alpha_4 - \alpha_2 = \frac{a}{b}\left(\alpha_1{}^2 - \alpha_3{}^2\right) \quad \text{d'où} \quad \alpha_4 > \alpha_2$$

$$\alpha_3 - \alpha_5 = \frac{a}{b}\left(\alpha_4{}^2 - \alpha_2{}^2\right) \quad \text{d'où} \quad \alpha_5 < \alpha_3, \text{ etc.}$$

Ainsi, selon qu'on s'arrête à une valeur de rang pair ou de rang impair, on commet une erreur par défaut ou par excès.

Enfin, la différence entre $x''$ et le terme $\alpha_n$ est aussi petite que l'on veut, si $n$ est suffisamment grand. En effet, on a :

$$x'' - \alpha_2 = \frac{a}{b}\left(\alpha_1{}^2 - x''^2\right) = \frac{a}{b}\left(\alpha_1 + x''\right)\left(\alpha_1 - x''\right).$$

Or

$$\alpha_1 + x'' < \frac{2c}{b}; \quad \text{donc} \quad x'' - \alpha_2 < \frac{2ac}{b^2}\left(\alpha_1 - x''\right)$$

de même

$$\alpha_3 - x'' < \frac{2ac}{b^2}\left(x'' - \alpha_2\right)$$

$$x'' - \alpha_4 < \frac{2ac}{b^2}\left(\alpha_3 - x''\right)$$

$$\cdots\cdots\cdots\cdots\cdots\cdots$$

$$x'' - \alpha_n < \frac{2ac}{b^2}\left(\alpha_{n-1} - x''\right)$$

si $n$ est pair; multipliant membre à membre ces inégalités, puis par l'égalité $\alpha_1 - x'' = \frac{a}{b}\,x''^2$ et simplifiant, on a :

$$x'' - \alpha_n < \frac{a}{b}\,x''^2\left(\frac{2ac}{b^2}\right)^{n-1}$$

et à *fortiori* :

$$x'' - \alpha_n < \frac{c}{2b}\left(\frac{2ac}{b^2}\right)^{n}.$$

Si $n$ était impair, on démontrerait de même que

$$\alpha_n - x'' < \frac{c}{2b}\left(\frac{2ac}{b^2}\right)^{n}$$

Or, $2ac$ est inférieur à $b^2$, puisque $a$ est très-petit par rapport à $b$; alors la différence entre $x''$ et la valeur approchée d'ordre $n$ est moindre que toute quantité donnée lorsqu'on le voudra; donc les valeurs approchées par défaut et par excè ont même limite, savoir $x''$.

¶ EXEMPLE. — *Trouver la racine positive de l'équation :*

$$0,000007\, x^2 + x - 1 = 0$$

avec douze décimales.

La première valeur approchée de cette racine est

$$\alpha_1 = 1$$

la deuxième est

$$\alpha_2 = 1 - 000007 = 0,999993$$

la troisième

$$\alpha_3 = 1 - 0,000007\,(0,999993)^2$$

ou

$$\alpha_3 = 0,999993000147700...)$$

Or, l'erreur commise sur cette troisième valeur est inférieure à

$$\frac{1}{2}\left(\frac{2ac}{b^2}\right)^3 = \frac{1}{2}\,(2 \times 0,000007)^3$$

ou

$$4 \cdot \frac{7^3}{10^{18}} = \frac{1372}{10^{18}}$$

fraction évidemment inférieure à $\dfrac{1}{10^{12}}$, donc

$$0,999993000147$$

est la valeur de $x''$ avec douze décimales exactes.

---

# CHAPITRE IV.

## DES ÉQUATIONS A UNE INCONNUE QUI SE RAMÈNENT A CELLE DU SECOND DEGRÉ.

### § 1. — **Des équations bicarrées.**

Une équation à une inconnue est dite *bicarrée* lorsqu'elle ne contient que la quatrième et la deuxième puissance de l'inconnue. Sa forme générale est :

$$ax^4 + bx^2 + c = 0.$$

**THÉORÈME I.** — *Toute équation bicarrée a quatre racines égales deux à deux et de signes contraires.*

En effet, si on pose $x^2 = y$, d'où

$$x = \pm \sqrt{y} \qquad \text{et} \qquad ay^2 + by + c = 0$$

l'équation en $y$ ayant deux racines $y'$ et $y''$, $x$ aura quatre valeurs $\pm \sqrt{y'}$, $\pm \sqrt{y''}$.

**THÉORÈME II.** — *Réciproquement, toute équation du quatrième degré dont les racines sont égales deux à deux et de signes contraires ne renferme que les puissances paires de l'inconnue.*

En effet, si $\alpha$ est racine de l'équation :

$$ax^4 + bx^3 + cx^2 + dx + e = 0,$$

on a identiquement :

$$a\alpha^4 + b\alpha^3 + c\alpha^2 + d\alpha + e = 0$$

et

$$a\alpha^4 - b\alpha^3 + c\alpha^2 - d\alpha + e = 0,$$

d'où par soustraction :

$$2b\alpha^3 + 2d\alpha = 0 \qquad \text{ou} \qquad b\alpha^2 + d = 0;$$

$\beta$ étant une autre racine, on aurait de même : $b\beta^2 + d = 0$;
d'où $b (\beta^2 - \alpha^2) = 0$, donc $b = 0$ et $d = 0$.

**THÉORÈME III.** — *Si $\alpha$, $-\alpha$, $\beta$, $-\beta$, sont les quatre racines de l'équation bicarrée, le premier membre de l'équation peut se mettre sous la forme :* $a (x - \alpha) (x + \alpha) (x - \beta) (x + \beta)$.

En effet, le polynôme $ax^4 + bx^2 + c$, s'annulant pour $x = \alpha$, est divisible par $x - \alpha$; il est également divisible par $x + \alpha$, $x - \beta$, $x + \beta$; donc il est divisible par le produit $(x - \alpha) (x + \alpha) (x - \beta) (x + \beta)$, polynôme du quatrième degré; on a donc identiquement :

$$ax^4 + bx^2 + c = a (x - \alpha) (x + \alpha) (x - \beta) (x + \beta)$$

Q étant une constante, qui ne peut être que $a$, puisque le coefficient de $x^4$ dans le premier membre est $a$.

De ces propriétés résultent deux méthodes de résolution de l'équation bicarrée.

PREMIÈRE MÉTHODE. — Dans la première, reposant sur l'identité :

$$ax^4 + bx^2 + c = a(x^2 - \alpha^2)(x^2 - \beta^2),$$

ou :

$$x^4 + px^2 + q = (x^2 - \alpha^2)(x^2 - \beta^2),$$

on pose $x = y$, et l'équation en $y$ donnera $\alpha^2$ et $\beta^2$, on a donc :

$$x = \pm \sqrt{y} = \pm \sqrt{\frac{-b \pm \sqrt{b^2 - 4ac}}{2a}} = \pm \sqrt{-\frac{p}{2} \pm \sqrt{\frac{p}{4} - q}}.$$

EXEMPLE. — Soit l'équation $x^4 + 4 = 0$, on a :

$$x = \pm \sqrt{\pm 2\sqrt{-1}}.$$

DEUXIÈME MÉTHODE. — On se fonde sur l'identité :

$$x^4 + px^2 + q = (x - \alpha)(x - \beta)(x + \alpha)(x + \beta),$$

ou :

$$x^4 + px^2 + q = [x^2 + \alpha\beta - (\alpha + \beta)x][x^2 + \alpha\beta + (\alpha + \beta)x],$$
$$x^4 + px^2 + q = (x^2 + \alpha\beta)^2 - (\alpha + \beta)^2 x^2$$

qui montre que le premier membre de l'équation bicarrée peut toujours se mettre sous la forme d'une différence de deux carrés, savoir : $(x^2 + m)^2 - n^2 x^2$ : par conséquent, mettant cette équation sous cette forme, on sera conduit à résoudre successivement les deux équations du second degré obtenues en égalant à zéro chacun des facteurs du produit :

$$(x^2 + m + nx)(x^2 + m - nx).$$

Pour trouver $m$ et $n$ identifions les deux polynômes : $x^4 + px^2 + q$, $(x^2 + m)^2 - n^2 x^2$, on a :

$$p = 2m - n^2 \quad \text{et} \quad q = m^2,$$

d'où :

$$m = \sqrt{q} \quad \text{et} \quad n^2 = 2\sqrt{q} - p.$$

L'équation à résoudre est donc :

$$(x^2 + \sqrt{q})^2 - (2\sqrt{q} - p)x^2 = 0. \qquad (1)$$

On aurait pu écrire de suite cette équation en remarquant que $x^4 + q$ sont les termes extrêmes du carré du binôme : $x^2 + \sqrt{q}$.

De l'équation (1) on tire :

$$x^2 + \sqrt{q} - x\sqrt{2\sqrt{q} - p} = 0, \text{ d'où } x = \frac{1}{2}\left(\sqrt{2\sqrt{q} - p} \pm \sqrt{-2\sqrt{q} - p}\right)$$

et

$$x^2 + \sqrt{q} + x\sqrt{2\sqrt{q} - p} = 0, \text{ d'où } x = \frac{-1}{2}\left(\sqrt{2\sqrt{q} - p} \pm \sqrt{-2\sqrt{q} - p}\right).$$

Ces quatre valeurs sont comprises dans la formule unique :

$$x = \pm \frac{1}{2}\left(\sqrt{-p + 2\sqrt{q}} \pm \sqrt{-p - 2\sqrt{q}}\right).$$

Nous n'avons pris pour $m$ que la valeur $+\sqrt{q}$, en prenant $-\sqrt{q}$, on voit que l'expression des racines reste identique à elle-même, puisque l'ordre des radicaux seul change.

Cette seconde expression des racines est plus compliquée que la première excepté dans le cas où $q$ est carré parfait ; aussi ne doit-on l'employer que dans ce cas.

Exemple. — Résoudre l'équation :

$$x^4 + 4 = 0$$

on a :

$$x = \pm \frac{1}{2}\left(\sqrt{4} \pm \sqrt{-4}\right) = \pm 1 \pm \sqrt{-1}.$$

TRANSFORMATION D'UNE EXPRESSION DE LA FORME $\sqrt{A + \sqrt{B}}$ EN UNE EXPRESSION DE LA FORME $\sqrt{y} + \sqrt{z}$.

Des deux formules précédentes résulte l'identité :

$$\sqrt{-\frac{p}{2} + \sqrt{\frac{p^2}{4} - q}} = \frac{1}{2}\left(\sqrt{-p + 2\sqrt{q}} + \sqrt{-p - 2\sqrt{q}}\right)$$

qui donne la transformation d'un radical double $\sqrt{A + \sqrt{B}}$ en une somme de deux radicaux simples, lorsque $q$ est carré parfait.

Appliquons cette identité à l'expression $\sqrt{A + \sqrt{B}}$; pour cela posons $A = -\dfrac{p}{2}$ et $B = \dfrac{p^2}{4} - q$: d'où

$$p = 2A.$$
$$q = A^2 - B.$$

Donc :

$$\sqrt{A + \sqrt{B}} = \frac{1}{2}\sqrt{2A + 2\sqrt{A^2 - B}} + \sqrt{2A - 2\sqrt{A^2 - B}}.$$

La transformation n'est donc possible que si $A^2 - B$ est carré parfait. Soit donc $A^2 - B = K^2$, on aura :

$$\sqrt{A + \sqrt{B}} = \sqrt{\frac{A + K}{2}} + \sqrt{\frac{A - K}{2}}.$$

On peut se proposer d'effectuer directement cette transformation.

A cet effet, soit l'identité :

$$\sqrt{A + \sqrt{B}} = \sqrt{y} + \sqrt{z}.$$

Élevant au carré les deux membres, on a :

$$A + \sqrt{B} = y + z + 2\sqrt{yz}$$

où :

$$A - (y + z) = -\sqrt{B} + 2\sqrt{yz}.$$

Le premier membre se composant de quantités rationnelles et le second de quantités irrationnelles, cette identité ne peut avoir lieu que si l'on a séparément :

$$A - y + z = 0. \qquad 2\sqrt{yz} - \sqrt{B} = 0,$$

d'où

$$y + z = A;$$
$$yz = \frac{B}{4};$$

donc $y$ et $z$ sont les racines de l'équation :

$$X^2 - AX + \frac{B}{4} = 0,$$

d'où :

$$y = \frac{A}{2} + \frac{\sqrt{A^2 - B}}{2},$$

$$z = \frac{A}{2} - \frac{\sqrt{A^2 - B}}{2},$$

d'où, en substituant :

$$\sqrt{A + \sqrt{B}} = \sqrt{\frac{A + \sqrt{A^2 - B}}{2}} + \sqrt{\frac{A - \sqrt{A^2 - B}}{2}}$$

$$= \sqrt{\frac{A + K}{2}} + \sqrt{\frac{A - K}{2}}.$$

On démontrerait de même que :

$$\sqrt{A - \sqrt{B}} = \sqrt{\frac{A + \sqrt{A^2 - B}}{2}} - \sqrt{\frac{A - \sqrt{A^2 - B}}{2}}.$$

**Applications.** — 1° *Transformer l'expression* $\sqrt{17 + 2\sqrt{30}}$.
On a :

$$A^2 - B = 17^2 - 4 \cdot 30 = 169 = 13^2,$$

donc :

$$\sqrt{17 + 2\sqrt{30}} = \sqrt{\frac{17 + 13}{2}} + \sqrt{\frac{17 - 13}{2}} = \sqrt{15} + \sqrt{2}.$$

2° *Transformer l'expression* $\sqrt{6 - 2\sqrt{5}}$.
On a :

$$A^2 - B = 36 - 20 = 16 = 4^2,$$

donc :

$$\sqrt{6 - 2\sqrt{5}} = \sqrt{5} - 1.$$

3° *Transformer l'expression* $\sqrt{2R^2 - R\sqrt{4R^2 - a^2}}$.
On a :

$$A^2 - B = 4R^4 - (4R^4 - 4R^2a^2) = 4R^2a^2 = (2Ra)^2,$$

d'où :

$$\sqrt{2R^2 - R\sqrt{4R^2 - a^2}} = \sqrt{R\left(R + \frac{a}{2}\right)} - \sqrt{R\left(R - \frac{a}{2}\right)}.$$

4° *Racine carrée d'une quantité imaginaire de la forme*
$$A + B \sqrt{-1}.$$

On a :

$$\sqrt{A + B \sqrt{-1}} = \sqrt{A + \sqrt{-B^2}}$$

$$= \sqrt{\frac{A + \sqrt{A^2 + B^2}}{2}} + \sqrt{\frac{A - \sqrt{A^2 - B^2}}{2}}$$

$$= \sqrt{\frac{A + \sqrt{A^2 + B^2}}{2}} + \sqrt{-1} \sqrt{\frac{\sqrt{A^2 + B^2} - A}{2}},$$

ce qui démontre que la racine carrée d'une quantité imaginaire est une quantité imaginaire de même forme.

Si dans cette dernière identité, on fait $A = 0$, $B = 1$, on a :

$$\sqrt{i} \quad \text{ou} \quad \sqrt{\sqrt{-1}} = \frac{1 + \sqrt{-1}}{\sqrt{2}} = \frac{1 + i}{\sqrt{2}}.$$

DISCUSSION DES RACINES DE L'ÉQUATION BICARRÉE

La réalité des racines de l'équation bicarrée dépendant des signes des racines de l'équation du second degré correspondante, on distinguera d'après le tableau (page 167) deux cas, suivant le signe de $q$.

**Premier cas** : $q > 0$. — Si $q$ est supérieur à $\dfrac{p^2}{4}$, les deux racines de l'équation du second degré en $y$ sont imaginaires, comme d'autre part la racine carrée d'une quantité imaginaire est une quantité imaginaire de même forme, les quatre racines de l'équation sont de la forme $\alpha + \beta i$. Si $q$ est inférieur à $\dfrac{p^2}{4}$, les quatre racines sont encore imaginaires, si l'on a $p > 0$, puisque $y'$ et $y''$ sont des quantités négatives; elles seront au contraire réelles toutes les quatre si l'on a $p < 0$.

**Deuxième cas** : $q < 0$. — L'équation en $y$ a une racine positive et une racine négative, donc l'équation bicarrée a deux racines réelles et deux imaginaires.

On voit que le seul cas où les quatre racines sont réelles

exige les trois conditions $0 < q < \dfrac{p^2}{4}$, $p < 0$, qui sont renfermées dans l'inégalité unique :

$$p < -2\sqrt{q},$$

car cette comparaison de $-2\sqrt{q}$ à $p$ suppose nécessairement que ces deux grandeurs sont de même espèce, c'est-à-dire que $\sqrt{q}$ est une quantité réelle, par conséquent $q > 0$; et ensuite que $p$ est négatif, puisque la quantité $p$ doit être inférieure à une quantité négative. Le résultat se vérifie facilement en se reportant à la seconde expression des racines de l'équation bicarrée.

TABLEAU DE LA DISCUSSION.

$$q > 0 \begin{cases} \begin{cases} p > 0 \text{ ou si } p \\ \text{est négatif.} \end{cases} \begin{cases} p > -2\sqrt{q}\ldots & \text{4 racines imaginaires.} \\ p < -2\sqrt{q}\ldots & \text{4 racines réelles.} \end{cases} \end{cases}$$

$$q < 0 \quad\ldots\ldots\ldots\ldots\ldots\ldots\ldots \quad \text{2 rac. réelles et 2 rac. imaginaires.}$$

**Applications.** — 1° *Résoudre l'équation*

$$4x^4 (b^2 - a^2) - 4a^2b^2x^2 + a^2b^2 (a^2 - 4b^2) = 0.$$

On a :

$$x = \pm \sqrt{\frac{2a^2b^2 \pm \sqrt{4a^4b^4 - 4a^2b^2 (a^2 - 4b^2)(b^2 - a^2)}}{4(b^2 - a^2)}}.$$

La quantité sous le radical est :

$$4a^2b^2 (a^2b^2 - a^2b^2 + 4b^4 + a^4 - 4a^2b^2) = 4a^2b^2 (2b^2 - a^2)^2,$$

donc

$$x = \pm \sqrt{\frac{ab[ab \pm (2b^2 - a^2)]}{2(b^2 - a^2)}}.$$

Prenant le signe $+$ sous le radical, on a :

$$x = \pm \sqrt{\frac{ab (2b^2 + ba - a^2)}{2(b^2 - a^2)}} = \pm \sqrt{\frac{ab(2b - a)}{2(b - a)}}$$

et prenant le signe —, on a pour les deux autres racines :

$$x = \pm \sqrt{\frac{ab(-2b^2 + ab + a^2)}{2(b^2 - a^2)}} = \pm \sqrt{\frac{ab(-2b - a)}{2(b + a)}}.$$

2° *Résoudre l'équation* $\dfrac{x^2}{x^2 - a^2} + \dfrac{x^2}{x^2 - b^2} - 4 = 0$ *et mon-trer que ses racines sont toutes réelles, quels que soient* a *et* b. (Concours École Saint-Cyr, 1874.)

Multipliant les deux membres par $(x^2 - a^2)(x^2 - b^2)$ et ordonnant par rapport à $x$, on a :

$$2x^4 - 3x^2(a^2 + b^2) + 4a^2b^2 = 0.$$

Employant la seconde expression des racines, on a :

$$x = \frac{1}{2}\left( \pm \sqrt{\frac{3}{2}(a^2 + b^2) + 2ab\sqrt{2}} \pm \sqrt{\frac{3}{2}(a^2 + b^2) - 2ab\sqrt{2}} \right).$$

Or, le polynôme qui est sous le premier radical est identique à :

$$\frac{3}{2}\left[ a^2 + \frac{4}{3} ab\sqrt{2} + b^2 \right]$$

ou

$$\frac{3}{2}\left[ \left(a + \frac{2}{3} b\sqrt{2}\right)^2 + \frac{b^2}{9} \right]$$

De même, le polynôme écrit sous le second radical est identique à

$$\frac{3}{2}\left[ \left(a - \frac{2b\sqrt{2}}{3}\right)^2 + \frac{b^2}{9} \right]$$

Les quantités entre crochets, étant des sommes de carrés, sont toujours positives, par suite $x$ est toujours réel.

3° *Étant donnés la surface* m $\sqrt{3}$ *et le périmètre* 6a *de l'hexagone formé par trois triangles isocèles égaux sur les côtés d'un triangle équilatéral* ACE *comme bases, trouver le côté* AC *de ce triangle équilatéral.*

Nous remarquerons au début que d'après cet énoncé général, l'hexagone peut présenter deux formes différentes selon que les triangles isocèles sont construits à l'extérieur

ou à l'intérieur du triangle équilatéral ; nous appellerons
l'hexagone de *première* ou de *seconde espèce*, selon qu'il affec-

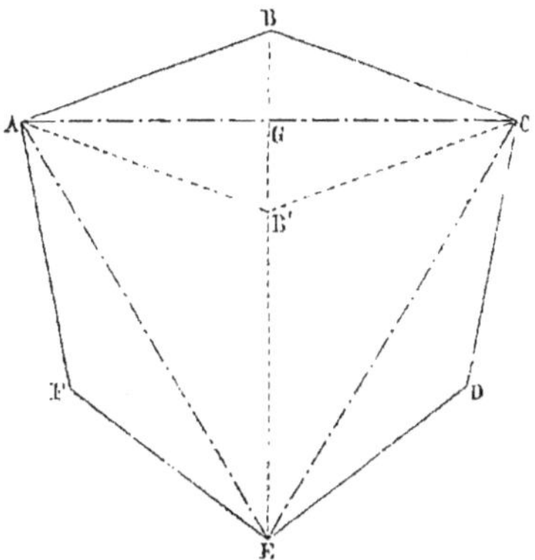

tera la première ou la seconde forme ; soit $AC = 2x$, on a :

$$AB = a \quad \text{et} \quad m \sqrt{3} = x^2 \sqrt{3} \pm 3x \sqrt{a^2 - x^2}$$

le signe $+$ ayant rapport à l'hexagone de première espèce,
le signe $-$ à celui de la seconde.

Divisant les deux membres par $\sqrt{3}$, et transposant, on a :

$$m - x^2 = \pm x \sqrt{3 (a^2 - x^2)}.$$

D'après cette équation, la quantité $x$ essentiellement positive est comprise entre $0$ et $a$, et on distinguera quelle espèce
d'hexagone répond à la question, selon le signe de $m - x^2$.
Élevant les deux membres de cette équation au carré, on
aura une seule équation qui répond au problème en prenant
son énoncé dans son sens le plus général, on obtient

$$(m - x^2)^2 = 3 (a^2 - x^2) x^2 ;$$

développant et ordonnant, on a :

$$4x^4 - (2m + 3a^2) x^2 + m^2 = 0.$$

d'où

$$x = \frac{1}{4} \left( \pm \sqrt{6m + 3a^2} \pm \sqrt{-2m + 3a^2} \right)$$

en employant la seconde des formules trouvées pour l'équation bicarrée.

Discussion. — On distinguera deux cas, selon que la quantité $m$ est positive ou négative, ce qui est possible, puisque dans l'hexagone de seconde espèce il peut se faire que chaque triangle isocèle soit en surface supérieur au tiers de la surface du triangle équilatéral.

**Premier cas** : $m > 0$. — La valeur du premier radical est alors supérieure à celle du second, et les deux racines positives qui conviennent, sont :

$$x_1 = \frac{1}{4} \left( \sqrt{6m + 3a^2} - \sqrt{-2m + 3a^2} \right),$$

$$x_2 = \frac{1}{4} \left( \sqrt{6m + 3a^2} + \sqrt{-2m + 3a^2} \right).$$

Les deux valeurs sont réelles, si l'on a $2m \leqslant 3a^2$, ou $m \leqslant \dfrac{3a^2}{2}$, et pour $m = \dfrac{3a^2}{2}$, on a $x_1 = x_2 = \dfrac{a\sqrt{3}}{2}$, l'hexagone correspondant est régulier.

$m$ étant inférieur à $\dfrac{3a^2}{2}$, il y a deux hexagones répondant à la question, et pour connaître leur espèce, il faut déterminer les signes de $m - x_1^2$ et de $m - x_2^2$ ; comme $x_2$ est supérieur à $x_1$, cherchons d'abord le signe de $m - x_2^2$ ; or

$$m - x_2^2 = m - \frac{4m + 6a^2 + 2\sqrt{(6m + 3a^2)(-2m + 3a^2)}}{16}$$

$$= \frac{6m - 3a^2 - \sqrt{(6m + 3a^2)(-2m + 3a^2)}}{8}.$$

Supposons d'abord $6m > 3a^2$, de sorte que l'on a :

$$\frac{a^2}{2} < m < \frac{3a^2}{2} ;$$

on peut multiplier les deux termes de la fraction par la quantité positive :

$$6m - 3a^2 + \sqrt{(6m + 3a^2)(-2m + 3a^2)}$$

et ne considérer que le numérateur qui donnera le signe de

la différence en question ; or, au numérateur après simplification, on a :

$$48m^2 - 48a^2m,$$

différence positive, si $m$ est supérieur à $a^2$.

Par conséquent on a, en supposant :

$$a^2 < m < \frac{3a^2}{2}$$

$m - x_2^2 > 0$ et *à fortiori* : $m - x_1^2 > 0$, puisque $x_1$ est inférieur à $x_2$ ; donc les deux hexago-
nes appartiennent à la première
espèce.

Pour $m = a^2$, on a $x_2 = a$ et
$x_1 = \dfrac{a}{2}$ et les deux hexagones sont

des triangles équilatéraux, le premier $x_2$ confondu avec le triangle
ACE ; le second $x_1$ a ses côtés $2a$
doubles de ceux du triangle ACE,
puisque $2x_1 = a$.

Si $m$ est compris entre $a^2$ et $0$,
l'hexagone correspondant à la racine $x_2$ est de seconde espèce,
puisque la différence $m - x_2^2$ est
négative. Quant à l'autre différence

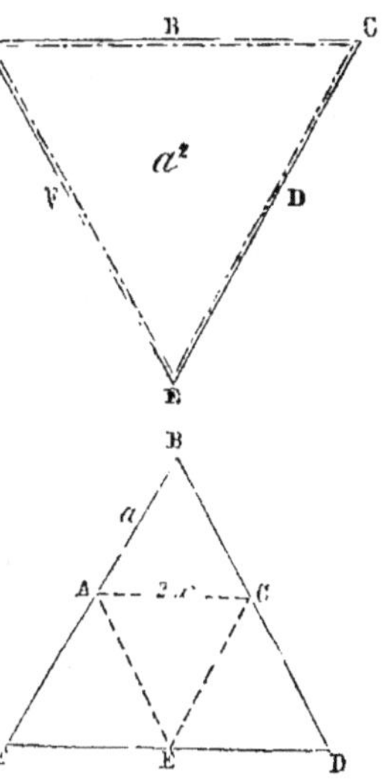


$m - x_1^2$, elle est de même signe que l'expression :

$$6m - 3a^2 + \sqrt{(6m + 3a^2)(-2m + 3a^2)}, \qquad (1)$$

positive si $m$ est supérieur à $\dfrac{a^2}{2}$, et qui reste positive, lorsque

$m$ est compris entre $\dfrac{a^2}{2}$ et $0$, car si l'on a $m < \dfrac{a^2}{2}$, d'où :

$$3a^2 - 6m > 0.$$

en multipliant l'expression (1) par la quantité positive

$$3a^2 - 6m + \sqrt{(6m + 3a^2)(-2m + 3a^2)}$$

on ne changera pas son signe ; or, ce produit est égal à

$$(6m + 3a^2)(-2m + 3a^2) - (3a^2 - 6m)^2$$

ou

$$-48m^2 + 48a^2m = 48m(a^2 - m),$$

quantité *positive*, puisque par hypothèse $m$ est inférieur à $\dfrac{a^2}{2}$. Ainsi dans tout cet intervalle, l'hexagone correspondant à la racine $x_1$ est de *première espèce*.

**Deuxième cas :** $m < 0$. — La valeur du premier radical étant inférieure à celle du second, les deux racines positives qui conviennent sont :

$$x_1 = \frac{1}{4}\left(-\sqrt{6m + 3a^2} + \sqrt{-2m + a^2}\right),$$

$$x_2 = \frac{1}{4}\left(+\sqrt{6m + 3a^2} + \sqrt{-2m + 3a^2}\right).$$

Les deux valeurs sont réelles si l'on a :

$$6m + 3a^2 > 0 \quad \text{ou} \quad m > -\frac{a^2}{2}.$$

Les deux hexagones correspondants sont tous deux de seconde espèce.

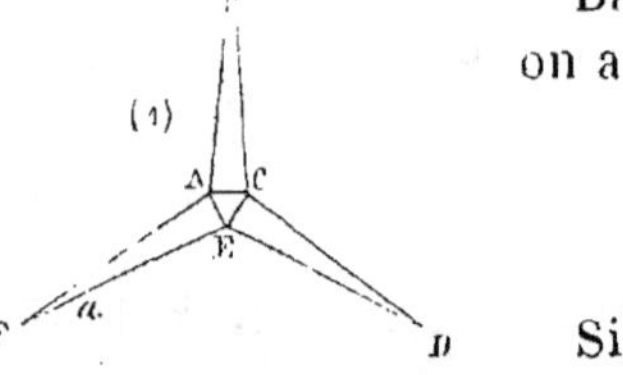


Dans le cas particulier de $m = 0$, on a :

$$x_1 = 0 \quad \text{et} \quad x_2 = \frac{a\sqrt{3}}{2}.$$

Si on suppose que $m$ tende vers zéro positivement, l'hexagone de première espèce correspondant à $x_1$ a la forme (1) et celui de *seconde espèce* correspondant à $x_2$ présente la forme (2), qui ne diffère de la première que par la disposition des sommets par rapport au triangle équilatéral ACE.

TABLEAU DE LA DISCUSSION.

$a^2 < m < \dfrac{3a^2}{2}$ .... *deux* hexagones de première espèce.

$0 < m < a^2$ ..... *un* hexagone de première espèce et *un* hexagone de la deuxième.

$-\dfrac{a^2}{2} < m < 0$. ..... *deux* hexagones de la deuxième espèce.

**Construction géométrique des racines de l'équation bi-carrée.** — L'équation bicarrée peut présenter l'une des quatre formes homogènes :

$$x^4 + abx^2 + c^2d^2 = 0.$$
$$x^4 + abx^2 - c^2d^2 = 0.$$
$$x^4 - abx^2 + c^2d^2 = 0.$$
$$x^4 - abx^2 - c^2d^2 = 0.$$

La première n'ayant que des racines imaginaires, nous ne considérons que les racines réelles des trois autres. Si on pose $x^2 = cz$, elles deviennent, en divisant par $c^2$ :

$$z^2 + \frac{ab}{c}\, z - d^2 = 0.$$

$$z^2 - \frac{ab}{c}\, z + d^2 = 0,$$

$$z^2 - \frac{ab}{c}\, z - d^2 = 0.$$

On construira les deux valeurs de $z$ comme il a été indiqué au sujet de l'équation du second degré, et ensuite les valeurs de $x$ par la construction de la moyenne proportionnelle entre $c$ et $z$, dans le cas seulement où $z$ a une valeur positive.

**Résolution trigonométrique de l'équation bicarrée dans le cas où** $\dfrac{p^2}{4} - q > 0$.

**Premier cas :** $q > 0$ et $p < 0$, c'est-à-dire $p < -2\sqrt{q}$.

Les valeurs de $x$ peuvent être écrites ainsi d'après la seconde formule :

$$x = \pm \frac{1}{2}\left[\sqrt{-p\left(1 + \frac{2\sqrt{q}}{-p}\right)} \pm \sqrt{-p\left(1 - \frac{2\sqrt{q}}{-p}\right)}\right].$$

Posons

$$R^2 = -p \quad \text{et} \quad \frac{2\sqrt{q}}{-p} = \frac{2\sqrt{q}}{R^2} = \sin \alpha.$$

On a

$$x = \pm \frac{R}{2}\left[\sqrt{1 + \sin \alpha} \pm \sqrt{1 - \sin \alpha}\right],$$

donc

$$x = \pm \frac{R}{2}\sin\frac{\alpha}{2} \quad \text{et} \quad x = \pm R\cos\frac{\alpha}{2}.$$

On prendra pour $\alpha$ la valeur comprise entre 0 et 90° satisfaisant à $\sin \alpha = \dfrac{2\sqrt{q}}{-p}$.

**Deuxième cas :** $q < 0$. — Les deux racines réelles sont données par la formule :

$$x = +\sqrt{-\frac{p}{2} + \sqrt{\frac{p^2}{4} - q}}$$

que $p$ soit positif ou négatif.

Posons

$$\tan \varphi = \frac{2\sqrt{-q}}{p}, \quad \text{d'où} \quad \tan^2 \varphi = \frac{-4q}{p^2},$$

on a :

$$x = \pm\sqrt{-\frac{p}{2}\left(1 - \sqrt{1 - \frac{4q}{p^2}}\right)} = \pm\sqrt{-\frac{p}{2}\left(1 - \sqrt{1 + \tan^2 \varphi}\right)}.$$

$$x = \pm\sqrt{\frac{-p(\cos\varphi - 1)}{2\cos\varphi}}.$$

d'où :

$$x = \pm\sin\frac{\varphi}{2}\sqrt{\frac{p}{\cos\varphi}}.$$

car la plus petite valeur de $\varphi$ satisfaisant à l'égalité :

$$\tan \varphi = \frac{2\sqrt{-q}}{p},$$ est comprise entre 0 et 90° si $p$ est positif, donc $\cos \varphi$ est positif ; et est comprise entre 90° et 180°, si $p$ est négatif, donc $\cos \varphi$ est négatif.

## § 2. — Des équations réciproques.

Il existe une classe d'équations du quatrième degré qui peuvent se ramener aux équations bicarrées, appelées *équa-*

*tions réciproques :* elles sont telles que, ordonnées par rapport à l'inconnue, les coefficients des termes également distants des extrêmes soient égaux entre eux ; elles sont donc de la forme

$$ax^4 + bx^3 + cx^2 + bx + a = 0. \qquad (1)$$

Théorème I. — *Si $\alpha$ est racine d'une équation réciproque, la quantité réciproque $\dfrac{1}{\alpha}$ est aussi racine de cette équation.*

En effet de l'identité :

$$a\alpha^4 + b\alpha^3 + c\alpha^2 + b\alpha + a = 0$$

on déduit en divisant par $\alpha^4$.

$$a + \frac{b}{\alpha} + \frac{c}{\alpha^2} + \frac{b}{\alpha^3} + \frac{a}{\alpha^4} = 0,$$

égalité qui, lue en sens inverse, exprime que $\dfrac{1}{\alpha}$ est racine de l'équation (1).

Théorème II. — *Toute équation réciproque du quatrième degré peut être transformée en une équation bicarrée, et réciproquement.*

En effet, si on pose

$$x = \frac{y+1}{y-1}. \qquad (2)$$

d'où

$$y = \frac{x+1}{x-1}, \qquad (3)$$

on voit d'abord qu'à chaque racine $\alpha$ de l'équation (1) correspond d'après l'égalité (3), une et une seule valeur de $y$, de sorte que l'équation transformée en $y$ aura autant de racines que l'équation (1), et inversement ; d'autre part, si on considère les deux racines $\alpha$, $\dfrac{1}{\alpha}$ de l'équation (1), les valeurs correspondantes de $y$ sont respectivement :

$$y' = \frac{\alpha+1}{\alpha-1}, \quad y'' = \frac{\dfrac{1}{\alpha}+1}{\dfrac{1}{\alpha}-1} = \frac{1+\alpha}{1-\alpha} = -\frac{\alpha+1}{\alpha-1} = -y'.$$

L'équation en $y$ aura donc ses racines égales deux à deux et de signes contraires, par conséquent ne contiendra que les puissances paires de l'inconnue.

Réciproquement, si l'on appelle $y'$, $- y'$ deux racines d'une équation bicarrée en $y$, en posant

$$x = \frac{y+1}{y-1}$$

les deux valeurs de $x$ correspondantes ont pour produit :

$$\left(\frac{y'+1}{y'-1}\right)\left(\frac{-y'+1}{-y'-1}\right) = \frac{(y'+1)(y'-1)}{(y'-1)(y'+1)} = 1.$$

Donc l'équation en $x$ est réciproque.

Le théorème précédent donne donc une méthode de solution de l'équation réciproque du quatrième degré ; il en existe une plus simple encore reposant sur le théorème suivant.

THÉORÈME III. — *Toute équation réciproque du quatrième degré peut être transformée en une équation du second degré.*

En effet, posant

$$z = x + \frac{1}{x} \qquad\qquad 4$$

à tout groupe de racines de l'équation (1), tel que $\alpha$, $\dfrac{1}{\alpha}$, correspond la même valeur pour $z$ d'après l'égalité (4), donc l'équation en $z$ n'aura que deux solutions, l'équation (1) en ayant *quatre ;* elle sera donc du second degré.

*Résolution de l'équation réciproque du quatrième degré.*

Divisant par $x^2$, l'équation devient

$$ax^2 + bx + c + b\frac{1}{x} + a\frac{1}{x^2} = 0$$

ou

$$a\left(x^2 + \frac{1}{x^2}\right) + b\left(x + \frac{a}{x}\right) + c = 0.$$

Posant

$$x + \frac{1}{x} = z,$$

d'où

$$x^2 + \frac{1}{x^2} = z^2 - 2.$$

en substituant

$$az^2 + bz + c - 2a = 0.$$

On résoudra cette équation par rapport à $z$, puis l'équation

$$x^2 - xz + 1 = 0$$

par rapport à $x$.

EXEMPLE. — *Résoudre l'équation $x^4 + x^3 + x^2 + x + 1 = 0$.*
L'équation transformée en $z$ est

$$z^2 + z - 1 = 0,$$

d'où

$$z = \frac{-1 \pm \sqrt{5}}{2}$$

et

$$x = \frac{-1 \pm \sqrt{5} \pm \sqrt{-10 \pm 2\sqrt{5}}}{4},$$

formule dans laquelle on doit prendre les signes supérieur ou inférieur ensemble devant $\sqrt{5}$.

### § 3. — **Des équations binômes et trinômes.**

On appelle *équation binôme* toute équation à deux termes de la forme :

$$x^m = A. \qquad (1)$$

Si A est positif, soit $a$ la racine $m^e$ de A ; et si A est négatif, soit $a$ la racine $m^e$ de $-$ A, l'équation (1) prendra l'une des deux formes :

$$x^m = a^m,$$
$$x^m = - a^m;$$

posant $x = ay$ et divisant par $a^m$, on a :

$$y^m = 1 \quad \text{ou} \quad y^m = - 1.$$

Ainsi, toute équation binôme peut être ramenée à l'une des deux formes :

$$x^m - 1 = 0, \qquad x^m + 1 = 0,$$

équations dont la solution, dans quelques cas, peut être ramenée à la résolution d'une ou plusieurs équations du second degré.

EXEMPLES. — 1° *Résoudre l'équation* $x^3 - 1 = 0$; on a :

$$x^3 - 1 = (x - 1)(x^2 + x + 1) = 0,$$

d'où

$$x - 1 = 0 \quad \text{et} \quad x^2 + x + 1 = 0$$

et

$$x' = 1, \quad x'' = \frac{-1 - \sqrt{-3}}{2}, \quad x''' = \frac{-1 + \sqrt{-3}}{2}.$$

REMARQUE. — *Le carré de l'une* $x''$ *des racines cubiques imaginaires de l'unité est égale à l'autre racine imaginaire*, car $x''^3 = 1$ d'où $x''^2 = \dfrac{1}{x''}$; or, $\dfrac{1}{x''}$ est égal à $x'''$ d'après l'équation réciproque

$$x^2 + x + 1 = 0.$$

2° *Résoudre l'équation* $x^3 + 1 = 0$; on a :

$$x^3 + 1 = (x + 1)(x^2 - x + 1) = 0,$$

d'où

$$x' = -1, \quad x'' = \frac{1 - \sqrt{-3}}{2}, \quad x''' = \frac{+1 + \sqrt{-3}}{2}.$$

3° *Résoudre l'équation* $x^5 - 1 = 0$; on a :

$$x^5 - 1 = (x - 1)(x^4 + x^3 + x^2 + x + 1) = 0,$$

d'où

$$x - 1 = 0 \quad \text{et} \quad x^4 + x^3 + x^2 + x + 1 = 0.$$

La seconde de ces équations a été résolue précédemment.

4° *Résoudre l'équation* $x^8 - 1 = 0$; on a :

$$x^8 - 1 = (x^4 - 1)(x^4 + 1) = (x^2 - 1)(x^2 + 1)\left[x^4 - (\sqrt{-1})^2\right];$$

donc

$$(x^2 - 1)(x^2 + 1)(x^2 - i)(x^2 + i) = 0.$$

Ce qui conduit à résoudre successivement quatre équations binômes du second degré.

5° *Résoudre l'équation* $x^8 + 1 = 0$; on a :

$$x^8 + 1 = (x^4 + 1 + x^2\sqrt{2})(x^4 + 1 - x^2\sqrt{2}),$$

donc on aura

$$x^4 + x^2 \sqrt{2} + 1 = 0$$

et

$$x^4 - x^2 \sqrt{2} + 1 = 0,$$

d'où

$$x = \pm \frac{1}{2} \left( \sqrt{\sqrt{2} \pm \sqrt{2}} \pm \sqrt{-2 \pm \sqrt{2}} \right).$$

On appelle *équation trinôme* toute équation à trois termes, dont deux seulement renferment l'inconnue ; parmi ces équations il est un groupe dont la solution dépend de celles d'une équation du second degré et de deux équations binômes, ce sont celles où l'inconnue figure dans l'un des termes avec un exposant double de celui qu'elle possède dans l'autre terme ; leur forme générale est donc :

$$ax^{2n} + bx^n + c = 0$$

ou

$$a(x^n)^2 + b(x^n) + c = 0.$$

Si l'on considère $x^n$ comme l'inconnue, on a :

$$x^n = \frac{-b \pm \sqrt{b^2 - 4ac}}{2a}$$

et il reste, pour trouver $x$, à résoudre les deux équations binômes :

$$x^n = \frac{-b + \sqrt{b^2 - 4ac}}{2a}, \quad x^n = \frac{-b - \sqrt{b^2 - 4ac}}{2a}.$$

EXEMPLES. — 1° *Résoudre l'équation* $x^6 + x^3 - 1 = 0$ ; on a :

$$x^3 = \frac{-1 - \sqrt{+3}}{2} \quad \text{et} \quad x^3 = \frac{-1 + \sqrt{+3}}{2}.$$

Si on désigne par $a$ et $a'$ les racines cubiques arithmétiques de ces deux fractions, les racines sont :

$$x_1 = -a, \quad x_2 = a \frac{1 - \sqrt{-3}}{2}, \quad x_3 = a \frac{1 + \sqrt{-3}}{2};$$

$$x_3 = a', \quad x_5 = a' \frac{-1 - \sqrt{-3}}{2}, \quad x_6 = a' \frac{-1 + \sqrt{-3}}{2}.$$

2° *Trouver deux quantités, connaissant leur produit* a² *et la somme* b³ *de leurs cubes.*

Soient $x$ et $y$ ces deux quantités, on a :

$$x^3 + y^3 = b^3 \quad \text{et} \quad xy = a^2. \qquad (1)$$

Élevons au cube la seconde, on a :

$$x^3 y^3 = a^6,$$

donc $x^3$ et $y^3$ sont les racines de l'équation du second degré :

$$z^2 - b^3 z + a^6 = 0,$$

donc

$$x^3 = \frac{b^3 - \sqrt{b^6 - 4a^6}}{2}, \quad y^3 = \frac{b^3 + \sqrt{b^6 - 4a^6}}{2}. \qquad (2)$$

Chacune de ces équations binômes possède trois solutions, parmi lesquelles il faut choisir celles qui satisfont au système (1); or, d'après la seconde des équations (1), le produit $xy$ doit être réel. Si on représente par $j$ l'une des racines cubiques imaginaires de l'unité, et par $x'y'$, les racines cubiques arithmétiques des seconds membres des équations (2), les trois valeurs de $x$, sont $x'$, $jx'$, $j^2x'$ et celles de $y : y'$, $jy'$, $j^2y'$ et parmi les neuf groupes que l'on peut former en multipliant une des valeurs de $x$ par une des valeurs de $y$, les trois suivants seulement sont réels, savoir :

$$x'y', \quad jx' \cdot j^2y' = j^3 \cdot x'y' = x'y' \quad \text{et} \quad j^2x' \cdot jy' = x'y'.$$

Donc le système (1) admet trois solutions, qui sont

$$x', y', \quad jx', j^2y' \quad \text{et} \quad j^2x', j \cdot y'.$$

### § 4. — Résolution de systèmes d'équations de degré supérieur au premier.

**Forme générale de l'équation du second degré à deux inconnues.** — Toute équation du second degré à deux inconnues renferme au plus *six* espèces de termes, savoir : trois termes du second degré, l'un en $x^2$, le second en $xy$, le troisième en $y^2$; deux termes du premier degré, l'un contenant $x$, l'autre $y$, et enfin un terme indépendant de $x$ et $y$. Elle est donc de la forme

$$Ax^2 + 2Bxy + Cy^2 + 2Dx + 2Ey + F = 0.$$

**Théorème.** — *On peut toujours ramener la résolution d'un système de deux équations à deux inconnues, dont l'une est du premier degré et l'autre du second, à celle d'une équation du second degré à une inconnue.*

Soient

$$ax + by = c,$$
$$Ax^2 + 2Bxy + Cy^2 + 2Dx + 2Ey + F = 0$$

les deux équations. De la première on déduit :

$$y = \frac{c - ax}{b};$$

substituant cette valeur de $y$, qui est du premier degré par rapport à $x$, dans la seconde équation, on aura une nouvelle équation également du second degré et ne renfermant que $x$.

Le système le plus simple après celui-là est celui de deux équations du second degré à deux inconnues ; mais il conduit, en général, par l'élimination de l'une des inconnues, à une équation du quatrième degré, qu'il n'est pas possible de résoudre par les procédés précédents.

Pour faire cette élimination, on s'appuiera sur le procédé indiqué, page 116.

Soient

$$Ax^2 + 2Bxy + Cy^2 + 2Dx + 2Ey + F = 0,$$
$$A'x^2 + 2B'xy + C'y^2 + 2D'x + 2E'y + F' = 0$$

le système proposé.

En faisant

$$a = A, \quad b = 2(By + D), \quad c = Cy^2 + 2Ey + F,$$
$$a' = A', \quad b' = 2(B'y + D'), \quad c' = C'y^2 + 2E'y + F'$$

le résultat de l'élimination de $x$ est :

$$[(Cy^2 + 2Ey + F)A' - (C'y^2 + 2E'y + F')A]^2$$
$$= 4[(By+D)(C'y^2 + 2E'y+F') - (B'y+D')(Cy^2+2Ey+F)] [A(B'y+D')$$
$$- A'(By + D)].$$

**Applications.** — 1° *Résoudre le système :*

$$Ax^2 + 2Bxy + Cy^2 = D,$$
$$A'x^2 + 2B'xy + C'y^2 = D'.$$

L'équation, résultat de l'élimination de $x$, est d'après ce qui précède :

$$[(Cy^2-D)A'-(C'y^2-D')A]^2 = 4y^2[B(C'y^2-D')-B'(Cy^2-D)][AB'-BA']$$

équation bicarrée, qui donnera pour $y$ quatre valeurs réelles ou imaginaires ; pour trouver $x$, on pourra substituer les valeurs de $y$ dans l'équation

$$2xy(BA'-AB') + y^2(CA'-AC') = DA'-AD'$$

du premier degré par rapport à $x$, obtenue en éliminant $x^2$ entre les équations proposées.

2° *Trouver la différence* $y$ *des racines de l'équation* $x^2 + px + q = 0$ *sans résoudre celle-ci.*

Soient $x'$ et $x''$ les deux racines de l'équation, on a :

$$x' - x'' = \delta,$$

d'où

$$x'' = x' - \delta.$$

On a donc les identités

$$x'^2 + px' + q = 0,$$
$$(x' - \delta)^2 + p(x' - \delta) + q = 0.$$

Pour trouver $\delta$, il faut éliminer $x'$ entre ces deux équations, ou $x$ entre celles-ci :

$$x^2 + px + q = 0, \qquad \delta^2 - p\delta - 2\delta x = 0 ;$$

la seconde donne

$$\delta = 0 \qquad \text{et} \qquad \delta - p - 2x = 0.$$

La solution $\delta = 0$ correspond au cas où l'on retranche $x'$ de $x'$, ou $x''$ de $x''$ ; l'autre donne :

$$x = \frac{\delta - p}{2},$$

d'où, par substitution :

$$(\delta - p)^2 + 2p\,(\delta - p) + 4q = 0,$$
$$\delta^2 - p^2 + 4q = 0,$$
$$\delta = \pm \sqrt{p^2 - 4q}.$$

Le double signe que l'on trouve devant la valeur de $\delta$ provient de ce que, d'après l'énoncé, on ne peut tenir compte, dans le calcul, de l'ordre dans lequel les deux racines sont retranchées l'une de l'autre ; de sorte que $\delta$ doit représenter $x' - x''$ et $x'' - x'$.

3° *Résoudre et discuter le système :*

$$x^2 + y^2 = r^2,$$
$$(x - a)^2 + y^2 = r'^2$$

*où l'on suppose* a $> 0$ *et* r $>$ r'.

Retranchant membre à membre la seconde équation de la première, on a :

$$2ax - a^2 = r^2 - r'^2,$$

d'où

$$x = \frac{r^2 - r'^2 + a^2}{2a}.$$

Substituant cette valeur dans la première écrite ainsi :

$$y^2 = r^2 - x^2 = (r - x)(r + x),$$

on a :

$$y^2 = \frac{(2ar - r^2 + r'^2 - a^2)(2ar + r^2 - r'^2 + a^2)}{4a^2},$$

$$y^2 = \frac{[r'^2 - (a - r)^2]\,[(a + r)^2 - r'^2]}{4a^2}$$

$$y^2 = \frac{(r' + r - a)(r' - r + a)(a + r + r')(a + r - r')}{4a^2}.$$

Le signe des deux derniers facteurs étant $+$, le signe de $y^2$ ne dépend que de ceux des deux premiers facteurs ; or, si $a$ est supérieur à $r + r'$, on a :

$$r' + r - a < 0 \quad \text{ou} \quad r' < a - r$$

et *à fortiori* $r' - r + a > 0$, donc $y$ est *imaginaire*.

Si $a$ est inférieur à $r + r'$, mais supérieur à $r - r'$, c'est-à-dire :

$$r - r' < a < r + r'$$

les deux premiers facteurs sont positifs, donc $y$ est *réel*.

Enfin si $a$ est inférieur à $r - r'$, ces deux facteurs sont de signes contraires, donc $y$ est *imaginaire*.

4° *Résoudre le système :*

$$ax - by = d^2,$$
$$a^3 x^3 - b^3 y^3 = c^4 xy.$$

Posons $x' = ax$, $x'' = -by$, on est ramené au système :

$$x' + x'' = d^2,$$
$$x'^3 + x''^3 = -\frac{c^4 x' x''}{ab}.$$

Élevant au cube la première de ces équations, on a :

$$x'^3 + x''^3 + 3x'x'' (x' + x'') = d^6$$

ou

$$-\frac{c^4 x' x''}{ab} + 3d^2 x' x'' = d^6,$$

d'où

$$x' x'' = \frac{abd^6}{3abd^2 - c^4},$$

donc $x'$, $x''$ sont les racines de l'équation

$$X^2 - d^2 X + \frac{abd^6}{3abd^2 - c^4} = 0.$$

La condition de réalité des racines est :

$$1 - \frac{4abd^2}{3abd^2 - c^4} \geqslant 0$$

ou

$$\frac{- c^4 - abd^2}{3abd^2 - c^4} \geqslant 0. \qquad (1)$$

Si $a$ et $b$ sont de même signe, cette condition est équivalente à la suivante :

$$3abd^2 \leqslant c^4.$$

Si $a$ et $b$ sont de signes contraires, l'inégalité (1) peut être remplacée par :

$$- abd^2 < c^4.$$

Dans le cas particulier où l'on a

$$c^4 = 3abd^2,$$

les deux racines $x'$ et $x''$ sont infinies, ce que l'on peut voir *à priori*, car, par suite de cette hypothèse, le système proposé devient :

$$ax - by = d^2,$$
$$(ax - by)^2 = 0.$$

┼5° *Résoudre le système :*

$$x + y + z + u = a,$$
$$x^2 + y^2 + z^2 + u^2 = b^2,$$
$$x^4 + y^4 + z^4 + u^4 = \frac{1}{2}(a^2 + b^2)^2,$$
$$\frac{x}{y} = \frac{z}{u}.$$

La dernière peut s'écrire $xu = yz$.

Alors on prendra comme inconnues le produit $q$ de $x$ par $u$ ou de $y$ et $z$, et les sommes

$$p = x + u, \quad p' = y + z.$$

D'après les équations proposées, on a pour déterminer $q$, $p$, $p'$ les trois équations :

$$p + p' = a,$$
$$p^2 + p'^2 - 4q = b^2,$$
$$p^4 + p'^4 - 4b^2 q - 12q^2 = \frac{1}{2}(a^2 + b^2)^2.$$

Si du carré de la première on retranche la seconde, on a

$$2pp' = a^2 - (b^2 + 4q),$$

d'autre part

$$(p^2 + p'^2)^2 = (b^2 + 4q)^2,$$

d'où

$$p^4 + p'^4 = (b^2 + 4q)^2 - \frac{[a^2 - (b^2 + 4q)]^2}{2},$$
$$p^4 + p'^4 = \frac{(b^2 + 4q)^2 - a^4}{2} + a^2(b^2 + 4q).$$

Substituant dans la troisième équation, on obtient l'équation suivante :

$$\frac{(b^2 + 4q)^2 - a^4}{2} + a^2(b^2 + 4q) - 4b^2q - 12q^2 = \frac{1}{2}(a^2 + b^2)^2,$$

d'où

$$q = \frac{a^2}{2} ;$$

par suite :

$$pp' = -\frac{a^2 + b^2}{2} ;$$

donc $p$ et $p'$ sont les racines de l'équation

$$P^2 - aP - \frac{a^2 + b^2}{2} = 0, \qquad (1)$$

puis $x$, $u$ et $y$, $z$ sont les racines de l'équation

$$X^2 - PX + \frac{a^2}{2} = 0 \qquad (2)$$

dans laquelle P devra être remplacé successivement par $p$ et $p'$.

Pour que les valeurs de $x$, $u$, $y$, $z$ soient réelles, il est nécessaire et suffisant que l'équation (2) ait ses racines réelles, puisque l'équation (1) a toujours ses racines réelles. Or, la quantité sous le radical de l'équation (2) est :

$$P^2 - 2a^2 = \left(P - a\sqrt{2}\right)\left(P + a\sqrt{2}\right).$$

Si on considère la racine positive de l'équation (1)

$$\frac{a + \sqrt{3a^2 + 2b^2}}{2},$$

il suffit que celle-ci satisfasse à l'inégalité

$$\frac{a + \sqrt{3a^2 + 2b^2}}{2} > a\sqrt{2}$$

ou

$$3a^2 + 2b^2 > a^2\left(2\sqrt{2} - 1\right)^2$$

ou

$$b^2 > a^2\left(3 - 2\sqrt{2}\right)$$

et pour la racine négative

$$\frac{a - \sqrt{3a^2 + 2b^2}}{2},$$

il suffit que l'on ait :

$$\frac{a - \sqrt{3a^2 + 2b^2}}{2} + a\sqrt{2} < 0,$$

d'où

$$b^2 > a^2\left(3 + 2\sqrt{2}\right).$$

Or, cette condition remplie, la précédente l'est *à fortiori*, donc la condition unique pour que le problème soit possible est :

$$b > a\sqrt{3 + 2\sqrt{2}}$$

ou

$$b > a\left(1 + \sqrt{2}\right)$$

en supposant $b$ et $a$ positifs.

6° *Calculer la profondeur d'un puits, sachant qu'il s'est écoulé un nombre θ de secondes entre l'instant où l'on a laissé tomber une pierre et celui où le bruit qu'elle a fait en frappant le fond est revenu à l'oreille.*

Soient $x$ la profondeur du puits, $t$ le temps que met la pierre pour arriver au fond du puits et $t'$ le temps que met le son provenant du choc de la pierre dans l'eau pour venir du fond du puits à l'oreille de l'observateur. On sait que les corps en tombant parcourent des espaces proportionnels aux carrés des temps, on a donc la relation

$$x = \frac{gt^2}{2},$$

$\frac{g}{2}$ représentant l'espace parcouru pendant la première seconde, d'où

$$t = \sqrt{\frac{2x}{g}}.$$

D'autre part, si $v$ désigne la vitesse du son dans l'air, on a :

$$x = vt', \quad \text{d'où} \quad t' = \frac{x}{v};$$

Or, $t + t' = \theta$; par suite, l'équation du problème est :

$$\sqrt{\frac{2x}{g}} + \frac{x}{v} = \theta. \tag{1}$$

Pour la résoudre, on isole le radical dans un membre et on élève au carrré, ce qui donne :

$$\frac{2x}{g} = \left(\theta - \frac{x}{v}\right)^2 = \theta^2 - \frac{2\theta x}{v} + \frac{x^2}{v^2}$$

ou

$$\frac{x^2}{v^2} - 2x\left(\frac{\theta}{v} + \frac{1}{g}\right) + \theta^2 = 0,$$

$$x^2 - 2x\left(v\theta + \frac{v^2}{g}\right) + v^2\theta^2 = 0. \tag{2}$$

La quantité sous le radical $\left(v\theta + \dfrac{v^2}{g}\right)^2 - v^2\theta^2$ étant positive, cette équation admet deux racines réelles et positives, mais la question ne peut admettre qu'une solution; il faut donc rechercher laquelle des deux racines convient; or, pour résoudre l'équation (1), on a élevé au carré les deux membres de l'équation

$$v\sqrt{\frac{2x}{g}} = v\theta - x\,;$$

par conséquent l'équation (2) n'est pas équivalente à celle-ci et renferme en outre la solution de l'équation

$$- v\sqrt{\frac{2x}{g}} = v\theta - x. \tag{1'}$$

Il résulte de là que la racine de l'équation (2) qui convient au problème doit rendre positive la quantité $v\theta - x$, par conséquent elle doit être inférieure à $v\theta$; or, d'après l'équation (2), la demi-somme des racines est $v\theta + \dfrac{v^2}{g}$, donc la plus grande racine est supérieure à $v\theta$ et elle convient à l'équation (1'), et non à l'équation (1); d'ailleurs la plus petite racine convient à l'équation (1), car on a :

$$v\theta - \left(v\theta + \frac{v^2}{g}\right) - \sqrt{\frac{v^2}{g}\left(2v\theta + \frac{v^2}{g}\right)} = \sqrt{\frac{v^4}{g^2} + \frac{2v^3\theta}{g}} - \frac{v^2}{g},$$

quantité positive. Ainsi la profondeur du puits est donnée par la formule

$$x = v\theta + \frac{v^2}{g} - \sqrt{\frac{v^2}{g}\left(2v\theta + \frac{v^2}{g}\right)},$$

$$x = v\left[\theta + \frac{v}{g} - \sqrt{\frac{v}{g}\left(2\theta + \frac{v}{g}\right)}\right].$$

7° *Trouver le côté de la base supérieure d'un tronc de pyramide régulière à base carrée, connaissant le côté* a *de cette dernière, la hauteur* h *et le volume* $\dfrac{V}{3}$ *du tronc.*

Soit $x$ le côté de la base supérieure, l'équation du problème est

$$V = h\,(a^2 + ax + x^2)$$

ou

$$x^2 + ax + a^2 - \frac{V}{h} = 0. \tag{1}$$

**Discussion.** — On distinguera trois cas suivant que le terme indépendant de $x$ est négatif, nul ou positif.

**Premier cas :** $V > a^2h$. — Les deux racines sont l'une positive, l'autre négative, ce qui donne deux troncs de pyramide, l'un de première espèce, fig. (1), l'autre de seconde espèce, fig. (1′) répondant tous les deux à la question, puisque la formule de géométrie concernant le volume du tronc de pyramide est générale.

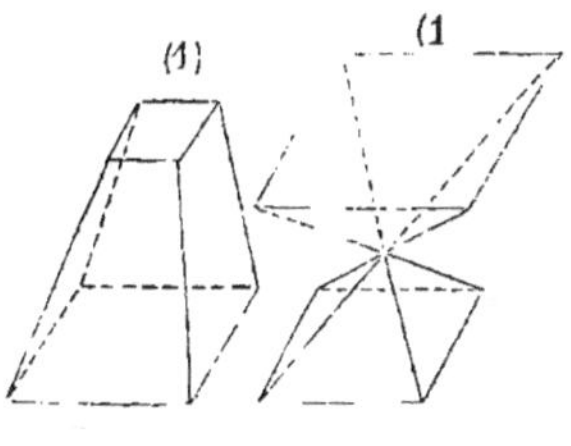

**Deuxième cas :** $V = a^2h$. — L'une des racines est nulle ; il lui correspond une pyramide de hauteur $h$, ce qu'il était facile de prévoir ; à l'autre racine, qui est négative, correspond un tronc de pyramide de deuxième espèce, fig. (2′). Remarquons que ce tronc de pyramide de seconde espèce

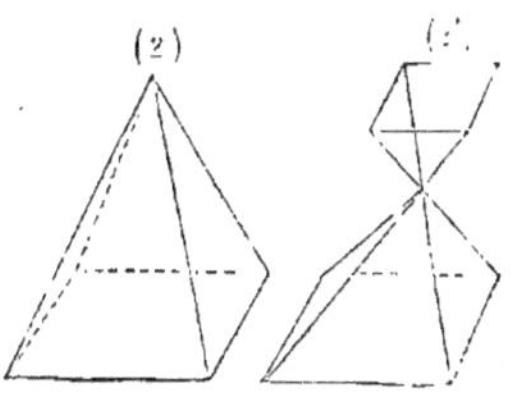

équivalent à la pyramide (2) de même base inférieure et de

même hauteur a pour valeur numérique de son côté de base supérieure $\dfrac{a}{2}$.

**Troisième cas** : $V < a^2h$. — Pour que $x$ soit réel, la quantité sous le radical étant $\dfrac{4V}{h} - 3a^2$, il faut que l'on ait en outre $V > \dfrac{3}{4} a^2h$; c'est-à-dire, que si l'on a

$$\frac{3a^2h}{4} < V < a^2h$$

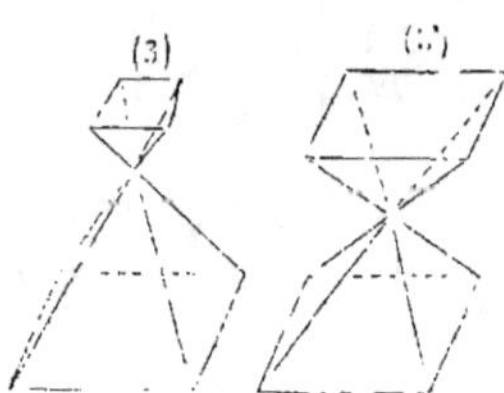

on aura deux troncs de pyramide de seconde espèce répondant aux questions (3) et (3').

En résumé, si V décroît d'une valeur quelconque supérieure à $a^2h$ jusqu'à $\dfrac{3a^2h}{4}$, l'une des racines est constamment négative et donne successivement les troncs (1'), (2'), (3'), tandis que l'autre racine, d'abord positive, devient nulle pour $V = a^2h$, puis négative. Si V est inférieur à $\dfrac{3a^2h}{4}$, on ne peut construire de tronc de pyramide répondant à la question.

8° *Trouver deux côtés d'un triangle, connaissant le troisième côté a, ia hauteur h correspondante et le rayon R du cercle circonscrit.*

Soient $x$ et $y$ les deux côtés inconnus, d'après la géométrie, on a les deux relations :

$$xy = 2Rh.$$

$$\frac{ah}{2} = \sqrt{\left(\frac{x+y+a}{2}\right)\left(\frac{x+y-a}{2}\right)\left(\frac{a+x-y}{2}\right)\left(\frac{a-(x-y)}{2}\right)}.$$

Élevant au carré les deux membres de la seconde, on a :

$$4a^2h^2 = [(x+y)^2 - a^2][a^2 - (x-y)^2].$$

Prenant pour inconnue auxiliaire la somme $x + y = p$; $x$ et $y$ seront les deux racines de l'équation

$$X^2 - pX + 2Rh = 0. \qquad\qquad (1)$$

Or, pour déterminer $p$, on a la relation

$$4a^2h^2 = (p^2 - a^2)\left[a^2 - (p^2 - 8Rh)\right]$$

ou

$$p^4 - 2p^2(a^2 + 4Rh) + a^4 + 4a^2h^2 + 8a^2Rh = 0.$$

Résolvant par rapport à $p^2$, la quantité sous le radical est $(4R^2 - a^2)\,4h^2$, quantité positive si le côté $a$ est inférieur au diamètre $2R$ du cercle circonscrit; cette condition étant remplie, $p$ a donc toujours *deux* valeurs positives, savoir :

$$p = \sqrt{a^2 + 4Rh \pm 2h\sqrt{4R^2 - a^2}} = \sqrt{a^2 + 2h(2R \pm d)}$$

en posant $d = \sqrt{4R^2 - a}$

D'après l'équation (1), on aura :

$$x = \sqrt{a^2 + 2h(2R \pm d)} + \sqrt{a^2 + 2h(-2R \pm d)},$$
$$y = \sqrt{a^2 + 2h(2R \pm d)} - \sqrt{a^2 + 2h(-2R \pm d)}$$

en supposant le côté $x$ supérieur à $y$, ce qui est permis; dans ces formules on doit prendre les signes supérieurs ensemble devant $d$, ou les signes inférieurs ensemble.

De ces formules résulte que le problème admet *deux solutions réelles* si l'on a :

$$a^2 + 2h(-2R - d) > 0 \quad \text{ou} \quad h < \frac{a^2}{2(2R + d)}.$$

Multipliant les deux termes du second membre par la quantité positive $2R - d$, cette inégalité s'écrit plus simplement :

$$h < \frac{a^2(2R - d)}{2(4R^2 - d^2)} \quad \text{ou} \quad h < \frac{2R - d}{2} \quad \text{ou } R - \frac{d}{2}$$

puisque $4R^2 - d^2 = a^2$.

Il y aura *une seule solution réelle*, savoir :

$$x = \sqrt{a^2 + 2h(2R + d)} + \sqrt{a^2 + 2h(-2R + d)},$$
$$y = \sqrt{a^2 + 2h(2R + d)} - \sqrt{a^2 + 2h(-2R + d)}$$

si l'on a :

$$\frac{a^2}{2(2R + d)} < h < \frac{a^2}{2(2R - d)}$$

ou

$$R - \frac{d}{2} < h < R + \frac{d}{2}.$$

Enfin si $h$ était supérieur à $R + \frac{d}{2}$, il n'y aurait aucun triangle répondant à la question.

Ces résultats peuvent facilement s'interpréter géométriquement. Menons le diamètre MM′ perpendiculaire au côté BC, on a :

$$ON = \sqrt{\overline{OB^2} - \overline{BN^2}} = \sqrt{R^2 - \frac{a^2}{4}},$$

donc

$$d = 2ON, \quad \frac{d}{2} \quad ON.$$

Dans le premier cas, $h$ étant inférieur à $R - \frac{d}{2}$, on voit que

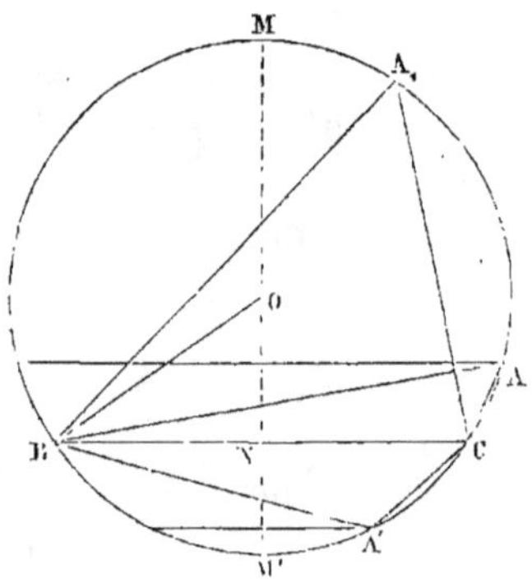

cela revient à dire $h < OM′ - ON$ ou $h < NM′$, par conséquent il existe deux points A et A′ situés à la distance $h$ de BC, situés de part et d'autre de BC et appartenant à la circonférence ; par conséquent deux triangles ABC, A′BC répondant à la question.

Et si l'on a :

$$R - \frac{d}{2} < h < R + \frac{d}{2},$$

c'est-à-dire

$$NM′ < h < NM,$$

un seul triangle AA,BC répond à la question.

Enfin si $h$ est supérieur à NM, il est impossible d'inscrire dans la circonférence un triangle dont la hauteur soit égale à $h$.

✗ 9° *Trouver les rayons des bases d'un tronc de cône droit circulaire, de hauteur* h, *de surface latérale* πS *et de volume*

$$\frac{4}{3}\,\pi \left(\frac{h}{2}\right)^3.$$

Soient $x$ et $y$ les rayons des bases inférieure et supérieure, les équations du problème sont

$$\pi S = \pi (x + y) \sqrt{h^2 + (x - y)^2},$$
$$\frac{\pi h^3}{6} = \frac{\pi h}{3} (x^2 + xy + y^2).$$

Prenons pour inconnues auxiliaires la somme $p$ et le produit $q$ des deux quantités $x$ et $y$, qui seront alors les racines de l'équation

$$X^2 - pX + q = 0. \tag{1}$$

On a, pour déterminer $p$ et $q$, les deux relations :

$$S = p \sqrt{h^2 + p^2 - 4q}, \tag{2}$$
$$\frac{h^2}{2} = p^2 - q, \tag{3}$$

d'où

$$p^2 = \frac{h^2}{2} + q$$

et

$$S^2 = \left(\frac{h^2}{2} + q\right) \left(h^2 + \frac{h^2}{2} - 3q\right) = 3 \left(\frac{h^4}{4} - q^2\right).$$

Ainsi

$$q^2 = \frac{h^4}{4} - \frac{S^2}{3} \tag{4}$$

et

$$p^2 = \frac{h^2}{2} \pm \sqrt{\frac{h^4}{4} - \frac{S^2}{3}}. \tag{5}$$

La première condition à satisfaire pour que le problème soit possible est que l'on ait :

$$\frac{h^4}{4} > \frac{S^2}{3} \quad \text{ou} \quad 3S^2 < \left(\frac{3h^2}{2}\right)^2. \tag{$\alpha$}$$

Supposant cette condition remplie, prenons d'abord la valeur positive de $q$, savoir :

$$+ \sqrt{\frac{h^4}{4} - \frac{S^2}{3}};$$

il en résulte que $x$ et $y$ sont de même signe, qui est nécessairement $+$, d'ailleurs la valeur de $p$, savoir :

$$\sqrt{\frac{h^2}{2} + \sqrt{\frac{h^4}{4} - \frac{S^2}{3}}}$$

est réelle.

Il reste à examiner si ces valeurs satisfont à l'inégalité

$$p^2 - 4q > 0$$

ou

$$\frac{h^2}{2} - 3\sqrt{\frac{h^4}{4} - \frac{S^2}{3}} > 0,$$

d'où

$$3S^2 > 2h^4 ; \qquad\qquad (\beta)$$

donc, si l'on a :

$$2h^4 < 3S^2 < \frac{9}{4} h^4,$$

il existe un tronc de cône de première espèce répondant à la question. Pour $3S^2 = 2h^4$, les racines de l'équation (1) sont égales entre elles : c'est un cylindre qui répond à la question ; et pour les valeurs de S telles que l'on ait :

$$3S^2 < 2h^4$$

$x$ et $y$ sont imaginaires ; il n'existe pas de tronc de cône possible.

En second lieu, considérons la valeur négative de $q$, savoir :

$$-\sqrt{\frac{h^4}{4} - \frac{S^2}{3}} ;$$

$p$ est susceptible alors de deux valeurs

$$\pm \sqrt{\frac{h^2}{2} - \sqrt{\frac{h^4}{4} - \frac{S^2}{3}}}$$

toujours réelles ; d'autre part, l'inégalité $p^2 - 4q$ est toujours satisfaite, puisque $q$ est négatif ; donc $x$ et $y$ sont toujours réelles ; on a donc deux troncs de cône de seconde espèce, mais ceux-ci sont identiques entre eux, car l'un a ses rayons de bases, racines de l'équation

$$X^2 - pX - \sqrt{\frac{h^4}{4} - \frac{S^2}{3}} = 0$$

et l'autre de l'équation

$$X^2 + pX - \sqrt{\frac{h^4}{4} - \frac{S^2}{3}} = 0,$$

qui sont telles que la racine positive de l'une est égale à la racine négative de l'autre et inversement; par conséquent le tronc de cône répondant à la seconde équation n'est autre que celui qui répond à la première qu'on aurait renversé pour le faire reposer sur sa base supérieure.

Enfin dans le cas limite où l'on a $\dfrac{h^4}{4} = \dfrac{S^2}{3}$, c'est-à-dire $q = 0$, $p$ est encore susceptible de deux valeurs $\pm \dfrac{h}{\sqrt{2}}$, mais les deux troncs de cône se réduisent à un cône.

TABLEAU DE LA DISCUSSION.

| | SOLIDES RÉPONDANT A | |
| --- | --- | --- |
| | LA VALEUR POSITIVE DE $q$. | LA VALEUR NÉGATIVE DE $q$. |
| $3S^2 < \dfrac{9h^4}{4}$ $\begin{cases} 3S^2 > 2h^4 \\ 3S^2 = 2h^4 \\ 3S^2 < 2h^4 \end{cases}$ | Tronc de cône de 1ʳᵉ espèce. <br> Cylindre. <br> Rien. | Tronc de cône de 2ᵉ esp. <br> Idem. <br> Idem. |
| $3S^2 = \dfrac{9h^4}{4}$ ........................... | Un cône. | |
| $3S^2 > \dfrac{9h^4}{4}$ ........................... | Rien. | |

### EXERCICES.

I. Résoudre les équations numériques :

1. $6x^2 + 112x - 248 = 0.$  
2. $x(3 - x) - 2 = 0.$  
3. $6x^2 - 25x + 24 = 0.$  
4. $6x^2 - 25ax + 24a^2 = 0.$  
5. $6(x^2 - 3) = x - 3.$  
6. $x(x + 4) = 320.$  
7. $\dfrac{x^2}{3} + \dfrac{5x}{2} = 27.$  
8. $\dfrac{x + 25}{x + 1} + \dfrac{x - 25}{x - 1} = 0.$  
9. $\dfrac{4}{x} + \dfrac{4}{3x + 10} - 9 = \dfrac{8(6x + 7)}{3x^2 + 10x}.$  
10. $\dfrac{x}{x + 60} + \dfrac{7}{5 - 3x} = 0.$  
11. $\dfrac{10x - 7}{8x - 5} - \dfrac{12x - 9}{11x - 4} = \dfrac{7}{44}.$  
12. $\dfrac{48}{x + 3} = 5\left(\dfrac{33}{x + 10} - 1\right).$  
13. $\dfrac{5x^2}{8} - \dfrac{3x}{5} = \dfrac{x^2}{8} - \dfrac{x}{6} + \dfrac{1}{3}.$  
14. $\left(x - \dfrac{1}{2}\right)\left(x - \dfrac{1}{3}\right) + \left(x - \dfrac{1}{3}\right)\left(x - \dfrac{1}{4}\right) = \left(x - \dfrac{1}{4}\right)\left(x - \dfrac{1}{5}\right).$

II. Résoudre les équations littérales :

1. $x + \dfrac{1}{x} = a.$  
2. $x^2 - \dfrac{(a + b)x}{ab} + 1 = 0.$  
3. $\dfrac{x + a}{x + b} + \dfrac{x - a}{x - b} = 0.$  
4. $2x^2 - 2ax - 4a^2 + 18ab = 18b^2.$  
5. $adx^2 - abx + cdx - bc = 0.$  
6. $x^2(2a - b) + bx(2b - 3a) + 2ab^2 = 0.$  
7. $x^2 - 2x(1 + 3a) - 4a^3 + 13a^2 + 5a + 1 = 0.$  
8. $4x^2 + (a + b)^2x^2 - 4x(a - b) + 2x(a + b)^2 + (a - b)^2 = 0.$  
9. $3x^2(12 - a^2) - 2x(3a^3 - 4a^2 - 24a + 24) - 3a^4 + 8a^3 + 8a^2 - 32a + 16 = 0.$  
10. $x^2(b^2 + bc + c^2) + 3bc(b + c)x + 3b^2c^2 = 0.$  
11. $x^2(b^2 + bc + c^2) + 6bc(b + c)x + 12b^2c^2 = 0.$  
12. $(a^2 - b^2)x^2 + 2(aa' - bb')x + a'^2 - b'^2 = 0.$  
13. $(ac - b^2)x^2 + (ad - bc)x + (bd - c^2) = 0.$  
14. $(b^2 - ac)x^2 + x(2bb' - ac' - ca') + b'^2 - a'c' = 0.$  
15. $\dfrac{x - a}{2a} = \dfrac{2b}{2x + a}.$  
16. $x^2 + \dfrac{6x}{a} - \dfrac{4x}{b} + \dfrac{8}{a^2} - \dfrac{11}{ab} + \dfrac{3}{b^2} = 0.$  
17. $\dfrac{1}{x - a} + \dfrac{1}{x - b} = \dfrac{1}{x - c}.$

18. $\dfrac{1}{x - a} + \dfrac{1}{x - b} + \dfrac{1}{x - c} = 0.$

19. $\dfrac{1}{a} + \dfrac{1}{a + x} + \dfrac{1}{a + 2x} = 0.$

20. $\dfrac{1}{x + a} + \dfrac{1}{x + 2a} + \dfrac{1}{x + 3a} = \dfrac{3}{x}.$

21. $\dfrac{x}{a - x} + \dfrac{a - x}{x} = \dfrac{p}{q}.$

22. $\dfrac{m}{ax + b} + \dfrac{m'}{a'x + b'} + \dfrac{m''}{a''x + b''} = 0.$

23. $x^2 + px - \dfrac{(\alpha + \beta p)(\alpha + \gamma p)}{(\beta - \gamma)^2} = 0.$

24. $A^2 + Ax - \dfrac{(\alpha + \beta x)(\alpha + \gamma x)}{(\beta - \gamma)^2} = 0.$

III.  Résoudre les équations irrationnelles :

1. $\sqrt{\dfrac{20}{x^2} + 9} - \sqrt{\dfrac{20}{x^2} - 9} = 3.$

2. $\sqrt{x + 4} - \sqrt{x} = \sqrt{x + \dfrac{3}{2}}.$

3. $x + \dfrac{10}{\sqrt{4 + x^2}} = \sqrt{4 + x^2}.$

4. $x - \dfrac{10}{\sqrt{4 + x^2}} = - \sqrt{4 + x^2}.$

5. $\sqrt{1 - x} + \sqrt{1 + x} + 2\sqrt{1 - x^2} = x - \dfrac{3}{4}.$

6. $\sqrt{1 + x + x^2} + \sqrt{1 - x + x^2} = a.$

7. $\sqrt{1 + x + x^2} + \sqrt{1 - x + x^2} = x.$

8. $\sqrt{a + x} + \sqrt{b + x} = \sqrt{c + x}.$

9. $\dfrac{\sqrt{x + a}}{a} = \dfrac{x - a}{x + a}.$      10.  $ab\sqrt[3]{a + x} = (a + x)\sqrt[3]{x^2}.$

IV.  1. Résoudre l'équation

$$7\sqrt[3]{x} = 22 - x,$$

sachant que 8 est racine.

2. Résoudre les équations :

$$\sqrt[3]{x} + \sqrt[3]{x - 19} = \sqrt[3]{4x + 17},$$

$$\sqrt[3]{x} + \sqrt[3]{x - 26} = \sqrt[3]{2x + 10},$$

$$\sqrt[3]{x} + \sqrt[3]{x - 19} = \sqrt[3]{3x + 44}$$

sachant que 27 est racine de chacune d'elles.

3. Résoudre l'équation

$$x^3 - 6x^2 - 10x - 8 = 0$$

sachant que 4 est racine.

V.     Résoudre les équations bicarrées :

1.   $x^4 - 2(bc + 2a^2)x^2 + b^2c^2 = 0.$

2.   $ax^4 - ax^2 - (1 + x^2) + a = 0$   (cas de $a = 2$).

3.   $4x^4(a^2 - b^2) + 4a^2b^2x^2 - a^2b^2(a^2 - 4b^2) = 0.$

4.   $(x^2 - 25)(x^2 - 81) + 2x^2(x^2 - 81) + x^2 = 150.$

5.   $\dfrac{x^2}{x^2 - a^2} + \dfrac{x^2}{x^2 - b^2} + 4 = 0.$

6.   $\dfrac{A^2}{x^2 - a^2} + \dfrac{B^2}{x^2 - b^2} + \dfrac{C^2}{x^2 - c^2} = 0.$

7.   $\dfrac{1}{x} + \dfrac{1}{x - a} + \dfrac{1}{x + a} + \dfrac{1}{x - b} + \dfrac{1}{x + b} = 0.$

8.   $\dfrac{1}{x - 3} + \dfrac{1}{x + 3} + \dfrac{1}{x - 7} + \dfrac{1}{x + 7} + \dfrac{1}{x - 11} + \dfrac{1}{x + 11} = 0.$

9.   $\sqrt{x^2 - a} + x = \dfrac{b}{x} \cdot$       10.   $x^2 = 21 + \sqrt{x^2 - 9}.$

VI.     Résoudre les équations réciproques :

1.   $x^4 - x^3 + \dfrac{5}{4}x^2 - x + 1 = 0.$

2.   $x^4 - 3x^3 + 3x - 1 = 0.$

3.   $6x^4 - 35x^3 + 62x^2 - 35x + 6 = 0.$

4.   $6x^4 - 5x^3 - 38x^2 - 5x + 6 = 0.$

5.   $x^3(ax + b) - (a + bx) = 0.$

6.   $6x^6 - 23x^5 + 10x^4 + 14x^3 + 10x^2 - 23x + 6 = 0.$

sachant que 1 est racine.

**VII.** Résoudre les systèmes de deux équations à deux inconnues :

1. $x + y = 23$, $x^2 + y^2 = 277$.

2. $x + y = 63$, $\dfrac{x}{y} + \dfrac{y}{x} = 2,05$.

3. $xy + ab = \dfrac{(a + b)(x + y)}{2}$, $xy + cd = \dfrac{(c + d)(x + y)}{2}$.

4. $x^2 + xy = a$, $y^2 + yx = b$.

5. $\dfrac{1}{x} + \dfrac{1}{y} = \dfrac{1}{a}$, $\dfrac{1}{x^2} + \dfrac{1}{y^2} = \dfrac{1}{b^2}$.

6. $x + y = \dfrac{21}{8}$, $\dfrac{x}{y} - \dfrac{y}{x} = \dfrac{25}{6}$.

7. $x^2 + y^2 = \dfrac{a^2 + b^2}{2(x - y)}$, $2xy = \dfrac{a^2 - b^2}{2(x - y)}$.

8. $x - y = 12$, $(x^2 + y^2)^2 = 1456xy$.

9. $x + y + \sqrt{xy} = 28$, $x^2 + y^2 + xy = 336$.

10. $x + y = xy$, $x^2 + y^2 + xy = a^2$.

11. $x - y = 17$, $x^3 - y^3 = 29393$.

12. $ax - by = d$, $a^3x^3 - b^3y^3 = cxy$.

13. $6(x^2 + y^2) = 13xy$, $x^2 - y^2 = 20$.

14. $(x + y^2) + 2y^2 = 17$, $2x^2 + 3xy + 5y^2 = 28$.

15. $xy = 3$, $x^4 + y^4 = \dfrac{97}{4}$.

16. $x^2 - y^2 = ab$, $\dfrac{y}{x} = \mathrm{K}$.

17. $\dfrac{y}{x} = \mathrm{K}$, $x^4 + y^4 + x^2 + y^2 = 2(x^3 + y^3)$.

18. $\dfrac{x}{y} - \dfrac{y}{x} = \dfrac{x + y}{x^2 + y^2}$, $\dfrac{x^2}{y^2} - \dfrac{y^2}{x^2} = \dfrac{x - y}{y^2}$.

19. $x^2 + y^2 + axy + b(x + y) + c = 0$,
    $x^2 + y^2 + a'xy + b'(x + y) + c' = 0$.

20. $(x + y)(1 + xy + x^2y + y^2x + x^2y^2) = a - xy$,
    $xy(x + y)(x + y + xy)(x + y + xy + x^2y + y^2x) = b$.

21. $x + y = 20$, $\sqrt{x} + \sqrt{y} = 6$.

22. $\sqrt{x} + \sqrt{y} = 4$, $x\sqrt{x} + y\sqrt{y} = 28$.

23. $\sqrt{\dfrac{x}{y}} + \sqrt{\dfrac{y}{x}} = \dfrac{61}{\sqrt{xy}} + 1$, $\sqrt[4]{x^3y} + \sqrt[4]{xy^3} = 78$.

24. $\dfrac{1}{x} + \dfrac{1}{y} = \dfrac{41}{400}$,    $\sqrt{x} + \sqrt{y} = 9$.

25. $x - y = a$,    $\sqrt{x} + \sqrt{y} = b$.

26. $x - y = 12$,    $x\sqrt{\dfrac{x}{y}} + y\sqrt{\dfrac{y}{x}} = 34$.

27. $\dfrac{x^3}{y} - \dfrac{y^3}{x} = \dfrac{15}{2}$,    $\dfrac{x}{y} - \dfrac{y}{x} = \dfrac{3}{2}$.

28. $xy + \dfrac{x}{y} = \dfrac{5}{3}$,    $\dfrac{1}{xy} + \dfrac{y}{x} = \dfrac{20}{3}$.

29. $\dfrac{1}{x} - \dfrac{1}{y} = \dfrac{5}{xy}$,    $y^3 - x^3 = 35$.

30. $\dfrac{x + y}{m} = \dfrac{x - y}{n}$,    $x^2 + y^2 = 2a^2$.

31. $\dfrac{x + y}{m} = \dfrac{x - y}{n}$,    $x^2 - y^2 = a^2$.

32. $2x^2 + 3y^2 = 37$,    $3xy = 5$.

33. $(x + y)(xy + 1) = 18xy$,    $(x^2 + y^2)(x^2 y^2 + 1) = 208\, x^2 y^2$.

34. $x^2 + y^2 = 34$,    $x - y + \sqrt{\dfrac{x - y}{x + y}} = \dfrac{20}{x + y}$.

Pour résoudre les systèmes qui précèdent, on doit chercher soit $x + y$, $xy$, $\dfrac{x}{y}$, $x^2 - y^2$ ou $x + \dfrac{1}{x}$, $y + \dfrac{1}{y}$ ; tandis que pour les suivants, ce sera, en général, la mise en évidence de facteurs communs qui permettra de les résoudre.

35. $x^2 - y^2 + 3(x + y) = 12$,    $2y^2 + 2xy - (x + y) = 3$.

36. $3(x^2 - 1) = 4xy$,    $2(2y^2 + 1) = 3xy$.

37. $\sqrt{y} = \sqrt{y - x} + \sqrt{20 - x}$,    $\dfrac{\sqrt{y - x}}{\sqrt{20 - x}} = \dfrac{3}{2}$.

38. $a^2 - x^2 = 3xy$,    $\dfrac{(\sqrt{y} - \sqrt{x})(a - x)}{3\sqrt{x}} = x + y$.

39. $a^3 \dfrac{x}{y} - y = a$,    $b^3 \dfrac{y}{x} - x = b$.

40. $8y^4 - 9y^3 + 16xy^2 + 8x^2 = 0$,    $2y^2 - 5y + 2x = 0$.

41. $\dfrac{x + y}{x} = \dfrac{7}{5}$,    $xy + y^2 = 126$.

12.　$\dfrac{1}{x} - \dfrac{1}{y} = \dfrac{1}{a}, \quad \dfrac{1}{x+1} - \dfrac{1}{y+1} = \dfrac{1}{b}.$

VIII.　Résoudre les systèmes de trois équations à trois inconnues :

1.　$x^2 + y^2 + z^2 = \mathrm{K}^2, \quad ax + by + cz = 0, \quad a'x + b'y + c'z = 0.$
2.　$axy + bx + cy + d = 0, \quad a'yz + b'y + c'z + d' = 0,$
　　$a''zx + b''z + c''x + d'' = 0.$
3.　$x(y+z) = a, \quad y(z+x) = b, \quad z(x+y) = c.$
4.　$xy = m, \quad (y-b)z = n, \quad (x-a)(z-c) = p.$
5.　$x+y+z = 7, \quad x^2 + y^2 + z^2 = 21, \quad xy + xz - yz = -2.$
6.　$x+y+z = a, \quad xy = b^2, \quad xyz = c^3.$
7.　$x+y+z = a, \quad x^2 + y^2 + z^2 = b^2, \quad x(y+z) = 2yz.$
8.　$x^2 + y^2 = z^2, \quad x+y+z = 2p, \quad xy = 2m^2.$
9.　$x^2 = y+z, \quad z^2 = x^2 + y^2, \quad (x+y+z)^2 = 5y^2 + 8(x+z).$
10.　$xy + x = a, \quad yz + y = b, \quad zx + z = c.$
11.　$xyz = c(x+y) = a(z+y) = b(x+z).$
12.　$\dfrac{z(x^2 - y^2 - z^2)}{x(x^2 + y^2 - z^2)} + 1 = 0, \quad \dfrac{z(y^2 - x^2 - z^2)}{y(x^2 + y^2 - z^2)} + 1 = 0,$
　　$x^3 + y^3 + z^3 = 3m^3.$
13.　$\mathrm{A}x^2 + \mathrm{A}'y^2 + 2\mathrm{B}xy = 1, \quad x^2 + y^2 + 2xy \cos \theta = z^2,$
　　$(\mathrm{A} \cos \theta - \mathrm{B})x^2 + (\mathrm{B} - \mathrm{A}' \cos \theta)y^2 + (\mathrm{A} - \mathrm{A}')xy = 0.$

IX.　Résoudre les systèmes :

1.　$x^2 y = a, \quad y^2 z = b, \quad z^2 u = c, \quad u^2 x = d.$
2.　$\dfrac{x}{a} = \dfrac{y}{b}, \quad x+z = y+u, \quad xz = c^2, \quad uy = d^2.$
3.　$xy + zu = a^2, \quad x+u = b, \quad yu = c^2, \quad zx = d^2.$
4.　$ux = yz, \quad u+x = a, \quad y+z = b, \quad x^5 + u^5 - (y^5 + z^5) = c^5.$
5.　$x+y+z+u = a, \quad x^2 + y^2 + z^2 + u^2 = b^2,$
　　$x^4 + y^4 + z^4 + u^4 = c^4, \quad xu = yz.$
6.　$xy = a^2, \quad z^2 - u^2 = a^2, \quad x+y = \mathrm{K}z, \quad z(x-y) = bu.$
7.　$23xyzu = 236(xyz - xy + x) - 213,$
　　$71xyzu = 236(yzu - yz + y) - 165,$
　　$33xyzu = 236(zux - zu + z) - 203,$
　　$29xyzu = 236(uxy - ux + u) - 207.$

X.　*Énoncés de problèmes.*

1. Si l'équation
$$ax^2 + bx + c = 0$$

a ses racines réelles, démontrer que l'équation

$$(2ax + b)^2 - 2a\,(ax^2 + bx + c) = 0$$

a ses racines imaginaires.

2. Si l'équation

$$ax^2 + bx + c = 0$$

a ses racines imaginaires, démontrer que les équations

$$ax^2 + bx + c + h^2(2ax + b) + 2ah^4 = 0,$$
$$ax^2 + bx + c + x\,(2ax + b) + 2ax^2 = 0$$

ont aussi leurs racines imaginaires.

3. Si les racines de l'équation

$$ax^4 + bx^2 + c = 0$$

sont imaginaires, démontrer que celles des équations

$$ax^4 + bx^2 + c + h(4ax^3 + 2bx) + h^2(12ax^2 + 2b) + 24h^3\,ax + 24h^4 = 0,$$
$$ax^4 + bx^2 + c + x(4ax^3 + 2bx) + x^2(12ax^2 + 2b) + 48ax^4 = 0,$$

sont aussi imaginaires.

4. Quelle valeur faut-il attribuer à $p$ dans l'équation

$$x^2 + px + 10 = 0,$$

pour que la différence des racines soit $a$ ?

5. Quelle valeur faut-il attribuer à $q$ dans l'équation

$$5x^2 - 50x + q = 0,$$

pour que la différence des racines soit $4$ ?

6. Quelle valeur faut-il attribuer à $q$, pour que la somme des carrés des racines de l'équation

$$x^3 + 8x + q = 0$$

soit égale à $34$ ?

7. Déterminer $p$ de telle manière que l'on ait entre les racines $x'$ et $x''$ de l'équation

$$x^2 + px + q = 0$$

la relation : $ax' + bx'' = c$.

8. Quelle relation doit exister entre les coefficients de l'équation

$$x^2 + px + q = 0,$$

pour que l'une des racines soit le carré de l'autre, ou que

leur différence soit égale à la somme de leurs inverses?

9. Trouver le nombre des côtés du polygone convexe qui a $n$ diagonales.

10. Étant donnée une sphère de rayon R, la couper par un plan, tel que la plus petite des deux zones ainsi détermi- nées soit à la surface latérale du cône de même base et qui aurait pour sommet le centre de la sphère, dans un rapport donné $m$.

11. Étant donnée une sphère de rayon R, la couper par un plan tel que la plus petite des deux zones ainsi détermi- nées soit à la surface totale du cône de même base et qui aurait pour sommet l'extrémité la plus voisine de cette base du diamètre qui lui est perpendiculaire, dans un rapport donné $m$.

12. Mêmes énoncés que 10 et 11 en remplaçant les surfaces zones par les volumes segments correspondants et les surfaces des cônes par leurs volumes.

13. Étant donnée une sphère de rayon R, la couper par un plan qui divise en deux parties équivalentes le secteur sphérique ayant pour base la plus petite des deux zones dans lesquelles le plan décompose la surface de la sphère.

14. Étant donné le rayon R d'un quart de cercle AMB, déterminer le point P tel que le volume engendré par le trian- gle curviligne AMP en tournant autour de OA soit équivalent au volume du cy- lindre engendré par le rectangle OPMQ.

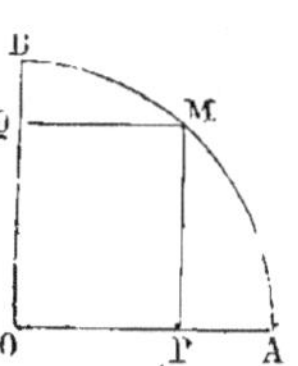

15. Partager une pyramide quadrangulaire régulière en deux parties équivalentes par un plan mené par l'un des côtés de la base.

16. Trouver quatre nombres entiers consécu- tifs dont les trois premiers représentent les trois côtés d'un triangle et le qua- trième la surface de ce triangle.

17. D'un point B on mène la tangente BA à la circonférence de cercle de rayon R, trouver la surface engendrée par le con- tour BAM en tournant autour de OB, connaissant le volume $\frac{4}{3}\pi a^3$ engendré

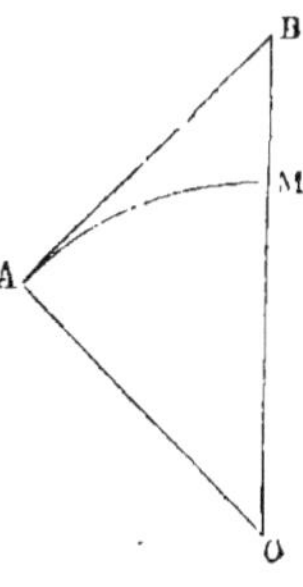

par la surface curviligne BAM en tournant autour de cette même droite OB.

18. Inscrire dans un hémisphère un tronc de cône tel que le rapport de son volume à celui de la sphère dont le diamètre est égal à la hauteur du tronc soit $m$.     (Bacc.)

19. On mène les tangentes aux extrémités du diamètre AA' du

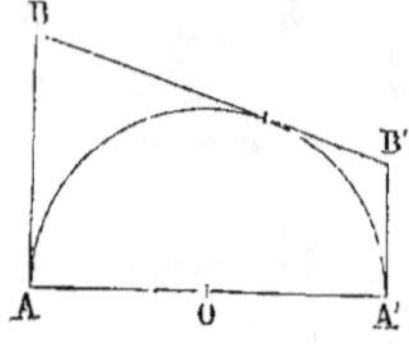

cercle de rayon R, mener une troisième tangente BB' telle que le volume engendré par le trapèze birectangle A'ABB', en tournant autour du diamètre AA', soit mesuré par $\frac{4}{3}\pi a^3$.

20. Calculer les rayons de base du tronc de cône circonscrit à la sphère de rayon R, connaissant le rapport $m$ de la surface totale du tronc de cône à celle de la sphère.

21. Trouver les rayons de deux cercles tangents extérieurement, connaissant la surface $ab$ du trapèze birectangle formé par la tangente commune extérieure, les rayons aboutissants aux points de contact et la droite des centres, et la surface $\pi a^2$ engendrée par le contour de ce trapèze en tournant autour de la droite des centres.

22. Trouver un nombre de deux chiffres, tel que le chiffre des dizaines soit le triple de celui des unités, et que si on retranche 12 unités de ce nombre, le reste soit égal au carré du chiffre des dizaines.

23. Trouver un nombre de deux chiffres, tel que, divisé par le produit de ces deux chiffres, il donne pour quotient $\frac{16}{3}$, et si on en retranche 9 unités, on obtienne le nombre renversé.

24. Trouver deux nombres tels que les produits de leur différence par chacun d'eux soient respectivement 15 et 40.

25. Le produit de deux nombres est égal à six fois leur somme, et la somme de leurs carrés est 325, trouver ces nombres.

26. Deux bureaux de bienfaisance ont distribué chacun 1200 francs à leurs pauvres ; le premier a secouru 40 pauvres de plus que le second, tandis que celui-ci a donné à chaque pauvre 5 francs de plus que le premier. Quel est le nombre de pauvres secourus ?

27. Deux courriers A et B suivent la même direction en partant du même point ; le premier A étant parti 2 heures avant le second est atteint par celui-ci à une distance de

30 kilomètres du point de départ ; mais si chacun d'eux faisait un demi-kilomètre de plus par heure, la rencontre aurait lieu à 72 kilomètres du point de départ. Combien de kilomètres chacun de ces courriers parcourt-il par heure ?

28. Partager deux nombres donnés $a$ et $b$ chacun en deux parties, $x$ et $x'$ pour le premier, $y$ et $y'$ pour le second, telles que le rapport $\dfrac{x}{x'}$ soit égal à $m$, le produit des deux autres parties $y$ et $y'$ égal au nombre donné $c^2$ et la somme des carrés de ces deux mêmes parties égale à $d^2$.

29. Calculer les trois côtés d'un triangle, connaissant les trois hauteurs.

30. Deux fontaines coulent successivement dans un même bassin : la première pendant une fraction $\dfrac{m}{n}$ du temps que la seconde mettrait seule à le remplir ; alors on l'arrête, et on laisse couler la seconde jusqu'à ce que le bassin soit rempli. Si les deux fontaines coulaient ensemble, la première ne donnerait qu'une fraction $\dfrac{p}{q}$ de ce qu'a fourni la seconde, et le bassin serait rempli $t$ heures plus tôt. Trouver les temps que chaque fontaine, coulant seule, mettrait à remplir le bassin.

# TROISIÈME PARTIE

## RÉSOLUTION DES INÉGALITÉS DU SECOND DEGRÉ ET DES QUESTIONS DES MAXIMA ET MINIMA.

## CHAPITRE I

### ÉTUDE DU TRINOME DU SECOND DEGRÉ.

#### § 1. — Propriétés du trinôme du second degré.

**Définitions.** — On dit qu'une quantité $x$ est variable, lorsqu'elle passe par différents états de grandeur ; il résulte de cette définition que toute expression algébrique renfermant une quantité variable $x$ est elle-même variable ; pour la distinguer de la première $x$, on l'appelle *variable dépendante* ou *fonction de* $x$, tandis que la quantité $x$ est appelée la *variable indépendante*. Dans ce qui suit, à moins d'indications contraires, on représentera par $y$ la variable dépendante de $x$.

Ainsi l'expression

$$1 + \frac{x}{3 + x}$$

dans laquelle $x$ désigne successivement les nombres entiers successifs $1, 2, 3,\ldots$ est une quantité variable dépendant de $x$; et elle prend les valeurs différentes $\frac{5}{4}, \frac{7}{5}, \frac{3}{2},\ldots$ et c'est l'expression $1 + \frac{x}{3 + x}$ que l'on représente par $y$, de sorte que les valeurs de $y$ correspondantes aux valeurs $1, 2, 3,\ldots$ de $x$ sont respectivement $\frac{5}{4}, \frac{7}{5}, \frac{3}{2}\ldots$

On appelle *limite* d'une quantité variable une grandeur fixe dont cette quantité se rapproche indéfiniment, c'est-à-dire de telle sorte que la différence entre la variable et cette grandeur puisse devenir moindre que toute quantité donnée *à priori*.

Par exemple, l'expression $y = 1 + \dfrac{x}{3 + x}$ a pour limite 2, lorsque $x$ prend des valeurs entières de plus en plus grandes; car on peut toujours prendre $x$ assez grand pour que la différence entre la limite 2 et l'expression $1 + \dfrac{x}{3 + x}$ soit moindre que $\varepsilon$, $\varepsilon$ étant une quantité désignée aussi petite que l'on veut; en effet de l'inégalité :

$$2 - \left(1 + \frac{x}{3 + x}\right) < \varepsilon$$

on déduit

$$3 < \varepsilon\,(3 + x) \text{ ou } x > \frac{3}{\varepsilon} - 3,$$

inégalité à laquelle on peut toujours satisfaire, puisque $x$ est une variable indépendante, qui peut être aussi grande que l'on veut.

Une expression algébrique renfermant une seule quantité variable $x$ est dite *fonction continue* de cette variable, lorsque cette expression ne peut passer d'une valeur à une autre sans prendre toutes les valeurs intermédiaires entre celles-ci. Une fonction sera donc continue, si on peut donner à une valeur quelconque de la variable $x$ un accroissement assez petit pour que l'accroissement (positif ou négatif) correspondant de la fonction soit moindre qu'une quantité donnée $\varepsilon$, aussi petite que l'on voudra.

On appelle *trinôme du second degré* toute expression entière par rapport à $x$ et du second degré en $x$. Sa forme générale est

$$ax^2 + bx + c,$$

$a$, $b$, $c$ étant des coefficients quelconques, donnés *à priori*, et $x$ une quantité variable susceptible de recevoir toutes les valeurs réelles, c'est-à-dire comprises entre $-\infty$ et $+\infty$.

— Lorsqu'on fait varier $x$, la valeur du trinôme passe par

différents états de grandeur dont on se propose d'étudier les lois.

Remarquons que le trinôme ne peut s'annuler que deux fois au plus, savoir, lorsque $x$ recevra pour valeur l'une des deux racines de l'équation :

$$ax^2 + bx + c = 0.$$

THÉORÈME I. — *Le trinôme $y$ du second degré est une fonction continue de $x$.*

Soient deux valeurs de $x$, $\alpha$, $\alpha + h$, l'accroissement de $y$ sera :

$$a(\alpha + h)^2 + b(\alpha + h) + c - (a\alpha^2 + b\alpha + c) = h(2a\alpha + b + ah);$$

or, on peut toujours prendre $h$ assez petit pour que l'on ait $h(2a\alpha + b + ah) < \varepsilon$, $\varepsilon$ étant une quantité déterminée aussi petite que l'on veut, car $a'$ étant la valeur absolue de $a$, le second facteur est inférieur à

$$2a\alpha + b + a',$$

par conséquent l'inégalité précédente sera satisfaite *à fortiori*, si l'on a

$$h(2a\alpha + b + a') < \varepsilon$$

ou

$$h < \frac{\varepsilon}{2a\alpha + b + a'};$$

et il est toujours possible de prendre $h$ inférieur à la valeur absolue de cette fraction.

COROLLAIRE I. — *Le trinôme $ax^4 + bx^2 + c$ est une fonction continue de $x$.*

COROLLAIRE II. — *La fonction $y$ définie par la relation*
$$x^2(Ay^2 + By + C) + x(A'y^2 + B'y + C'') + A''y^2 + B''y + C'' = 0$$
*est une fonction continue de $x$.*

En effet, ordonnant par rapport à $y$, on a :

$$y^2(Ax^2 + A'x + A'') + y(Bx^2 + B'x + B'') + Cx^2 + C'x + C'' = 0$$

et résolvant, on a :

$$y =$$
$$\frac{-(Bx^2+B'x^2+B'') \pm \sqrt{(Bx^2+B'x+B'')^2-4(Ax^2+A'x^2+A'')(Cx^2+C'x+C'')}}{2(Ax^2+A'x+A'')}$$

or, chacun des polynômes entre parenthèses est une fonction continue de $x$, par conséquent la fonction $y$ composée de celles-ci est aussi continue.

† **Théorème II.** — *Si les deux valeurs $\alpha$ et $\beta$, substituées à $x$ dans le trinôme $ax^2 + bx + c$, donnent des résultats de signes contraires, l'une des racines de l'équation :*

$$ax^2 + bx + c = 0$$

*est comprise entre $\alpha$ et $\beta$.*

En effet, $x$ variant de $\alpha$ à $\beta$, le trinôme passe d'une valeur positive, par exemple, à une valeur négative; donc, en raison de sa continuité dans cet intervalle, il a passé par zéro à un certain moment, c'est-à-dire qu'il s'annule pour une certaine valeur de $x$ comprise entre $\alpha$ et $\beta$; cette valeur de $x$ est donc racine de l'équation $ax^2 + bx + c = 0$.

**Théorème III.** — *Il existe toujours une valeur $\alpha$, positive, telle que, $x$ prenant cette valeur et toutes celles qui lui sont supérieures, le trinôme ait constamment le signe de son premier terme.*

Soit B la valeur absolue du plus grand des coefficients $b$ et $c$, les inégalités :

$$(1) \qquad \begin{cases} + ax^2 + bx + c > 0 \\ - ax^2 + bx + c < 0 \text{ ou } + ax^2 - bx - c > 0 \end{cases}$$

en mettant le signe de $a$ en évidence, seront satisfaites si la suivante

$$+ ax^2 - Bx - B > 0$$

a lieu. Or, cette dernière peut s'écrire successivement :

$$ax^2 > B(x + 1),$$
$$ax^2 > \frac{B(x^2 - 1)}{x - 1},$$
$$ax^2 > \frac{Bx^2}{x - 1} - \frac{B}{x - 1},$$

et si on suppose $x > 1$, ce qui est toujours possible, l'inégalité précédente aura lieu *à fortiori* si on satisfait à la suivante

$$ax^2(x-1) > Bx^2,$$

d'où

$$x > 1 + \frac{B}{a}.$$

Soit $\alpha = 1 + \dfrac{B}{a}$, pour toute valeur de $x$ supérieure à $\alpha$, toutes les inégalités qui précèdent sont satisfaites, par conséquent le trinôme conserve le signe de son premier terme $a$, d'après les inégalités (1).

Corollaire. — La quantité $-\alpha$ est telle que, $x$ prenant cette valeur et toutes celles qui lui sont inférieures, le trinôme ait constamment le signe de son premier terme. Car, si l'on remplace dans les inégalités (1) $x$ par $-x'$, $x'$ étant positif, celles-ci peuvent encore être remplacées par l'inégalité

$$ax'^2 > B(x'+1)$$

et par conséquent par là dernière

$$x' > 1 + \frac{B}{a} \quad \text{ou} \quad -x > \alpha$$

d'où en transposant $x < -\alpha$.

Théorème IV. — *Le trinôme* $ax^2 + bx + c$ *conserve le signe de son premier terme, excepté lorsque* $x$ *varie dans l'intervalle compris entre les racines de l'équation obtenue en égalant à zéro ce trinôme.*

Supposons, en premier lieu, que ces racines $x'$ et $x''$ soient réelles et que l'on ait $x' < x''$, on a identiquement

$$y = ax^2 + bx + c = a(x-x')(x-x'').$$

Si $x$ varie de $-\infty$ à $x'$, $x$ est inférieur à $x'$ et à $x''$, c'est-à-dire que l'on a :

$$x - x' < 0 \text{ et } x - x'' < 0 \,;$$

donc $y$ est de même signe que $a$ ; de même si $x$ varie de $x''$ à $+\infty$, on a :

$$x - x' > 0 \text{ et } x - x'' > 0 \,;$$

par conséquent $y$ possède encore le même signe que $a$. Mais si $x$ est compris entre $x'$ et $x''$, par suite

$$x - x' > 0 \text{ et } x - x'' < 0,$$

le produit $(x - x')(x - x'')$ est négatif, par conséquent $y$ sera de signe contraire à $a$ dans cet intervalle.

Si les racines $x'$ et $x''$ sont égales ou imaginaires, l'intervalle dans lequel $y$ était de signe contraire à $a$ se réduit à zéro, par conséquent $y$ a toujours le signe de $a$.

Cette conclusion résulte aussi du théorème précédent, car pour des valeurs de $x$ très-grandes en valeur absolue positives ou négatives, le trinôme a le signe de son premier terme, et d'ailleurs il ne peut prendre une valeur de signe contraire, puisque pour cela, il serait nécessaire qu'il passât deux fois par zéro, ce qui est contradictoire avec l'hypothèse que les racines sont égales ou imaginaires.

**Applications.** — I. *Étudier les changements de signes du trinôme :*

$$- acx^2 + x(ad - bc) + bd$$

*dans lequel* a, b, c, d *sont des quantités positives.*

En égalant à zéro ce trinôme, l'équation obtenue admet pour racines

$$- \frac{b}{a} \, , \; \frac{d}{c}.$$

Le coefficient de $x^2$ étant négatif, ce trinôme conserve donc le signe — lorsque $x$ varie en dehors des quantités $-\frac{b}{a}, \frac{d}{c}$, et est positif lorsque $x$ varie entre $-\frac{b}{a}$ et $\frac{d}{c}$.

II. *Séparer les racines de l'équation*

$$x^2 + px + q = 0. \tag{1}$$

On distingue deux cas, selon que $q$ est négatif ou positif.

1° $q < 0$. — Pour $x = 0$, le trinôme

$$x^2 + px + q$$

possédera une valeur négative ; d'ailleurs pour $x = +\infty$, ce trinôme est positif, donc il s'annule lorsque $x$ varie de 0 à $+\infty$, c'est-à-dire qu'il y a une racine de l'équation (1) comprise entre 0 et $+\infty$ ; en outre cette racine réelle est positive.

De même, lorsque $x$ varie de 0 à $-\infty$, le trinôme, de négatif qu'il était, devient positif, donc il passe par zéro pour une valeur de $x$ comprise dans cet intervalle, c'est-à-dire que l'équation (1) possède une racine négative.

REMARQUE. — Cette étude démontre que dans le cas où $q$ est négatif, l'équation (1) a nécessairement ses racines réelles.

$2^o$ $q > 0$. — On sait que la demi-somme des racines est égale à $-\dfrac{p}{2}$; or, si celles-ci sont réelles, l'une doit être inférieure à $-\dfrac{p}{2}$, et l'autre supérieure à $-\dfrac{p}{2}$, par conséquent $-\dfrac{p}{2}$ est une quantité comprise entre les racines, donc en substituant $-\dfrac{p}{2}$ à $x$, on doit avoir un résultat négatif; et réciproquement si le résultat de cette substitution est négatif, c'est-à dire de signe contraire au premier terme, les racines sont nécessairement réelles; le résultat de cette substitution étant

$$q - \frac{p^2}{4},$$

on peut donc dire que, dans ce cas, la condition suffisante et nécessaire pour que les racines soient réelles est

$$q - \frac{p^2}{4} < 0 \text{ ou } \frac{p^2}{4} - q > 0.$$

✝ III. *Montrer que l'équation*

$$(A - x)(C - x) - B^2 = 0$$

*a toujours ses racines réelles.*

Si $A = C$ cette propriété est évidente, puisque le premier membre est une différence de deux carrés. Supposons A différent de C et soit $A < C$; pour $x = -\infty$, le premier membre est positif, et pour $x = A$, il est négatif, donc il s'annule dans l'intervalle, c'est-à-dire que l'équation admet une racine comprise entre $-\infty$ et A; on démontrerait de même que la seconde racine est comprise entre $+\infty$ et C.

COROLLAIRE. — Cette équation ne peut pas avoir ses racines égales.

L'étude de cette équation permet de discuter le problème suivant :

PROBLÈME DU MANOMÈTRE. — *Un tube vertical cylindrique, fermé à sa partie supérieure, plonge dans une cuve à mercure, qui est mise en communication avec une machine de compression. Supposant le niveau le même dans le tube et dans la cuve lorsque la pression dans la cuve est mesurée par une colonne de mercure* h, *on demande à quelle hauteur le mercure va s'élever dans le tube au-dessus du niveau primitif, lorsque la pression deviendra* nh. (On supposera que la cuve est assez large, pour qu'on puisse négliger les variations qu'y éprouve le niveau du mercure par suite des variations de pression, etc., $n > 1$).

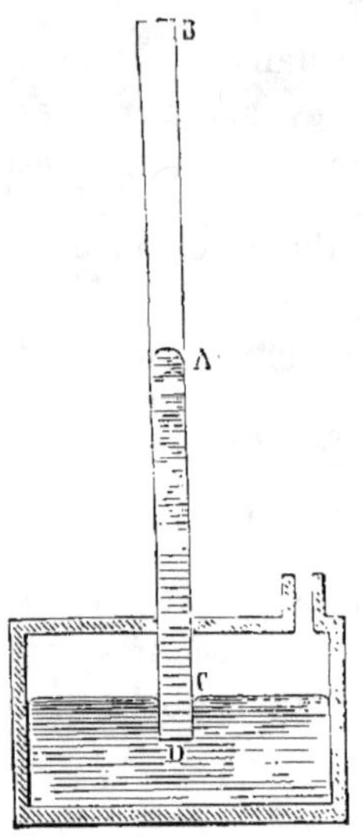

Soient $l$ la longueur CB du tube et $x$ la hauteur CA à laquelle va s'élever le mercure dans le tube, ces distances étant comptées à partir du niveau C; les volumes de gaz sont proportionnels aux hauteurs CB, AB, on a donc, d'après la loi de Mariotte, l'égalité :

$$AB\,(nh - x) = CB \cdot h$$

ou

$$(l - x)\,(nh - x) - lh = 0, \qquad (1)$$

équation qui a toujours ses deux racines réelles et positives. En effet, pour $x = 0$, le premier membre de cette équation se réduit à $nlh - lh = lh\,(n - 1)$, quantité positive; pour $x = l$ ou $x = nh$, cette même grandeur prendra la valeur négative $-lh$; d'ailleurs pour $x = \infty$, ce premier membre est positif; il en résulte que la plus petite racine positive est inférieure à la plus petite des deux quantités $l$ et $nh$; quant à la plus grande elle est supérieure à $l$, par conséquent ne peut convenir à la question.

On a donc, comme solution du problème :

$$x = \frac{l + nh - \sqrt{(l - nh)^2 + 4lh}}{2}. \qquad (2)$$

L'autre racine, qui a été introduite par l'algèbre, provient de ce que les deux produits

$$(l - x)(nh - x) \text{ et } lh,$$

peuvent être égaux, si chacun des facteurs formant le premier produit est négatif, ce qui exige que l'on ait $x > l$ et $x > nh$.

✝ REMARQUE. — Si au lieu de mettre l'intérieur de la cuve en communication avec une machine de compression, on le mettait en communication avec une machine pneumatique, et que cette cuve présentât une disposition permettant d'y plonger un tube aussi long que l'on veut, en désignant toujours par $x$ la différence de niveau du mercure dans le tube et la cuve, lorsque la pression dans celle-ci devient $nh$, $n$ étant inférieur à 1, l'équation du problème est identiquement la même, en regardant la distance CD représentée par $x$ comme négative. Par conséquent, d'après l'analyse précédente, la racine négative de l'équation (1) dont l'expression est donnée par la formule (2) répond seule à la question.

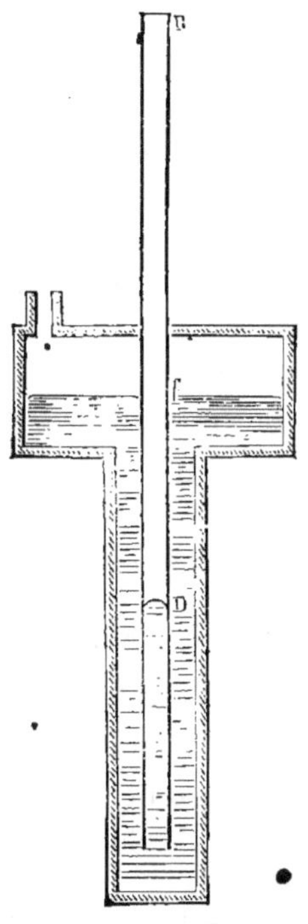

### § 2. — Résolution de l'inégalité du second degré à une inconnue.

**Définitions.** — On appelle *inégalité* du second degré à une inconnue toute inégalité dans laquelle la quantité variable entre au second degré. Toute inégalité du second degré à une inconnue peut être ramenée, par la transposition de ses termes, à la forme $ax^2 + bx + c > 0$.

*Résoudre* une telle inégalité, c'est trouver entre quelles limites doit varier $x$ pour que celle-ci soit constamment satisfaite.

**Résolution de l'inégalité du second degré à une inconnue.**
Soit à satisfaire à l'inégalité

$$ax^2 + bx + c > 0. \tag{1}$$

Si $a$ est *positif*, $x$ doit varier en dehors de l'intervalle compris entre les racines de $ax^2 + bx + c = 0$; et en particulier si les racines de cette équation sont égales entre elles ou imaginaires, cette inégalité a toujours lieu quel que soit $x$. C'est ce qu'on peut appeler une *inégalité identique*, par analogie avec les égalités identiques.

Si $a$ est *négatif*, $x$ doit être compris entre les racines pour satisfaire à l'inégalité (1); de sorte que si ces racines sont égales entre elles ou imaginaires, l'inégalité (1) est impossible.

En prenant les conclusions inverses pour la variation de $x$, on aura les limites entre lesquelles doit varier $x$ pour satisfaire à l'inégalité

$$ax^2 + bx + c < 0$$

EXEMPLES. — *Quelles sont les valeurs de* x *satisfaisant à l'inégalité*

$$x^2 - 4x - 140 > 0.$$

Les racines de l'équation

$$x^2 - 4x - 140 = 0$$

sont — 10 et 14, et le coefficient de $x^2$ étant positif, pour satisfaire à l'inégalité précédente, il faudra que $x$ soit inférieur à — 10, ou supérieur à + 14.

*Quelles sont les valeurs de* x *satisfaisant à l'inégalité*

$$x^2 (n - 3) (n - 4) - 8ax (n - 3) - 12a^2 > 0. \qquad (1)$$

En égalant à zéro ce trinôme et résolvant, la quantité sous le radical est :

$$4a^2 (n - 3) [4 (n - 3) + 3 (n - 4)] = 4a^2 (n - 3) (7n - 24).$$

Il y a donc lieu de distinguer plusieurs cas, selon que $n$ est compris entre les grandeurs suivantes — $\infty$, + 3, + $\dfrac{24}{7}$, + 4, + $\infty$.

**Premier cas** : $n$ *compris entre* — $\infty$ *et* + 3. — La quantité sous le radical est alors positive; les racines sont réelles, et le coefficient de $x^2$ dans le trinôme est positif, donc, pour satisfaire à l'inégalité (1), il faut que $x$ soit inférieur à la plus petite racine ou supérieur à la plus grande.

**Deuxième cas** : n *compris entre* 3 *et* $\dfrac{24}{7}$ . — Les racines sont imaginaires, en outre le coefficient de $x^2$ est négatif, donc le trinôme est négatif quel que soit $x$ ; par conséquent on ne peut jamais satisfaire à l'inégalité (1).

**Troisième cas** : n *est compris entre* $\dfrac{24}{7}$ *et* 4. — Les racines sont réelles, et le coefficient de $x^2$ est négatif ; donc, pour satisfaire à l'inégalité (1), $x$ doit être compris entre les racines.

**Quatrième cas** : n *supérieur à* 4. — Les racines sont réelles et le coefficient de $x^2$ est positif ; par conséquent, le trinôme sera positif pour toute valeur de $x$ inférieure à la plus petite ou supérieure à la plus grande.

*A quelles conditions doivent satisfaire les coefficients du polynôme* z

$$z = Ax^2 + 2B''xy + A'y^2 + 2B'x + 2By + A''$$

*pour qu'il soit toujours positif, quelles que soient les valeurs de* x *et* y ?

La première condition est que A soit positif, car si A était négatif, et si les racines de l'équation en $x$

$$Ax^2 + 2B''xy + A'y^2 + 2B'x + 2By + A'' = 0 \qquad (1)$$

étaient réelles ou imaginaires, le polynôme $z$ serait négatif pour des valeurs de $x$ comprises entre les racines ou constamment négatif ; par conséquent il ne pourrait être positif, quel que soit $x$.

A étant positif, le trinôme sera constamment positif, si les racines de l'équation (1) résolue par rapport à $x$ sont imaginaires, ce qui conduit à l'inégalité

$$(B''^2 - AA')y^2 + 2(B'B'' - AB)y + B'^2 - AA'' < 0 ;$$

d'ailleurs ce trinôme du second degré en $y$ sera toujours négatif, si l'on a

$$B''^2 - AA' < 0$$

et

$$(B'B'' - AB)^2 - (B''^2 - AA')(B'^2 - AA'') < 0.$$

Les conditions cherchées sont donc les suivantes :

$$A > 0, \quad B''^2 - AA' < 0$$

et

$$(B'B'' - AB)^2 - (B'^2 - AA'')(B''^2 - AA') < 0.$$

Ces trois inégalités résultent immédiatement de la forme suivante sous laquelle on peut mettre le polynôme proposé :

$$A\left[\left(x + \frac{B''y + B'}{A}\right)^2 + \frac{AA' - B''^2}{A^2}\left(y + \frac{AB - B'B''}{AA' - B''^2}\right)^2 \right.$$
$$\left. + \frac{1}{A^2}\left(AA'' - B'^2 - \frac{(AB - B'B'')^2}{AA' - B''^2}\right)\right]$$

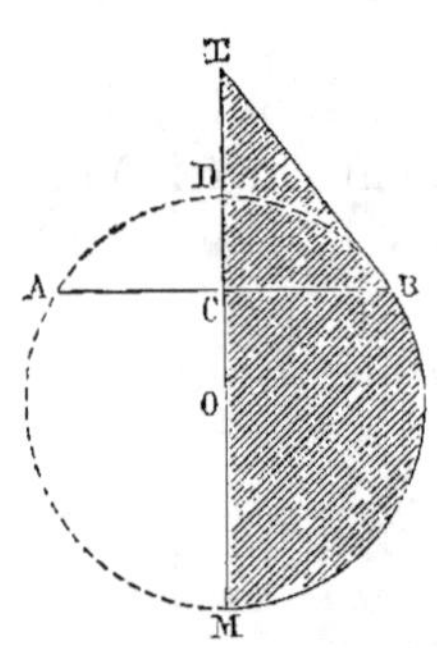

*Soient un arc de circonférence* MB *et la tangente* BE *à l'une des extrémités de cet arc prolongée jusqu'à sa rencontre en* E *avec le diamètre passant par l'autre extrémité* M, *trouver le volume engendré par la surface* EMB *en tournant autour du diamètre* OE, *connaissant la surface* πS *engendrée par la tangente* BE, *et la distance* h *du point* D, *diamétralement opposé de* M, *à la corde* AB, *sous-tendant l'arc double de* BD.

Soit R le rayon OB; les triangles rectangles BEC, OBC semblables donnent

$$\frac{BE}{BC} = \frac{OB}{OC},$$

d'où

$$BE \cdot BC = \frac{OB}{OC}\,\overline{BC}^2 = \frac{Rh\,(2R - h)}{R - h};$$

donc

$$S = \frac{Rh\,(2R - h)}{R - h}. \tag{1}$$

Le volume demandé, que l'on représentera par $\dfrac{\pi V}{3}$, est égal au volume segment sphérique engendré par MCB augmenté du volume cône engendré par BCE, donc :

$$V = \overline{CM}^2(3R - CM) + \overline{BC}^2 \cdot EC;$$

or $EC = \dfrac{BC^2}{OC}$ ; donc

$$V = (2R - h)^2(R + h) + \frac{h^2(2R - h)^2}{R - h} = \frac{R^2(2R - h)^2}{R - h}. \tag{2}$$

Divisant membre à membre l'égalité (2) par l'égalité (1) élevée au carré, on a :

$$\frac{V}{S^2} = \frac{R - h}{h^2}, \text{ d'où } R = h + \frac{Vh^2}{S^2} ;$$

substituant cette valeur dans la relation (1), on a :

$$\frac{Vh^2}{S} = h \left( h + \frac{Vh^2}{S^2} \right) \left( h + 2\,\frac{Vh^2}{S^2} \right)$$

ou

$$2V^2h^3 + VS^2 (3h^2 - S) + hS^4 = 0. \qquad (3)$$

La condition pour que les racines de cette équation soient réelles est

$$(3h^2 - S)^2 - 8h^2 > 0$$

ou

$$\left[ S - h^2 \left( \sqrt{2} - 1 \right)^2 \right] \left[ S - h^2 \left( \sqrt{2} + 1 \right)^2 \right] > 0.$$

Par conséquent S doit être supérieure à $h^2 \left( \sqrt{2} + 1 \right)^2$ ou inférieure à $h^2 \left( \sqrt{2} - 1 \right)^2$; dans la première hypothèse, on a *à fortiori* $S > 3h^2$, le coefficient de V dans l'équation (3) étant négatif, les deux racines sont positives; il y a donc deux solides répondant à la question. Si S est inférieure à $h^2 \left( \sqrt{2} - 1 \right)^2$ les valeurs de V sont négatives et ne peuvent convenir; d'ailleurs la valeur correspondante de R est inférieure à $h$, d'après l'égalité

$$R = h + \frac{Vh^2}{S^2}.$$

Or, d'après l'énoncé la figure peut présenter une seconde disposition, savoir (2), dans laquelle R est inférieure à $h$; alors on a :

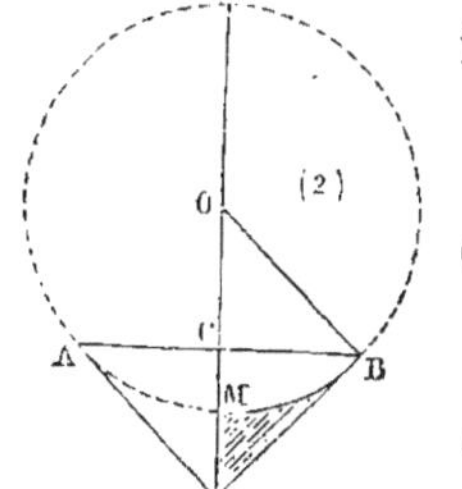

$$S = \frac{Rh (2R - h)}{h - R}$$

et

$$\frac{\pi V}{3} = \text{vol. EADBE} - \text{vol. sphère,}$$

et d'après la précédente mise en équation :

$$\text{vol. EADBE} = \frac{\pi}{3} R^2 \frac{(2R - CM)^2}{R - CM}$$

donc

$$V = \frac{R^2 (2R - CM)^2}{R - CM} - 4R^3 = \frac{R^2 \overline{CM}^2}{R - CM} = \frac{R^2 (2R - h)^2}{h - R} \ ;$$

on aura donc

$$R = h - \frac{V h^2}{S^2}$$

et pour équation donnant V

$$2V^2 h^3 - VS^2 (3h^2 + S) + hS^4 = 0.$$

La condition de réalité des racines est :

$$(3h^2 + S)^2 - 8h^4 > 0$$

ou

$$[S + h^2 (\sqrt{2} + 1)^2][S + h^2 (\sqrt{2} - 1)^2] > 0.$$

Condition toujours remplie ; donc, les deux valeurs de V sont positives, et pour qu'elles conviennent, il faut que les valeurs correspondantes de R soient telles que l'on ait :

$$2R > h \text{ ou } 2h - 2\,\frac{V h^2}{S^2} > h,$$

d'où

$$V < \frac{S^2}{2h}.$$

Or, la demi-somme des racines est $\dfrac{S^2 (3h^2 + S)}{4h^3}$, quantité supérieure à $\dfrac{S^2}{2h}$, donc la plus grande racine ne satisfait pas à l'inégalité précédente et ne peut convenir ; quant à la plus petite, elle convient toujours, car l'inégalité

$$S^2(3h^2 + S) - S^2 \sqrt{[S + h^2(\sqrt{2} + 1)^2][S + h^2(\sqrt{2} - 1)^2]} < \frac{S^2}{2h}$$
$$\text{ou} \quad h^2 + S < \sqrt{\dots}$$

est toujours remplie. Ainsi dans ce cas, un seul solide répond à la disposition de la figure (2).

*Entre quelles limites doit-on faire varier* x *pour que l'équa-tion :*

$$[(x - a)^2 + y^2]^2 = 16axy^2,$$

*résolue par rapport à* y, *ait ses racines réelles ?* (On suppose $a > 0$.)

Développant et ordonnant par rapport à $y$, on a :

$$y^4 - 2y^2[8ax - (x-a)^2] + (x-a)^4 = 0,$$

et employant la deuxième formule de résolution de l'équation bicarrée (p. 179), on a :

$$y = \pm 2\sqrt{ax} \pm \sqrt{4ax - (x-a)^2}.$$

D'après la quantité placée sous le premier radical, on doit avoir

$$x > 0.$$

Ordonnant par rapport à $x$ la quantité placée sous le second radical, on a :

$$- x^2 + 6ax - a^2.$$

Le premier terme de cette expression étant négatif, celle-ci sera positive lorsque $x$ sera compris entre les racines de l'équation :

$$- x^2 + 6ax - a^2 = 0\,;$$

c'est-à-dire entre

$$a(3 - 2\sqrt{2}) \quad \text{et} \quad a(3 + 2\sqrt{2}),$$

ou

$$a(\sqrt{2} - 1)^2 \quad \text{et} \quad a(\sqrt{2} + 1)^2.$$

Ces deux quantités étant positives, les conditions demandées sont :

$$a(\sqrt{2} - 1)^2 < x < a(\sqrt{2} + 1)^2.$$

§ 3. — **Résolution du système de deux inégalités à une inconnue, l'une du premier degré, l'autre du second degré.**

Problème. — *Reconnaître, sans résoudre l'équation* $x^2 + px + q = 0$, *quel est l'ordre de grandeur des trois quantités* $x'$, $x''$, $x_1$ ($x'$ *et* $x''$ *étant les racines de l'équation proposée*). (On suppose) $x' < x''$.

Il peut se présenter trois cas : ou $x_1$ est *inférieur* à $x'$, ou *compris entre* $x'$ *et* $x''$, *ou supérieur à* $x''$.

Dans la première hypothèse : $x_1 < x'$, on doit avoir $x_1 < -\dfrac{p}{2}$,
puisque la plus petite racine $x'$ est inférieure à $-\dfrac{p}{2}$, qui représente la demi-somme des racines de l'équation proposée ;
d'autre part, puisque le trinôme $x^2 + px + q$ conserve le signe
de son premier terme, lorsque $x$ varie de $-\infty$ à $x'$, $x_1$ étant
compris dans cet intervalle, on devra avoir $x_1^2 + px_1 + q > 0$.

Ainsi, il est *nécessaire*, si l'on a $x_1 < x'$, que l'on ait :

$$x_1 < -\frac{p}{2}$$

et

$$x_1^2 + px_1 + q > 0.$$

Ces deux conditions sont *suffisantes* ; car, si elles sont remplies,
d'après la première, $x_1$ est certainement inférieur à $x''$; d'ailleurs $x_1$ ne peut être compris entre $x'$ et $x''$, puisque dans cet
intervalle, le trinôme étant négatif, on devrait avoir
$x_1^2 + px_1 + q < 0$, ce qui est contradictoire avec la seconde
condition, donc $x_1$ ne peut être qu'inférieur à $x'$.

Dans la seconde hypothèse : $x' < x_1 < x''$, on doit avoir :

$$x_1^2 + px_1 + q < 0.$$

Cette condition unique, qui est *nécessaire*, est *suffisante* ;
car le polynôme $x^2 + px + q$ ne prenant des valeurs négatives
que lorsque $x$ est compris entre $x'$ et $x''$, d'après l'hypothèse

$$x_1^2 + px_1 + q < 0,$$

$x_1$ sera dans cet intervalle.

Enfin, si l'on a $x_1 > x''$, *à fortiori* on a :

$$x_1 > -\frac{p}{2} ;$$

d'autre part, le trinôme $x^2 + px + q$, étant positif lorsque $x$
varie de $x''$ à $+\infty$, prendra une valeur positive pour $x = x_1$,
on a donc en outre

$$x_1^2 + px_1 + q > 0.$$

Les deux conditions précédentes, qui sont *nécessaires*, sont *suffisantes ;* ce qui se démontre de la même manière que dans le premier cas.

EXEMPLES. — 1° *Quelle est la condition pour que 0 soit compris entre les racines de l'équation*

$$x(x-1) - p(p-1) - q(q-1) - 2pq = 0 ?$$

Il faut que l'on ait :

$$-p(p-1) - q(q-1) - 2\,pq < 0$$
ou
$$(p+q)^2 - (p+q) > 0$$
ou
$$(p+q)(p+q-1) > 0,$$

inégalité à laquelle on peut satisfaire soit en posant

$$p+q > 1, \quad \text{soit} \quad p+q < 0$$

2° *Quelles conditions doit remplir* α *pour que* $-\dfrac{1}{2}$ *soit compris entre les racines de l'équation :*

$$x(x+1)(\alpha^2 + 3\alpha + 3) + \alpha^2 = 0 ?$$

Il faut que l'on ait, puisque le coefficient de $x^2$ est toujours positif :

$$-\frac{1}{4}(\alpha^2 + 3\alpha + 3) + \alpha^2 < 0$$

ou

$$\alpha^2 - \alpha - 1 < 0,$$

donc

$$\frac{1 - \sqrt{5}}{2} < \alpha < \frac{1 + \sqrt{5}}{2}.$$

7- **Définitions.** — On appelle *système de deux inégalités* à une inconnue, l'une du premier degré, l'autre du second, l'ensemble de deux inégalités renfermant la même inconnue, l'une au premier degré, l'autre au second, et qui ont lieu simultanément.

*Résoudre un tel système,* c'est trouver entre quelles limites doit être comprise l'inconnue pour que les deux inégalités soient à la fois constamment satisfaites.

Un tel système peut toujours être ramené à la forme :

$$ax^2 + bx + c > 0,$$
$$a'x + b' > 0 ;$$

car, après avoir ramené chacun des membres à la forme entière, il suffit de transposer les termes dans un même membre, celui qui précède le signe $>$.

Soit $x_1 = \dfrac{b'}{a'}$; le système général précédent est compris dans les deux suivants, selon que $a'$ est positif ou négatif :

$$(1) \qquad ax^2 + bx + c > 0 \qquad \text{et} \qquad x > x_1,$$
$$(2) \qquad ax^2 + bx + c > 0 \qquad \text{et} \qquad x < x_1.$$

$1°$ *Résolution du système :*

$$(1) \qquad \left\{ \begin{array}{l} ax^2 + bx + c > 0 \\ \qquad x > x_1 \end{array} \right.$$

On distingue deux cas, suivant que $a$ est positif ou négatif.

1. $a > 0$. — Substituant $x$ à $x_1$ dans le trinôme $ax^2 + bx + c$ que nous désignerons par $y$, le résultat de cette substitution, savoir $y_1 = ax_1^2 + bx_1 + c$, peut être négatif, nul ou positif, car on suppose que les racines de l'équation

$$ax^2 + bx + c = 0$$

ne sont ni égales entre elles, ni imaginaires, sans quoi la première inégalité serait toujours satisfaite quel que soit $x_1$ par suite le système (1) serait équivalent à l'inégalité unique :

$$x > x_1.$$

Soit d'abord $y_1 < 0$, le trinôme $y$ n'étant négatif que si $x$ varie entre $x'$ et $x''$, on a $x' < x_1 < x''$; $x$ devant être supérieur à $x_1$ ne peut être inférieur à $x''$, car si $x$ était compris entre $x_1$ et $x''$ on aurait $y < 0$; donc le système (1) est alors équivalent à

$$x > x''$$

D'ailleurs cette inégalité nécessaire est suffisante. Si $y_1 = 0$, $x_1$ est égal soit à $x'$, soit à $x''$, et l'inégalité $x > x''$ est seule nécessaire et suffisante.

Si l'on a $y_1 > 0$, $x_1$ est nécessairement en dehors de l'intervalle compris entre les racines ; pour reconnaître si cette quantité $x_1$ est inférieure à la plus petite racine $x'$ ou supérieure à la plus grande $x''$, il suffit de la comparer à la demi-somme $-\dfrac{b}{2a}$ de ces racines.

Si l'on a $x_1 < -\dfrac{b}{2a}$, l'ordre de ces trois grandeurs est donné par les inégalités :

$$x_1 < x' < x'' \,;$$

donc $x$ doit être inférieur à $x'$, pour que l'on ait $y > 0$ ou supérieur à $x''$, donc le système (1) est équivalent à l'un des deux systèmes :

$$x_1 < x < x'$$
$$x > x''$$

Il est facile de reconnaître que ces inégalités sont suffisantes, d'après le problème précédent (p. 236).

II. $a < 0$. — Comme précédemment, nous supposerons $x'$ et $x''$ réels et soit d'abord $y_1 < 0$, le trinôme $y$ est négatif lorsque $x$ varie en dehors des racines ; donc, dans cette hypothèse, $x_1$ est ou inférieur à $x'$, ou supérieur à $x''$ ; si l'on a $x_1 < -\dfrac{b}{2a}$, il en résulte $x_1 < x'$; par conséquent $x$ variant entre $x'$ et $x''$ rendra positif $y$ et sera toujours supérieur à $x_1$ ; ainsi le système (1) est équivalent au système : $x' < x < x''$, c'est-à-dire que la première des inégalités du système seule suffit. Si l'on a $x_1 > -\dfrac{b}{2a}$, d'où $x_1 > x''$, il y a impossibilité, car $x$ ne peut être à la fois inférieur à $x''$ et supérieur à $x_1$.

Si $y_1 = 0$, on a $x_1 = x'$ ou $x_1 = x''$, selon que $x_1 < -\dfrac{b}{2a}$ ou $> -\dfrac{b}{2a}$ ; dans le premier cas on devra encore avoir :

$$x' < x < x''.$$

Mais si $x_1 = x''$, le trinôme $ax^2 + bx + c$ n'étant positif que lorsque $x$ est compris entre $x'$ et $x''$ et $x$ devant être supérieur à $x_1$ ou $x''$, il y a contradiction entre les deux inégalités du système (1); par conséquent il est impossible d'y satisfaire.

Cette impossibilité a lieu *à fortiori*, lorsque l'on a $y_1 < 0$ et $x_1 > -\dfrac{b}{2a}$, par suite $x_1 > x''$.

Soit enfin $y_1 > 0$, il en résulte que l'on a :

$$x' < x_1 < x'',$$

et le système (1) est équivalent à

$$x_1 < x < x''.$$

Ces inégalités montrent une seconde fois que si $y_1 = 0$ et si $x_1$ est égal à la plus grande racine $x''$, il n'y a aucune valeur de $x$ pouvant satisfaire au système proposé.

2° *Résolution du système :*

$$(2) \qquad \begin{cases} ax^2 + bx + c > 0 \\ x < x_1 \end{cases}$$

Pour les mêmes raisons, on suppose que les racines de l'équation $ax^2 + bx + c = 0$ ne sont ni égales entre elles, ni imaginaires ; car, si $b^2 - 4ac \leqslant 0$ selon que $a$ est positif ou négatif, la première inégalité a toujours lieu quel que soit $x$, ou ne peut jamais être satisfaite.

I. $a > 0$. — Soit d'abord $y_1 = ax_1^2 + bx_1 + c < 0$, par suite

$$x' < x_1 < x'' ;$$

d'après l'inégalité $ax^2 + bx + c > 0$, $x$ doit être compris en dehors de l'intervalle de $x'$ à $x''$, par conséquent l'inégalité $x < x_1$ ne sera satisfaite aussi que si l'on a $x < x'$.

Cette condition unique, qui est nécessaire, est suffisante.

Si $y_1 = 0$, on a $x_1 = x'$ ou $x_1 = x''$ selon que l'on a $x_1 < -\dfrac{b}{2a}$ ou $> -\dfrac{b}{2a}$ ; dans la première hypothèse, la condition $x < x'$ est nécessaire et suffisante ; de même, dans le second cas.

Si l'on a $y_1 > 0$, $x_1$ est nécessairement en dehors de l'intervalle compris entre $x'$ et $x''$ ; il reste à reconnaître si $x_1$ est inférieur à $x'$ ou supérieur à $x''$. Si l'on a $x_1 < -\dfrac{b}{2a}$, par suite $x_1 < x'$, la condition :

$$x < x_1$$

est seule nécessaire et suffisante.

Mais si l'on a $x_1 > -\dfrac{b}{2a}$, par suite $x_1 > x''$, et $à$ *fortiori*

$x_1 > x'$, on satisfera aux inégalités (2), en supposant soit $x < x'$, soit $x'' < x < x_1$.

II. $a < 0$. — Soit $y_1 < 0$; le trinôme $y$ étant négatif, lorsque $x$ varie en dehors des racines, $x_1$ est donc ou inférieur à $x'$ ou supérieur à $x''$. Si l'on a $x_1 < -\dfrac{b}{2a}$, par conséquent

$$x_1 < x,$$

la condition nécessaire

$$x < x_1$$

entraîne $x < x'$, par conséquent $y$ est négatif, ce qui est contradictoire avec la condition imposée $y > 0$; ainsi dans ce cas, il est impossible de satisfaire au système (2).

Mais si l'on a $x_1 > -\dfrac{b}{2a}$, par suite $x_1 > x''$, le trinôme $y$ étant positif, lorsque $x$ varie entre les racines, on doit avoir $x' < x < x''$ et d'après l'inégalité $x'' < x_1$ il résulte

$$x < x_1 ;$$

donc l'inégalité $ax^2 + bx + c > 0$, qui est nécessaire, est suffisante.

Soit $y_1 = 0$, il en résulte

$$x_1 = x' \quad \text{ou} \quad x_1 = x''$$

selon que l'on a :

$$x_1 < -\dfrac{b}{2a} \quad \text{ou} \quad x_1 > -\dfrac{b}{2a}.$$

Si $x_1 = x'$, de l'inégalité $x < x_1$ ou $x < x'$ résulte que le trinôme est constamment négatif, donc il est impossible de satisfaire au système (2). Si $x_1 = x''$, les inégalités

$$x' < x < x'' \quad \text{ou} \quad x_1 ,$$

qui sont nécessaires, sont suffisantes ; donc la première des inégalités du système (2) suffit.

Enfin, soit $y_1 > 0$, par suite $x' < x_1 < x''$, on doit avoir $x' < x < x_1$, puisque pour que $y$ soit positif, il faut que $x$ varie entre les racines ; ces conditions, nécessaires, sont évidemment suffisantes.

TABLEAU DE LA DISCUSSION.

| SYSTÈMES A RÉSOUDRE. | HYPOTHÈSES. | | | SYSTÈMES ÉQUIVALENTS. |
|---|---|---|---|---|
| $ax^2 + bx + c > 0$ <br> $x > x_1$ | $a > 0$ | $y_1 \leqq 0 \ldots\ldots$ | | $x > x''$ |
| | | $y_1 > 0$ | $x_1 < -\dfrac{b}{2a}$ | $x_1 < x < x'$ ou $x > x''$ |
| | | | $x_1 > -\dfrac{b}{2a}$ | $x > x_1$ |
| | $a < 0$ | $y_1 \leqq 0$ | $x_1 < -\dfrac{b}{2a}$ | $x' < x < x''$ |
| | | | $x_1 > -\dfrac{b}{2a}$ | impossibilité. |
| | | $y_1 > 0 \ldots\ldots$ | | $x_1 < x < x''$ |
| $ax^2 + bx + c > 0$ <br> $x < x_1$ | $a > 0$ | $y_1 \leqq 0 \ldots\ldots$ | | $x < x'$ |
| | | $y_1 > 0$ | $x_1 < -\dfrac{b}{2a}$ | $x < x_1$ |
| | | | $x_1 > -\dfrac{b}{2a}$ | $x < x'$ ou $x'' < x < x_1$ |
| | $a < 0$ | $y_1 \leqq 0$ | $x_1 < -\dfrac{b}{2a}$ | impossibilité |
| | | | $x_1 > -\dfrac{b}{2a}$ | $x' < x < x''$ |
| | | $y_1 > 0 \ldots\ldots$ | | $x' < x < x_1$ |

**Applications.** — $1°$ *Résoudre le système :*

$$x^2 (n - 1)(n - 4) - 8ax (n + 1) + 26a^2 > 0 \qquad (1)$$
$$x > a. \qquad (2)$$

dans lequel on suppose $a > 0$.

Faisant $x = a$ dans le trinôme, on a, après avoir divisé par $a^2$, quantité positive,

$$y_1 = (n - 1)(n - 4) - 8 (n + 1) + 26$$

ou

$$y_1 = (n - 2)(n - 11).$$

D'autre part, la quantité sous le radical, en résolvant l'équation $x^2 (n - 1)(n - 4) - 8ax (n + 1) + 26a^2 = 0$, est

$$- 10n^2 + 162n - 88. \qquad (3)$$

Si on substitue dans cette expression 2 et 11, on trouve

les résultats positifs $+ 196$ et $+ 484$, donc les racines $n'$, $n''$, de l'équation $- 10n^2 + 162n - 88 = 0$ sont, l'une comprise entre 0 et 2, l'autre comprise entre 11 et l'infini ; d'ailleurs la plus petite $n'$ est inférieure à l'unité, puisque pour $n = 1$, l'expression (3) prend la valeur positive $+ 64$. Il y a donc lieu à distinguer les cinq cas suivants :

$$
\begin{aligned}
&n \text{ compris entre } n' \text{ et } 1, \\
&n \qquad\quad\ —\qquad 1 \text{ et } 2, \\
&n \qquad\quad\ —\qquad 2 \text{ et } 4, \\
&n \qquad\quad\ —\qquad 4 \text{ et } 11, \\
&n \qquad\quad\ —\qquad 11 \text{ et } n''.
\end{aligned}
$$

Il n'y a pas à examiner les cas où $n$ serait ou inférieur à $n'$ ou supérieur à $n''$, puisque le trinôme (1) conserve toujours, quel que soit $n$, le signe de son premier terme $(n — 1)(n — 4)\, x^2$ qui est le signe $+$ ; et le système se réduirait à l'inégalité $x > a$.

$1°$ *n compris entre $n'$ et $1$.* — Le coefficient de $x^2$ est positif, ainsi que $y_1$ ; or, on a $a$ inférieur à la demi-somme des racines $x'$, $x''$, ou :

$$
a < \frac{4(n + 1)\, a}{(n — 1)(n — 4)} \quad \text{ou} \quad n(n — 9) < 0.
$$

Donc le système proposé est équivalent à l'un des systèmes :

$$
\begin{aligned}
&a < x < x', \\
&x > x''.
\end{aligned}
$$

$2°$ *n compris entre $1$ et $2$.* — Le coefficient de $x^2$ est négatif et $y_1$ positif ; donc, d'après le tableau précédent, le système est équivalent au suivant :

$$
a < x < x''.
$$

$3°$ *n compris entre $2$ et $4$.* — Le coefficient de $x^2$ est négatif ainsi que $y_1$ ; d'autre part, on a :

$$
a > \frac{4(n + 1)\, a}{(n — 1)(n — 4)}
$$

puisque le dénominateur de cette fraction est négatif, donc il y a impossibilité de satisfaire au système proposé.

4° *n compris entre 4 et 11.* — Le coefficient de $x^2$ est positif et $y_1$ négatif, donc le système est équivalent à l'inégalité

$$x > x''.$$

5° *n compris entre 11 et n''.* — Le coefficient de $x^2$ est positif ainsi que $y_1$; d'ailleurs, on a :

$$a > \frac{4(n+1)a}{(n-1)(n-4)} \quad \text{ou} \quad n(n-9) > 0,$$

donc le système proposé est équivalent à l'inégalité

$$x > a.$$

2° *Couper une sphère de rayon R par un plan de manière que le volume du segment sphérique à une base AMB soit équivalent à celui du cylindre ayant même base et pour hauteur la distance du centre à cette base commune.*

Soit $MC = x$, l'équation du problème est

$$\frac{\pi x^2}{3}(3R - x) = \pi(R - x)\overline{AC}^2 = \pi(R - x)x(2R - x).$$

On a d'abord la solution $x = 0$, évidente *à priori;* divisant par $x$, on a l'équation :

$$3(R - x)(2R - x) - x(3R - x) = 0 \quad \text{ou} \quad x^2 - 3Rx + \frac{3R^2}{2} = 0$$

avec la condition géométrique $x < R$.

Or, si on fait $x = R$ dans le premier membre de l'équation, on obtient $-\dfrac{R^2}{2}$, donc l'une des racines est inférieure à R, l'autre supérieure à R, donc la plus petite racine, qui d'ailleurs est positive, seule convient. Ainsi la hauteur MC est donnée par la formule

$$MC = \frac{R(3 - \sqrt{3})}{2}.$$

3° *Trouver deux quantités connaissant leur somme* $S_1$ *et la somme* $S_5$ *de leurs cinquièmes puissances.*

Soient $x'$ et $x''$ ces deux quantités et $q$ leur produit, elles sont les deux racines de l'équation :

$$x^2 - S_1 x + q = 0, \qquad (1)$$

et on a pour déterminer $q$ la relation

$$5 S_1 q^2 - 5 S_1^3 q + S_1^5 - S_5 = 0. \qquad (2)$$

La condition de réalité des racines de cette équation est :

$$S_1 (S_1^5 + 4 S_5) > 0.$$

Il y a lieu de remarquer que $S_1$ et $S_5$ sont toujours de même signe, par conséquent la condition précédente est toujours remplie, il suffit donc d'examiner si les racines de l'équation (1) sont réelles, c'est-à-dire si l'on a :

$$S_1^2 - 4q > 0 \quad \text{ou} \quad q < \frac{S_1^2}{4}.$$

Or, la demi-somme des racines de l'équation (2) est $\frac{1}{2} S_1^2$, donc la plus grande est toujours supérieure à $\frac{S_1^2}{4}$, par conséquent, ne convient jamais ; quant à la plus petite, elle conviendra certainement si elle est négative ; et si elle est positive, elle conviendra si le résultat de la substitution de $\frac{S_1^2}{4}$ à $q$ dans le trinôme :

$$q^2 - S_1^2 q + \frac{S_1^5 - S_5}{5 S_1}$$

est négatif, ce qui conduit à

$$\frac{S_1^5 - S_5}{5 S_1} < \frac{3 S_1^4}{16}.$$

Si $S_1$ est positif, cette condition revient à la suivante :

$$S_1^5 < 16 S_5,$$

ce qui démontre ce théorème, que la cinquième puissance de la somme de deux nombres est inférieure à 16 fois la somme des cinquièmes puissances de ces nombres, pourvu que la somme de ces deux nombres soit positive. Si $S_1$ est négatif, l'inégalité précédente est renversée de sens, c'est-à-dire que l'on doit avoir :

$$S_1^5 > 16S_5,$$

ce qui, au point de vue arithmétique, conduit au même théorème.

4° *Trouver les trois côtés d'un triangle, connaissant la surface* S *de ce triangle, la somme* p *de deux des côtés et la longueur* α *de la bissectrice intérieure de l'angle compris entre ces deux côtés.*

Soient $x'$ et $x''$ les deux côtés comprenant la bissectrice $\alpha$ et $z$ le troisième côté.

On a les trois relations

$$x' + x'' = p,$$

$$\alpha^2 = x'x'' - \frac{z^2x'x''}{p^2},$$

$$S = \frac{1}{4}\sqrt{(p^2 - z^2)[z^2 - (x' - x'')^2]} = \frac{\sqrt{(p^2 - z^2)(z^2 - p^2 + 4x'x'')}}{4}$$

De la seconde on tire :

$$x'x'' = \frac{p^2\alpha^2}{p^2 - z^2} \cdot$$

Substituant cette valeur dans la troisième, on a :

$$S = \frac{\sqrt{4p^2\alpha^2 - (p^2 - z^2)^2}}{4},$$

d'où

$$p^2 - z^2 = \sqrt{4p^2\alpha^2 - 16S^2}.$$

On prend le signe $+$ devant ce radical, parce que d'après la géométrie, on a $p > z$.

On a donc :

$$z^2 = p^2 - \sqrt{4p^2\alpha^2 - 16S^2}.$$

Cette valeur de $z$ entraîne les deux conditions :

$$\left\{ \begin{array}{l} 4p^2\alpha^2 - 16S^2 > 0, \\ p^2 > \sqrt{4p^2\alpha^2 - 16S^2}, \end{array} \right.$$

ou

$$\left\{ \begin{array}{l} \alpha^2 > \dfrac{4S^2}{p^2}, \\ \alpha^2 < \dfrac{p^4 + 16S^2}{4p^2}, \end{array} \right.$$

c'est-à-dire

$$\frac{4S^2}{p^2} < \alpha^2 < \frac{4S^2}{p^2} + \frac{p^2}{4} \, . \qquad (1)$$

Supposant ces conditions remplies, $x'$ et $x''$ sont donnés par les deux relations :

$$x' + x'' = p, \qquad x'x'' = \frac{p^2\alpha^2}{\sqrt{4p^2\alpha^2 - 16S^2}} \, ;$$

par conséquent ce sont les racines de l'équation :

$$x^2 - px + \frac{p^2\alpha^2}{\sqrt{4p^2\alpha^2 - 16S^2}} = 0.$$

La condition de réalité des racines de cette équation est :

$$p^2 - \frac{4p^2\alpha^2}{\sqrt{4p^2\alpha^2 - 16S^2}} > 0$$

ou

$$\sqrt{p^2\alpha^2 - 4S^2} > 2\alpha^2$$

ou

$$p^2\alpha^2 - 4S^2 - 4\alpha^4 > 0, \qquad (2)$$

trinôme du second degré, si on regarde $\alpha^2$ comme la variable ; puisque le coefficient de $\alpha^4$ est négatif, les racines de l'équation :

$$- 4\alpha^4 + p^2\alpha^2 - 4S^2 = 0 \qquad (3)$$

doivent être réelles, sans quoi le trinôme précédent serait constamment négatif ; ce qui exige que l'on ait :

$$p^4 > 64S^2 \quad \text{ou} \quad p^2 > 8S$$

Cela posé, d'après l'inégalité (2), $\alpha^2$ doit être compris entre les deux racines de l'équation (3) résolue par rapport à $\alpha^2$, et en outre $\alpha^2$ doit satisfaire aux inégalités (1) ; pour reconnaître l'ordre de grandeur de ces quatre quantités, savoir les deux limites données par les inégalités (1) et les deux racines de l'équation (3), substituons $\dfrac{4S^2}{p^2}$ à $\alpha^2$ dans le premier membre de l'inégalité (2), on trouve un résultat négatif; d'autre part, d'après l'hypothèse $p^4 > 64S^2$, on a :

$$\frac{4S^2}{p^2} < \frac{p^2}{16}$$

et *à fortiori*

$$\frac{4S^2}{p^2} < \frac{p^2}{8} \; ;$$

or $\dfrac{p^2}{8}$ représente la demi-somme des racines de l'équation (3), donc la quantité $\dfrac{4S^2}{p^2}$ est inférieure à la plus petite racine de l'équation (3). Enfin, si on substitue $\dfrac{4S^2}{p^2} + \dfrac{p^2}{4}$ à $\alpha^2$, on a :

$$\frac{p^4}{4} - 4 \left( \frac{4S^2}{p^2} + \frac{p^2}{4} \right)^2 ,$$

quantité négative; d'ailleurs, on a évidemment :

$$\frac{4S^2}{p^2} + \frac{p^2}{4} > \frac{p^2}{8} ,$$

donc la quantité $\dfrac{4S^2}{p^2} + \dfrac{p^2}{4}$ est supérieure à la plus grande racine de l'équation (3); par suite les inégalités (1) ont certainement lieu, si l'inégalité (2) est satisfaite. Ainsi les conditions nécessaires et suffisantes pour que le problème soit possible, sont :

$$p^2 > 8S,$$

$$\frac{p^2 - \sqrt{p^4 - 64S^2}}{8} < \alpha^2 < \frac{p^2 + \sqrt{p^4 - 64S^2}}{8} .$$

5° *Trouver les côtés d'un triangle rectangle, connaissant son périmètre* 2p *et la somme* a *de l'hypoténuse et de la hauteur correspondante.*

Soient $x'$, $x''$ les deux côtés de l'angle droit, $y$ l'hypoténuse et $z$ la hauteur correspondante ; les équations du problème sont :

$$x' + x'' + y = 2p,$$
$$y + z = a,$$
$$x'^2 + x''^2 = y^2,$$
$$x'x'' = yz.$$

De la première, on tire :

$$x'^2 + x''^2 + 2x'x'' = (2p - y)^2 = 4p^2 - 4py + y^2,$$

ou

$$yz = 2p^2 - 2py ;$$

or

$$z = a - y,$$

donc l'équation déterminant $y$ est :

$$y(a - y) = 2p^2 - 2py$$

ou

$$y^2 - y(2p + a) + 2p^2 = 0. \qquad (1)$$

La condition de réalité des racines de cette équation est :

$$(2p + a)^2 - 8p^2 > 0,$$

d'où

$$a > 2p\,(\sqrt{2} - 1)$$

Supposant cette inégalité satisfaite, la plus grande racine de l'équation doit être rejetée, car $z$ étant une quantité essentiellement positive, on doit avoir $y < a$ ; or, la plus grande racine est supérieure à la demi-somme des racines, savoir $p + \dfrac{a}{2}$, quantité supérieure à $a$ ; car, d'après la question géométrique, on a évidemment $p > \dfrac{a}{2}$. Quant à la plus petite racine, elle sera inférieure à $a$, si le résultat de la substitution de $a$ à $y$ dans le premier membre de l'équation (1) est négatif, ce qui conduit à la condition :

$$- 2ap + 2p^2 < 0$$

ou

$$a > p,$$

condition qui, remplie, entraîne la précédente :

$$a > 2p \left( \sqrt{2} - 1 \right);$$

car on a :

$$p > 2p \left( \sqrt{2} - 1 \right) \quad \text{ou} \quad 3 > 2\sqrt{2}.$$

On a donc :

$$y' = \frac{2p + a - \sqrt{(2p + a)^2 - 8p^2}}{2}$$

avec la condition :

$$p < a < 2p$$

Or,

$$x' + x'' = (2p - y')$$

et

$$x'x'' = y'(a - y'),$$

donc $x'$ et $x''$ sont les racines de l'équation :

$$x^2 - (2p - y')x + y'(a - y') = 0.$$

La condition de réalité des racines de cette équation est :

$$(2p - y')^2 - 4y(a - y') > 0$$

ou

$$5y'^2 - 4y'(p + a) + 4p^2 > 0$$

équivalente à la suivante, d'après l'égalité (1)

$$5y'(2p + a) - 10p^2 - 4y'(p + a) + 4p^2 > 0$$

ou

$$(6p + a)y' - 6p^2 > 0.$$

Remarquons que l'on a :

$$\frac{6p^2}{6p + a} < \frac{2p + a}{2};$$

or, si on remplace $y$ par $\dfrac{6p^2}{6p + a}$ dans l'égalité (1), on trouve :

$$36p^4 - 6p^2(6p + a)(2p + a) + 2p^2(6p + a)^2$$

ou

$$36p^4 - 24ap^3 - 4a^2p^2 = 4p^2(9p^2 - 6ap - a^2)$$

résultat qui doit être positif, pour que $\dfrac{6p^2}{6p + a}$ soit infé-

rieure à la plus petite racine de l'équation (1), c'est-à-dire
que $(6p + a)\, y' > 6p^2$ ; on doit donc satisfaire au système :

$$\left\{ \begin{array}{c} - a^2 - 6ap + 9p^2 > 0 \\ p < a < 2p. \end{array} \right.$$

Or, si dans le premier trinôme, on substitue $p$, puis $2p$ à
$a$, on trouve respectivement $+ 2p^2$, $- 7p^2$, donc la racine
positive de l'équation $a^2 + 6ap - 9p^2$ est inférieure à $2p$,
par suite $a$ doit être compris entre $p$ et cette racine positive.
Il en résulte que les conditions nécessaires et suffisantes
pour que le problème soit possible, sont :

$$p < a < 3p \left( \sqrt{2} - 1 \right).$$

---

# CHAPITRE II.

## DES QUESTIONS DE MAXIMA ET DE MINIMA.

### § 1. — **Maxima et minima du trinôme** $ax^2 + bx + c$.

**Définitions**. — Une fonction d'une variable indépendante
est dite passer par une *valeur maxima*, lorsque par suite de la
variation continue et dans le même sens de cette variable
indépendante, la fonction prend à un certain moment une
valeur *plus grande* que toutes celles qui la précèdent *et* qui la
suivent *immédiatement*. Cette valeur est appelée un *maximum*
de la fonction ; de même, si à un certain moment, la fonction
prend une valeur *plus petite* que toutes celles qui la précèdent
*et* qui la suivent *immédiatement*, cette valeur est appelée un
*minimum* de la fonction.

S'il arrive que par suite de conditions algébriques ou
géométriques, la variable indépendante ne puisse varier d'une
manière continue de $- \infty$ à $+ \infty$, et ait une limite finie dans
sa variation, et si la fonction, au moment où cette variable

indépendante atteint sa limite, possède une valeur plus grande ou plus petite que celles qu'elle avait postérieurement, cette valeur ne constitue pas un *maximum* ou un *minimum* algébrique de la fonction, parce qu'on ne peut comparer cette valeur à celles qui suivent immédiatement, puisque celles-ci n'existent pas, par suite de la condition imposée à la variable indépendante. Ainsi la fonction $\sqrt{1-x}$ prend la valeur 0 pour $x = 1$, valeur plus petite que celles qui précèdent, lorsqu'on fait croître $x$ de 0 à 1 ; on ne peut dire que cette valeur 0 est un *minimum* de la fonction ci-dessus, puisque $x$ étant supérieur à 1, les valeurs de la fonction ne sont plus réelles, par conséquent ne sont pas comparables à celles qui précèdent.

Ces *maximums* et *minimums* particuliers s'appellent quelquefois *absolus*, tandis que les premiers sont appelés *relatifs*.

PREMIÈRE PROPRIÉTÉ. — *Si* A *est un maximum de la fonction* y, — A *est un minimum de la fonction* — y, *et inversement.*

En effet, si A est un maximum de la fonction $y$, on a par définition l'inégalité

$$y < A$$

pour toutes les valeurs de cette fonction voisines de A, par conséquent en transposant

$$- A < - y$$

ou

$$- y > - A$$

donc — A est un minimum de — $y$.

DEUXIÈME PROPRIÉTÉ. — *La valeur de* x *pour laquelle la fonction* y *de* x *est maxima ou minima, rend aussi les fonctions* $m^2 y$, $y + a$ *maxima ou minima,* a *et* $m^2$ *étant des quantités constantes, c'est-à-dire indépendantes de la variable* x.

En effet, de l'inégalité $y < A$ on déduit

$$m^2 y < m^2 A$$

et

$$y + a < A + a$$

ce qui exprime que $m^2 A$ et $A + a$ sont les valeurs maxima de $m^2 y$ et de $y + a$.

TROISIÈME PROPRIÉTÉ. — *Si la fonction* y *est un polynôme entier en* x : $Ax^m + Bx^{m-1} \ldots + Lx + M = y$, *les valeurs qui rendent maxima et minima* y *doivent annuler le coefficient de* h *dans le développement :*

$$A(x+h)^m + B(x+h)^{m-1} + \ldots L(x+h) + M - (Ax^m + Bx^{m-1} + \ldots + M)$$

$A, B, C \ldots$ *sont des coefficients constants.*

En effet, soit $a$ une valeur de $x$ telle que pour $x = a$, $y$ soit maximum, par exemple. D'après la définition on doit avoir l'inégalité

$$(1) \qquad A(a+h)^m + B(a+h)^{m-1} + \ldots + L(a+h)$$
$$- (Aa^m + Ba^{m-1} + \ldots + La) < 0$$

quel que soit le signe de l'accroissement très-petit $h$ donné à $a$; si on développe le premier membre de cette inégalité, et qu'on fasse les réductions, en ordonnant par rapport aux puissances croissantes de $h$, le polynôme ainsi obtenu ne contiendra aucun terme indépendant de $h$, car pour $h = 0$, ce premier membre doit se réduire à zéro; donc, cette inégalité sera de la forme

$$(2) \qquad Ph + Qh^2 + Rh^3 + \ldots < 0$$

$P, Q, R \ldots$ étant des polynômes entiers en $a$.

Si $h$ est *très-petit*, le premier membre de cette inégalité est de même signe que son premier terme; par hypothèse, cette inégalité devant subsister dans le même sens, lorsqu'on change $h$ en $-h$, il faut que le premier terme $Ph$ soit identiquement nul, c'est-à-dire que l'on ait $P = 0$, sans quoi le premier membre changerait de signe avec $h$, et par conséquent ne serait pas constamment négatif.

COROLLAIRE I. — *Si la valeur* a, *qui annule* P, *correspond à un maximum et que* Q *ne soit pas nul, la quantité* Q *doit être négative; au contraire, elle doit être positive, si à la valeur* a *correspond un minimum de la fonction* y.

REMARQUE. — Si l'on avait en même temps

$$P = 0, \quad Q = 0,$$

et qu'à la valeur $a$ correspondît toujours un maximum de $y$, on démontrerait comme précédemment que l'on doit avoir $R = 0$, et le coefficient de $h^4$ négatif; et ainsi de suite.

COROLLAIRE II. — *Réciproquement, si $a$ annule le polynôme P et que l'on ait $Q \gtreqless 0$, cette valeur $a$, substituée dans la fonction $y$, rendra celle-ci maximum ou minimum suivant que $Q$ est négatif ou positif.*

Car l'inégalité (2) se réduit, si $Q$ est négatif, à :

$$Qh^2 + Rh^3 + \ldots < 0$$

et a lieu quel que soit le signe de $h$; par conséquent l'inégalité (1) a également lieu pour des valeurs de $h$ positives ou négatives très-petites; donc la valeur

$$Aa^m + Ba^{m-1} + \ldots + La + H$$

de $y$ pour $x = a$ est plus grande que les valeurs de cette même fonction qui précèdent et qui suivent immédiatement, valeurs que l'on obtient en faisant $x$ successivement égal à $a - h$ et à $a + h$.

QUATRIÈME PROPRIÉTÉ. — *Si la fonction $y$ est définie par la relation du second degré en $x$ :*

$$Ax^2 + Bx + C = 0, \qquad (1)$$

A, B, C *étant des polynômes entiers en $y$, toute valeur $a$ de $x$ qui rend maximum ou minimum $y$, est telle que le premier membre de cette équation est carré parfait, lorsque l'on remplace $x$ par $a$.*

Soit, par exemple, $m$ une valeur maximum de $y$ pour $x = a$; pour $x = a + h$, $h$ étant positif et très-petit, l'une des valeurs de $y$ est égale à $m - \varepsilon$, $\varepsilon$ étant une quantité positive très-petite; on a donc identiquement, en remplaçant $x$ par $a + h$ et $y$ par $m - \varepsilon$ dans l'équation ci-dessus :

$$A(a + h)^2 + B(a + h) + C = 0.$$

Or, la quantité $m$ étant un maximum est plus grande que les valeurs voisines de $y$ lorsqu'on remplace $x$ par $a - h'$, $h'$ étant une quantité positive très-petite, c'est-à-dire qu'il existe toujours une valeur de $h'$ très-petite telle que pour

$x = a - h'$ l'une des valeurs de $y$ soit $m - \varepsilon$; on a donc identiquement :

$$A (a - h')^2 + B (a - h')^2 + C = 0$$

A, B, C ayant les mêmes valeurs que dans l'identité précédente, puisque $y$ possède la même valeur $m - \varepsilon$; retranchant membre à membre ces deux identités, on a :

$$2Aa (h + h') + A (h^2 - h'^2) + B (h + h') = 0.$$

Divisant par $h + h'$, qui n'est pas nul, il vient :

$$2Aa + B + A (h - h') = 0.$$

Soient $A_1$ et $B_1$ les valeurs de A et B, lorsqu'on y remplace $y$ par $m$; si on fait tendre $\varepsilon$ vers zéro, les quantités $h$ et $h'$ tendront séparément vers zéro, et A, B vers $A_1$, $B_1$; on aura donc à la limite :

$$2A_1 a + B_1 = 0 ; \quad \text{d'où} \quad a = - \frac{B_1}{2A_1} ;$$

d'ailleurs :

$$A_1 a^2 + B_1 a + C_1 = 0;$$

donc, par substitution :

$$\frac{A_1 B_1^2}{4 A_1^2} - \frac{B_1^2}{2A_1} + C_1 = 0$$

ou

$$B_1^2 = 4 A_1 C_1 ,$$

relation qui exprime que l'équation (1) a son premier membre carré parfait pour $x = a$ et $y = m$.

Corollaire I. — *Les valeurs maxima et minima de* y *annulent l'expression* $B^2 - 4AC$.

Corollaire II. — *Réciproquement, si l'expression* $B^2 - 4AC$ *s'annule pour* y $= m$, m *est généralement un maximum ou un minimum de* y.

En effet, le polynôme en $y$ : $B^2 - 4AC$, s'annulant pour $y = m$, est divisible par $y - m$, on peut donc écrire identiquement

$$B^2 - 4AC = (y - m) Q,$$

Q étant un polynôme entier en $y$; faisons $y = m$ dans ce polynôme Q et supposons qu'il prenne la valeur $Q_1$ différente de zéro; si $Q_1$ est *positif*, la condition pour que $x$ soit réel, d'après l'équation (1), est $y - m > 0$, lorsque $y$ prend des valeurs peu différentes de $m$, donc $m$ est un *minimum* de $y$; au contraire si $Q_1$ est *négatif*, la condition pour que $x$ soit réel est $y - m < 0$, par suite $m$ est un *maximum* de $y$.

S'il arrive que $Q$ s'annule pour $y = m$, on peut écrire

$$B^2 - 4AC = (y - m)^2 Q',$$

$Q'$ étant un polynôme entier en $y$, quotient de $Q$ par $y - m$; et dans les valeurs de $x$, solutions de l'équation, on peut mettre $y - m$ en dehors du radical; par suite $m$ ne représente ni un maximum ni un minimum de $y$, puisque $Q'$ ne change pas de signe, lorsque $y$ varie de $m - \varepsilon$ à $m + \varepsilon$. Mais si $Q'$ s'annule pour $y = m$, soit $Q''$ le quotient de $Q'$ par $y - m$, on a :

$$B^2 - 4AC = Q'' (y - m)^3$$

et la quantité sous le radical est :

$$(y - m) \, Q''.$$

Un raisonnement identique établirait que $m$ est un minimum ou un maximum de $y$, selon que le résultat de la substitution de $m$ à $y$ dans $Q''$ est positif ou négatif.

Ces deux dernières propriétés avec leurs corollaires donnent les deux méthodes principales à suivre pour la recherche des maxima et minima lorsque celle-ci ne dépend pas d'équations de degré supérieur au second.

Théorème. — *Le trinôme* $ax^2 + bx + c$ *possède un minimum ou un maximum, selon que* $a$ *est positif ou négatif pour* $x = \alpha = -\dfrac{b}{2a}$.

Première méthode. — D'après la troisième propriété, si pour $x = \alpha$ ce trinôme est maximum, on doit avoir, quel que soit le signe de $h$ :

$$a (\alpha + h)^2 + b (\alpha + h) + c - (a\alpha^2 + b\alpha + c) < 0$$

ou

$$h (2a\alpha + b) + ah^2 < 0;$$

or $P = 2a\alpha + b$, ce qui conduit à

$$2a\alpha + b = 0$$

ou

$$\alpha = -\frac{b}{2a} \quad \text{et} \quad a < 0.$$

Si, au contraire, le trinôme est minimum, on doit avoir

$$2a\alpha + b = 0 \quad \text{et} \quad ah^2 > 0 \quad \text{ou} \quad a > 0.$$

Dans les deux hypothèses, la valeur correspondante du trinôme est la même $\dfrac{4ac - b^2}{4a}$, puisque, quel que soit le signe de $a$, la valeur qu'on doit attribuer à $x$ est $-\dfrac{b}{2a}$.

DEUXIÈME MÉTHODE. — D'après la quatrième propriété, considérons l'équation

$$y = ax^2 + bx + c$$

ou

$$ax^2 + bx + c - y = 0.$$

La quantité sous le radical est :

$$b^2 - 4a\,(c - y) = 4a\left(y - \frac{b^2 - 4ac}{4a}\right).$$

En l'égalant à zéro, on a une équation du premier degré en $y$, donc le trinôme $y$ n'a qu'un maximum ou qu'un minimum ; d'ailleurs si l'on a $a > 0$, pour que $x$ soit réel, on doit avoir :

$$y \geqslant \frac{b^2 - 4ac}{4a},$$

donc $\dfrac{b^2 - 4ac}{4a}$ est, dans cette hypothèse, le minimum du trinôme ; c'est au contraire un maximum pour le trinôme, si $a$ est négatif.

EXEMPLES. — 1° *Trouver le maximum ou le minimum du trinôme* $-x^2 + 3x - 2$.

Ici $a = -1$, donc c'est un maximum, et la valeur de $x$ qui donne ce maximum est $\dfrac{3}{2}$.

D'après la deuxième méthode, en résolvant l'équation

$$-x^2 + 3x - 2 - y = 0$$

la quantité sous le radical est :

$$9 - 4(2 + y) = 1 - 8y,$$

on doit avoir :

$$1 > 8y \quad \text{d'où} \quad y \leq \frac{1}{4}.$$

Ainsi $\frac{1}{4}$ est le maximum de $y$ et la valeur correspondante

de $x$ est $\frac{3}{2}$, puisque les racines sont égales.

2° *Trouver le maximum ou le minimum de l'aire totale du*
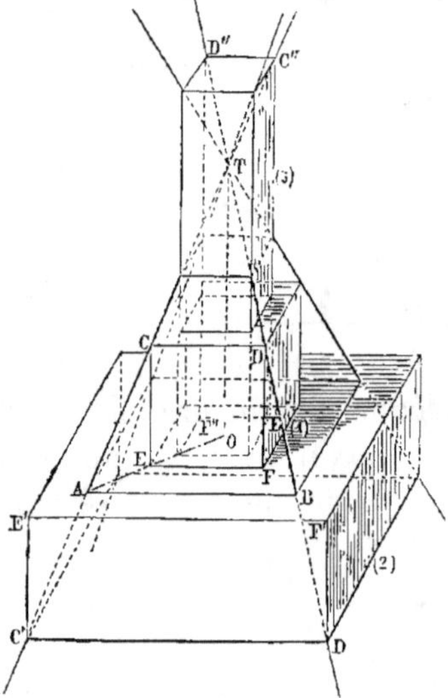
*parallélipipède droit inscrit dans
une pyramide régulière à base
carrée.* (Par aire totale, on en-
tendra la somme algébrique
des aires des deux bases et
des quatre faces latérales.)

Soient $a$ le côté AB de la
base de la pyramide, $h$ sa hauteur, $x$ le côté CD de la base
du parallélipipède, la longueur $x$ étant considérée
comme positive ou comme
négative, selon que la base
supérieure est située au-dessous ou au-dessus du som-
met T, et enfin $y$ la hauteur
CE du parallélipipède, qui sera positive ou négative, selon
que l'arête CE est située au-dessus ou au-dessous de la base
de la pyramide. L'aire totale sera représentée par l'expression
générale

$$2x^2 + 4xy.$$

Remarquons tout d'abord que cette aire, étant la somme
algébrique des deux quantités $2x^2$, $4xy$, peut être positive ou
négative, puisque le second terme $4xy$ est négatif, lorsque l'on
considère l'un des parallélipipèdes (2) ou (3).

Les triangles semblables ACE, ATO donnent

$$\frac{CE}{TO} = \frac{AE}{AO} \quad \text{ou} \quad \frac{y}{h} = \frac{AO - OE}{AO} = \frac{AB - EF}{AB},$$

$$\frac{y}{h} = \frac{a - x}{a},$$

d'où $y = \dfrac{h(a - x)}{a}$ ; substituant cette valeur de $y$ dans l'expression de la surface, la fraction à étudier est :

$$2x^2 + \frac{4hx(a - x)}{a} = \frac{2}{a}\left[(a - 2h)x^2 + 2ahx\right].$$

La surface est donc susceptible d'un maxima ou d'un minima, selon que $a - 2h$ est une quantité négative ou positive ; et si $a = 2h$, il n'y a ni maximum ni minimum.

Si l'on a : $a - 2h < 0$, la surface a pour maximum $\dfrac{2ah^2}{2h - a}$, qui a lieu pour

$$x = \frac{ah}{2h - a}, \quad y = \frac{h(h - a)}{2h - a},$$

de sorte que si l'on a en outre $a < h$, le parallélipipède d'aire maxima est disposé comme l'indique la figure (1) ; mais si l'on a

$$h < a < 2h,$$

ce parallélipipède présente la disposition (2).

Dans la deuxième hypothèse $a > 2h$, il y a un minimum pour l'aire totale égal à $\dfrac{- 2ah^2}{a - 2h}$, correspondant aux valeurs de $x = - \dfrac{ah}{a - 2h}$ et $y = \dfrac{h(a - h)}{a - 2h}$ ; le parallélipipède présente donc la disposition (3).

3° *Connaissant la somme 2a des longueurs de deux cordes parallèles d'un cercle de rayon R, déterminer leur position de manière que la distance* h *de ces cordes soit maximum ou minimum.*

Soient $x'$, $x''$ les longueurs des deux demi-cordes parallèles, on a :

$$h = \sqrt{R^2 - x'^2} \pm \sqrt{R^2 - x''^2}$$

selon que les cordes sont de part et d'autre du centre ou du même côté. Élevant les deux membres au carré, on a :

$$h^2 = 2R^2 - (x'^2 + x''^2) \pm 2 \sqrt{(R^2 - x'^2)(R^2 - x''^2)}$$

ou

$$(h^2 - 2R^2 + x'^2 + x''^2)^2 = 4(R^2 - x'^2)(R^2 - x''^2).$$

Développant et réduisant, il vient :

$$h^4 + (x'^2 + x''^2)^2 - 4h^2R^2 + 2h^2(x'^2 + x''^2) = 4x'^2x''^2.$$

Or,

$$x' + x'' = a, \quad \text{d'où} \quad x'^2 + x''^2 = a^2 - 2x'x'',$$

donc

$$h^4 + (a^2 - 2x'x'')^2 - 4h^2R^2 + 2h^2(a^2 - 2x'x'') = 4x'x'',$$

d'où

$$x'x'' = \frac{(h^2 + a^2)^2 - 4h^2R^2}{4(a^2 + h^2)} ;$$

donc $x'$ et $x''$ sont les racines de l'équation

$$x^2 - ax + \frac{(h^2 + a^2)^2 - 4h^2R^2}{4(a^2 + h^2)} = 0.$$

La condition pour que les racines soient réelles est :

$$a^2(a^2 + h^2) - (h^2 + a^2)^2 + 4h^2R^2 > 0$$

ou

$$h^2(-h^2 - a^2 + 4R^2) > 0.$$

D'après la géométrie on a la condition $a^2 < 4R^2$ ; on peut alors écrire l'inégalité précédente ainsi :

$$\left(\sqrt{4R^2 - a^2} - h\right)\left(\sqrt{4R^2 - a^2} + h\right) > 0. \qquad (1)$$

Si $h$ est positif, il suffit d'écrire

$$h \leqslant \sqrt{4R^2 - a^2}$$

La valeur $\sqrt{4R^2 - a^2}$ est donc un maximum de $h$, alors $x' = x'' = a$, et il est évident que ce maximum est celui de la fonction $\sqrt{R^2 - x'^2} + \sqrt{R^2 - x''^2}$.

Si $h$ est négatif, l'inégalité (1) se réduit à

$$h > -\sqrt{4R^2 - a^2}.$$

Ainsi $h$ possède un minimum qui est

$$- \sqrt{+ 4R^2 - a^2}.$$

Cette valeur minimum appartient à la fonction :

$$- \sqrt{R^2 - x'^2} - \sqrt{R^2 - x''^2}$$

qui, traitée comme la première, conduirait à la même équation en $x$, par suite des deux élévations au carré qu'il faudra également faire successivement, pour faire disparaître les radicaux.

D'ailleurs, d'après la première propriété, si pour $x' = x'' = a$, la fonction

$$\sqrt{R^2 - x'^2} + \sqrt{R^2 - x''^2}$$

est maximum, pour les mêmes valeurs, la fonction

$$- \sqrt{R^2 - x'^2} - \sqrt{R^2 - x''^2},$$

est minimum.

4° *Trouver le maximum de la surface totale du cylindre inscrit dans une sphère de rayon* R.

Soient $x$ le rayon de base du cylindre, $2y$ sa hauteur, la surface $2\pi S$ du cylindre est égale à $2\pi x^2 + 4\pi xy$, on a donc :

$$S = x^2 + 2xy ; \qquad (1)$$

d'autre part :

$$x^2 + y^2 = R^2. \qquad (2)$$

Éliminant $y$ entre ces deux équations, on a :

$$x^2 + \frac{(S - x^2)^2}{4x^2} = R^2$$

ou

$$5x^4 - 2x^2 (S + 2R^2) + S^2 = 0.$$

Regardant $x^2$ comme la variable indépendante et appliquant la quatrième propriété, on a la condition :

$$(S + 2R^2)^2 - 5S^2 \geqslant 0$$

ou

$$\left[ S (1 + \sqrt{5}) + 2R^2 \right] \left[ 2R^2 - S (\sqrt{5} - 1) \right] \geqslant 0.$$

Comme S est une quantité positive, cette condition se réduit à

$$S \leqslant \frac{2R^2}{\sqrt{3} - 1}.$$

Ainsi S possède un maximum qui est : $\dfrac{R^2 \left(\sqrt{3} + 1\right)}{2}$ pour

$$x^2 = \frac{2R^2 + \dfrac{R^2}{2}\left(\sqrt{3} + 1\right)}{3} = \frac{R^2\left(5 + \sqrt{3}\right)}{10},$$

valeur qui convient, puisqu'on a :

$$\frac{5 + \sqrt{3}}{10} < 1 \quad \text{ou} \quad \sqrt{3} < 5.$$

La valeur correspondante de $y$ est donnée par

$$y^2 = \frac{R^2\left(5 - \sqrt{3}\right)}{10}.$$

### § 2. — **Maxima et minima de la fonction** $ax^3 + bx^2 + cx + d$.

D'après la troisième propriété, les valeurs de $x$ qui rendent maximum ou minimum ce polynôme doivent satisfaire à l'équation :

$$P = 3ax^2 + 2bx + c = 0, \tag{1}$$

dont le premier membre est le polynôme dérivé du polynôme proposé.

La première condition pour qu'il y ait maximum ou minimum est donc que l'on ait : $b^2 - 3ac \geqslant 0$, d'ailleurs, il n'y a ni maximum, ni minimum, si l'on a : $b^2 - 3ac = 0$ ; car le coefficient Q de $h^2$ est $2(3ax + b)$ ; et l'équation précédente, si $b^2 - 3ac = 0$, ayant ses racines égales, on a :

$$x = -\frac{b}{3a} \quad \text{ou} \quad 3ax + b = 0 ;$$

par conséquent la différence entre la valeur maxima de la fonction, si elle existait, et les valeurs voisines est représentée par $ah^3$, quantité qui change de signe avec $h$. Ainsi la première condition nécessaire pour qu'il y ait un maximum ou un minimum est $b^2 - 3ac > 0$.

Supposant cette condition remplie, on a nécessairement :

$$3ax' + b \lesseqgtr 0, \qquad 3ax'' + b \lesseqgtr 0,$$

$x'$ et $x''$ étant les racines de l'équation (1).

D'ailleurs, si l'on suppose $x' < x''$ on a :

$$x' < - \frac{b}{3a} < x''$$

puisque $- \dfrac{b}{3a}$ est la demi-somme des racines.

On distingue deux cas suivant que $a$ est positif ou négatif.

**Premier cas** : $a > 0$. — Les inégalités précédentes peuvent être écrites ainsi :

$$3ax' < - b < 3ax'',$$

d'où

$$3ax' + b < 0 \quad \text{et} \quad 3ax'' + b > 0 \, ;$$

donc, on a, quel que soit le signe de la quantité très-petite $h$ :

$$2\,(3ax' + b)\,h^2 + 6ah^3 < 0$$

et

$$2\,(3ax'' + b)\,h^2 + 6ah^3 > 0,$$

c'est-à-dire que pour $x = x'$, la fonction prend une valeur maxima, et pour $x = x''$, une valeur minima.

**Deuxième cas** : $a < 0$. — Les inégalités précédentes étant écrites ainsi :

$$x' < \frac{b}{- 3a} < x''$$

en multipliant par la quantité positive $- 3a$, on a :

$$3ax' + b > 0 \quad \text{et} \quad 3ax'' + b < 0 \, ;$$

donc, quel que soit le signe de $h$, on a les deux inégalités :

$$2\,(3ax' + b)\,h^2 + 6ah^3 > 0,$$
$$2\,(3ax'' + b)\,h^2 + 6ah^3 < 0,$$

qui donnent lieu à une conclusion inverse de la précédente.

D'où la règle suivante : pour trouver les maxima ou minima du polynôme

$$ax^3 + bx^2 + cx + d$$

*on égale à zéro le polynôme dérivé* (voy. p. 31) :

$$3ax^2 + 2bx + c = 0. \qquad (1)$$

*Si l'on a* $b^2 - 3ac < 0$, *il n'y a ni maximum ni minimum ; et si* $b^2 - 3ac$ *est positif, à la plus petite racine de l'équation* (1) *correspond un maximum, et à la plus grande un minimum, si* $a$ *est positif ; et au contraire à la plus petite correspond un minimum, et à la plus grande un maximum, si* $a$ *est négatif.*

EXEMPLES. — 1° *Trouver les maximum et minimum du volume du solide formé par un segment sphérique à une base et du cylindre*

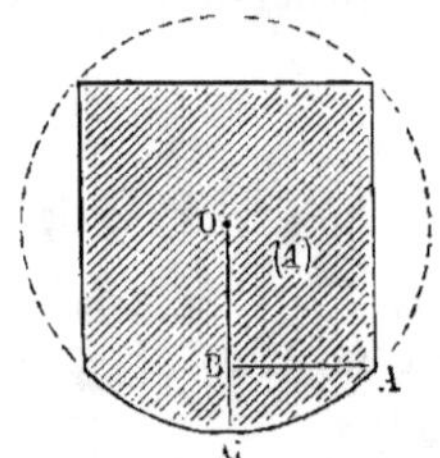
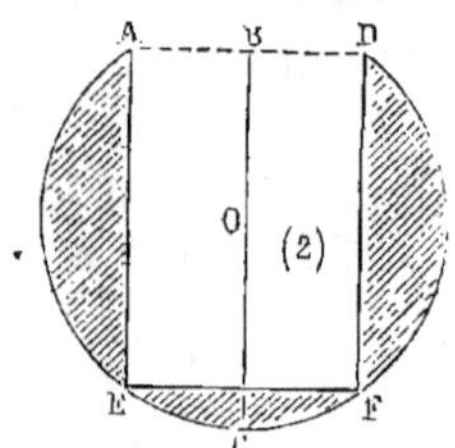

*de même base inscrit dans la sphère, connaissant le rayon* R *de la sphère.*

Soit $x$ la hauteur du segment, on a pour l'expression du volume demandé :

$$\frac{\pi V}{3} = \frac{\pi x^2}{3}(3R - x) + 2\pi \overline{AB}^2 (R - x); \qquad (1)$$

or

$$\overline{AB}^2 = BC(2R - BC) = x(2R - x).$$

Substituant et supprimant le facteur commun $\dfrac{\pi}{3}$, l'expression du volume est :

$$5x^3 - 15Rx^2 + 12R^2x.$$

Les valeurs de $x$ répondant aux maxima et minima sont les racines de l'équation

$$3 \cdot 5 \cdot x^2 - 2 \cdot 15Rx + 12R^2 = 0,$$

ou

$$5x^2 - 10Rx + 4R^2 = 0;$$

à la plus petite racine $R\left(1 - \dfrac{1}{\sqrt{5}}\right)$, correspond un volume

maximum qui a pour expression $\dfrac{2\pi R^{3}}{3}\left(1 + \dfrac{1}{\sqrt{5}}\right)$. Quant à

la plus grande racine, supérieure à R quoique moindre que

2R, il lui correspond le volume $\dfrac{2\pi R^{3}}{3}\left(1 - \dfrac{1}{\sqrt{5}}\right)$, minimum

parmi les solides qui seraient la différence entre le volume du segment CABDF (fig. 2) et celui du cylindre ADEF, puisque l'expression de ce dernier figure comme une quantité négative dans l'égalité (1), à cause du facteur négatif $R - x$.

2° *Trouver les maximum et minimum de la différence des volumes du cône inscrit dans une sphère donnée et du segment sphérique ayant même base.*

Cet énoncé peut être interprété de deux manières, selon que la hauteur du segment se confond avec celle du cône, ou non.

Dans la première hypothèse, si $x$ représente la hauteur MC, on a :

$$\text{vol cône SAB} = \frac{1}{3}\,\pi x\,(2R - x)^{2}$$

et

$$\text{vol segm ABS} = \frac{1}{3}\,\pi\,(2R - x)^{2}\,[3R - SC]$$

ou

$$\text{vol segm ABS} = \frac{1}{3}\,\pi\,(2R - x)^{2}\,(R + x)$$

et la différence de ces deux volumes a pour expression :

$$-\frac{1}{3}\,\pi\,(2R - x)^{2}\,R$$

qui est un carré parfait ; or $(2R - x)^{2}$ est minimum pour

$2R - x = 0$, donc l'expression $-\dfrac{1}{3}\,\pi\,(2R - x)^{2}\,R$ serait

maximum pour $x = 2R$, si la variable $x$ pouvait croître au delà de 2R ; on a donc un maximum absolu.

Dans la seconde hypothèse, on a :

$$\text{vol segm AMB} = \frac{1}{3}\,\pi x^2\,(3R - x),$$

par suite la différence en question a pour expression :

$$\frac{1}{3}\,\pi x\,(2R - x)^2 - \frac{1}{3}\,\pi x^2\,(3R - x) = \frac{1}{3}\,\pi\,[2x^3 - 7Rx^2 + 4R^2x].$$

Les valeurs de $x$ donnant le maximum et le minimum sont les racines de l'équation :

$$6x^2 - 14Rx + 4R^2 = 0,$$

ce qui donne :

$$x' = \frac{R}{3}, \qquad x'' = 2R ;$$

à la plus petite correspond le volume maximum $\dfrac{17\pi R^3}{81}$, et à la plus grande correspond le volume $-\dfrac{4\pi R^3}{3}$, qui est un minimum absolu.

Avant d'aborder l'étude de quelques procédés particuliers propres à trouver les maxima et minima de certaines fonctions de degré supérieur au second, il est bon de connaître une méthode permettant de trouver rapidement les maxima ou minima des fonctions qui se présentent sous la forme de somme de carrés.

Soit d'abord le trinôme : $ax^2 + bx + c$ que l'on peut toujours mettre sous la forme d'une somme ou d'une différence de deux carrés, savoir :

$$a\left[\left(x + \frac{b}{2a}\right)^2 - \frac{b^2 - 4ac}{4a^2}\right)\right].$$

Il est évident que le facteur entre crochets n'a qu'un minimum, qui a lieu, lorsque la partie variable, qui est un carré parfait, est nulle ; par conséquent si $a$ est positif, d'après la deuxième propriété, le trinôme possède un minimum, savoir :

$$a\,\frac{4ac - b^2}{4a^2} = \frac{4ac - b^2}{4a} ;$$

cette même valeur est, au contraire, un maximum si $a$ est négatif.

Soit, en second lieu, *à trouver le minimum de la somme* S *des trois carrés :*

$$(ax + \alpha)^2 + (bx + \beta)^2 + (cx + \gamma)^2.$$

Soit

$$a' = ax + \alpha, \qquad b' = bx + \beta, \qquad c' = cx + \gamma;$$

d'où $S = a'^2 + b'^2 + c'^2$.

Remarquons que les binômes $ab' - ba'$, $bc' - cb'$, $ca' - ac'$ sont indépendants de la variable $x$; or on a l'identité :

$$(1) \quad (a^2 + b^2 + c^2)(a'^2 + b'^2 + c'^2) = (aa' + bb' + cc')^2 + (ab' - ba')^2 + (bc' - cb')^2 + (ca' - ac')^2.$$

Par conséquent, si on multiplie la somme S par $a^2 + b^2 + c^2$, quantité positive, le minimum demandé aura lieu en même temps que celui du second membre de l'identité (1); or, les trois derniers termes ne renfermant pas $x$, leur somme représente le minimum, si la variable $x$ est telle que l'on ait

$$aa' + bb' + cc' = 0$$

ou

$$(a^2 + b^2 + c^2)x + a\alpha + b\beta + c\gamma = 0.$$

Donc pour $x = -\dfrac{a\alpha + b\beta + c\gamma}{a^2 + b^2 + c^2}$, la somme S prend une valeur minima, qui est

$$\frac{(ab'-ba')^2+(bc'-cb')^2+(ca'-ac')}{a^2 + b^2 + c^2} = \frac{(a\beta-b\alpha)^2+(b\gamma-c\beta)^2+(c\alpha-a\gamma)^2}{a^2 + b^2 + c^2}$$

EXEMPLE. — *Trouver le minimum de*

$$(ax + p - \alpha)^2 + (bx + q - \beta)^2 + (x - \gamma)^2.$$

D'après la dernière expression ce minimum est

$$\frac{[a(q - \beta) - b(p - \alpha)]^2 + (b\gamma + q - \beta)^2 + (a\gamma + p - \alpha)^2}{a^2 + b^2 + 1},$$

et la valeur correspondante de $x$ est

$$x = -\frac{a(p - \alpha) + b(q - \beta) - \gamma}{a^2 + b^2 + 1}.$$

### § 3. — Théorèmes relatifs aux maxima et minima de fonctions de degré supérieur au second.

THÉORÈME I. — *Tout produit de deux facteurs dont la somme est constante et positive possède un maximum, qui a lieu lorsque les deux facteurs sont égaux entre eux.*

Soient $2a$ la somme de ces facteurs et $x$ l'un d'eux, $2a - x$ sera l'autre, leur produit

$$x(2a - x) \quad \text{ou} \quad - x^2 + 2ax$$

possède donc un maximum, puisque le coefficient de $x^2$ est négatif, et la valeur de $x$ correspondante est $a$.

Cette propriété résulte immédiatement de la forme suivante:

$$a^2 - (a - x)^2$$

sous laquelle on peut mettre le produit précédent.

REMARQUE. — Si la somme était négative, les deux facteurs seraient de signes contraires, ou négatifs tous les deux, et il y aurait encore maximum pour leur produit, lorsque ces deux facteurs seront égaux entre eux.

THÉORÈME II. — *Un produit de n facteurs positifs dont la somme est constante, est maximum, lorsque tous ces facteurs sont égaux entre eux.*

Soit $a$ la somme des $n$ facteurs $x, y, z, u...$ à priori, le produit $xy \times z...$ est susceptible d'un maximum, car chacun de ces facteurs positifs est moindre que $a$, et leur produit est inférieur à $a^n$; d'ailleurs ce produit ne peut être maximum tant qu'il existera deux facteurs inégaux entre eux, $x$ et $y$, par exemple : en effet, si cela était, supposons tous les autres facteurs constants et soit $b$ leur somme, le produit $P = xy \times (z \times u \times .....)$ est inférieur au suivant $\left(\dfrac{a - b}{2}\right)^2 (z \cdot u...)$ puisque le produit $x \cdot y$, ayant la somme de ses facteurs constante égale à $a - b$, est maximum lorsque $x = y = \dfrac{a - b}{2}$, donc pour que le produit P soit maximum, il faut que $x = y$. On démontrerait de même que l'on doit avoir $x = z$, etc..., c'est-à-dire que tous les facteurs doivent être égaux entre eux.

Dans l'application de ce théorème, il faudra avoir soin d'examiner s'il est possible de rendre tous les facteurs égaux entre eux.

COROLLAIRE. — *Le produit de* n *facteurs négatifs, dont la somme est constante, est minimum lorsque tous ces facteurs sont égaux entre eux, pourvu que* n *soit impair.*

Car si dans le théorème précédent, on suppose que tous les facteurs changent de signe, leur produit changera de signe, si $n$ est impair et d'après la première propriété des maxima et minima, ce produit est minimum dans les mêmes conditions où le précédent produit affecté du signe $+$ était maximum, c'est-à-dire si tous les facteurs sont égaux entre eux.

THÉORÈME III. — *Le produit* $x^p y^q$ *est maximum, la somme des deux facteurs* $x$ *et* $y$ *étant constante et positive, lorsque* $x$ *et* $y$ *sont proportionnels à leurs exposants* p *et* q (p *et* q *sont des nombres entiers).*

En effet, on a identiquement :

$$x^p y^q = p^p \cdot q^q \left(\frac{x}{p}\right)^p \left(\frac{y}{q}\right)^q = p^p q^q \left[\frac{x}{p} \cdot \frac{x}{p} \cdots \frac{x}{p}\right] \left[\frac{y}{q} \cdot \frac{y}{q} \cdot \frac{y}{q} \cdots \frac{y}{q}\right]$$

le premier crochet comprenant $p$ facteurs égaux à $\dfrac{x}{p}$, et le deuxième, $q$ facteurs égaux à $\dfrac{y}{q}$ ; or la somme de ces $p + q$ facteurs est égale à

$$p\left(\frac{x}{p}\right) + q\left(\frac{y}{q}\right) = x + y = \text{constante};$$

donc leur produit sera maximum, lorsque tous ces facteurs seront égaux entre eux, ce qui exige la relation :

$$\frac{x}{p} = \frac{y}{q}.$$

EXEMPLES. — 1° *Maximum de la surface rectangulaire dont le périmètre est donné égal à* 2p.

Soient $x$ et $y$ la base et la hauteur de ce rectangle, on a :

$$x + y = p.$$

D'ailleurs, sa surface est représentée par le produit $xy$, donc elle est maxima pour $x = y = \dfrac{p}{2}$; donc parmi tous les rectangles de même périmètre, le carré est le plus grand en surface.

2° *Maximum de la surface du rectangle inscrit dans un triangle isocèle de base* b *et de hauteur* h.

Soient $x$ et $y$ les deux côtés AB, BC du rectangle, les triangles semblables DBG, DEF donnent la proportion :

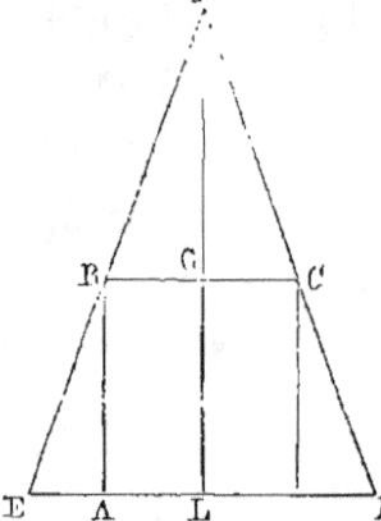

$$\frac{\mathrm{BC}}{\mathrm{EF}} = \frac{\mathrm{DG}}{\mathrm{DL}} \quad \text{ou} \quad \frac{y}{b} = \frac{h - x}{h},$$

d'où

$$y = \frac{b(h - x)}{h}.$$

La surface du rectangle est donc représentée par

$$\frac{b(h - x)x}{h};$$

or la partie variable de ce produit est telle que la somme des deux facteurs $h - x$, $x$ est constante, égale à $h$; donc la surface est maximum, lorsque ces deux facteurs sont égaux entre eux, ce qui donne $x = h - x$, d'où

$$x = \frac{h}{2} \quad \text{et} \quad y = \frac{b}{2}.$$

3° *Maximum du volume engendré par un triangle isocèle inscrit dans un cercle donné, en tournant autour de sa base.*

Soient $x$ la distance du centre du cercle à la base AB du triangle isocèle et R le rayon, le volume engendré a pour expression :

$$\frac{2}{3}\,\pi\,\overline{\mathrm{CD}}^2 . \mathrm{BD} = \frac{2\pi}{3}(\mathrm{R} + x)^2 \sqrt{\mathrm{R}^2 - x^2}$$

ou

$$\frac{2\pi}{3}\sqrt{(\mathrm{R} + x)^4 (\mathrm{R}^2 - x^2)}.$$

Or, le produit placé sous le radical n'est autre que :

$$(\mathrm{R} + x)^5 (\mathrm{R} - x),$$

et la somme des deux facteurs $R + x$, $R - x$ étant constante, le volume possède un maximum lorsqu'on a :

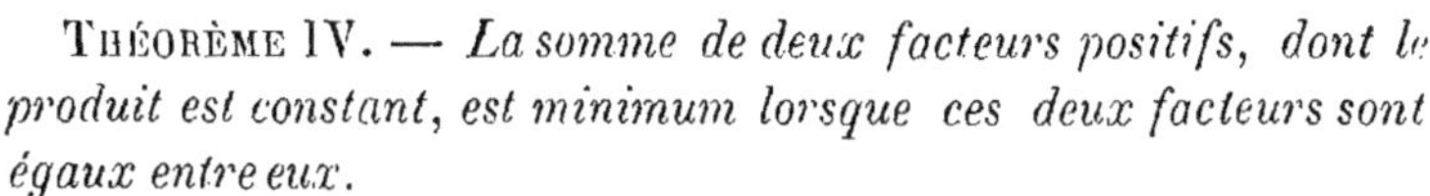

$$\frac{R + x}{3} = \frac{R - x}{1} = \frac{2R}{6} = \frac{R}{3},$$

d'où

$$x = R - \frac{R}{3} = 2\frac{R}{3}.$$

Et ce maximum est :

$$\frac{50\pi R^3 \sqrt{3}}{81}.$$

THÉORÈME IV. — *La somme de deux facteurs positifs, dont le produit est constant, est minimum lorsque ces deux facteurs sont égaux entre eux.*

Soient $q$ le produit de ces deux facteurs et $x$ l'un d'eux, l'autre sera $\dfrac{q}{x}$ ; leur somme étant représentée par S, on a :

$$S = x + \frac{q}{x} \quad \text{ou} \quad x^2 - Sx + q = 0.$$

La quantité sous le radical étant $S^2 - 4q$, on doit avoir :

$$(S - 2\sqrt{q})(S + 2\sqrt{q}) \geqslant 0;$$

or, si S est positive, elle doit être telle que l'on ait :

$$S - 2\sqrt{q} \geqslant 0 \quad \text{ou} \quad S \geqslant 2\sqrt{q};$$

donc $2\sqrt{q}$ est le minimum de S, et la valeur correspondante de $x$ est $\sqrt{q}$ ; par suite l'autre facteur est aussi $\sqrt{q}$ ; ce qui démontre le théorème.

Cette conclusion résulte aussi de l'identité suivante, lorsque $x$ est positif :

$$x + \frac{q}{x} = \left(\sqrt{x} - \frac{\sqrt{q}}{\sqrt{x}}\right)^2 + 2\sqrt{q};$$

car le second membre sera minimum, lorsque la partie variable essentiellement positive, savoir

$$\sqrt{x} - \frac{\sqrt{q}}{\sqrt{x}},$$

sera nulle, ce qui donne $x = \sqrt{q}$, et la somme se réduit à $2\sqrt{q}$.

COROLLAIRE I. — *La somme de deux facteurs négatifs, dont le produit est constant, est maxima, lorsque ces deux facteurs sont égaux entre eux.*

Car si $-x$ est l'un d'eux, l'autre est $-\dfrac{q}{x}$, par conséquent la somme :

$$- x - \frac{q}{x}$$

n'est autre que la première changée de signe ; elle sera donc maximum pour $x = -\sqrt{q}$ d'après la première propriété.

Cela résulte aussi de l'inégalité :

$$(\mathrm{S} - 2\sqrt{q})(\mathrm{S} + 2\sqrt{q}) > 0.$$

S étant négatif, le second facteur doit être négatif, ce qui donne :

$$\mathrm{S} < -2\sqrt{q}.$$

REMARQUE. — *La différence $\delta$ de deux facteurs positifs dont le produit est constant n'a ni maximum ni minimum.*

Car si $x$ croît de 0 à $\sqrt{q}$, la fonction $\delta = x - \dfrac{q}{x}$ croît de $-\infty$ à 0, et si $x$ continue de croître de $\sqrt{q}$ à l'infini, $\delta$ croît de 0 à $+\infty$.

COROLLAIRE II. — *La fraction $\dfrac{x}{x^2 + px + q}$ possède un maximum pour $x = \sqrt{q}$ et un minimum pour $x = -\sqrt{q}$, si $q$ est positif et ne possède ni maximum ni minimum, si $q$ est négatif.*

En effet, divisant les deux termes par $x$, cette fraction devient :

$$\frac{1}{x + \dfrac{q}{x} + p};$$

or, si $q$ est positif, le dénominateur est minimum pour $x = \sqrt{q}$, donc la fraction est maximum pour cette même valeur ; elle sera, au contraire, minimum pour $x = -\sqrt{q}$. Mais si $q$ est négatif, cette fraction décroît de 0 à $-\infty$, si $x$ croît de 0 à la racine positive de l'équation $x^2 + px + q = 0$ ; puis décroît de $+\infty$ à zéro, si $x$ croît de cette racine positive à $+\infty$. Il en est de même, lorsque $x$ est négatif.

THÉORÈME V. — *La somme de* n *facteurs positifs*, x, y, z..., *dont le produit est constant, égal à* q, *est minimum lorsque tous ces facteurs sont égaux entre eux.*

Il est évident qu'il y a un minima, car la somme de tous ces facteurs positifs est supérieure à zéro ; d'ailleurs leur somme ne peut être minima, tant qu'il existera deux facteurs inégaux $x$ et $y$, par exemple, car si cela était, en désignant par P le produit des $n - 2$ autres facteurs, que nous supposerons constants, la somme $x + y + (z + u + ...)$ est supérieure à $2\sqrt{\dfrac{q}{P}} + (z + u + ...)$, puisque la somme $x + y$ a pour minimum $2\sqrt{\dfrac{q}{P}}$ lorsque $x = y$, le produit $xy$ étant constant et égal à $\dfrac{q}{P}$, on doit donc avoir, lorsque la somme est minima $x = y = z...$

THÉORÈME VI. — *La somme* x $+$ y *est minima, le produit* $x^p y^q$ *étant constant, lorsque* x *et* y *sont proportionnels à leurs exposants.*

Démonstration analogue à celle du théorème III.

EXEMPLES. — 1° *Trouver le minimum du périmètre des rectangles de même surface* a².

Soient $x$ et $y$ la base et la hauteur de l'un des rectangles de surface $a^2$, on a :

$$xy = a^2.$$

Le demi-périmètre $x + y$ sera donc minimum pour $x = y = a$. Ainsi, parmi tous les rectangles de même surface, le carré est celui qui possède le plus petit périmètre.

2° *Etant donnés deux parallèles et un point* A *situé entre elles, qui est le sommet de l'angle droit d'un triangle rectangle dont les deux autres sommets sont situés sur chacune de ces parallèles, trouver quelle position il faut donner à ce triangle pour que son aire soit minimum.*

Soient $AD = a$, $AE = b$, $EC = x$.

Les angles EAC, DAB, étant égaux comme ayant leurs côtés perpendiculaires, les triangles rectangles EAC, DAB, sont semblables, donc on a :

$$\frac{AC}{EC} = \frac{AB}{AD} \qquad \text{ou} \qquad \frac{AC}{x} = \frac{AB}{a}. \qquad (1)$$

Multipliant les deux numérateurs par AC, on a :

$$\frac{\overline{AC}^2}{x} = \frac{AB \cdot AC}{a};$$

donc

$$2 \text{ aire tr. } ABC = AB \cdot AC = \frac{AC^2 \cdot a}{x}.$$

Mais

$$\overline{AC}^2 = a^2 + x^2,$$

d'où

$$2 \text{ aire tr. } ABC = \frac{a}{x}(a^2 + x^2) = a\left(\frac{a^2}{x} + x\right).$$

La somme des deux termes entre parenthèses est donc minima lorsque l'on a $x = a$, puisque le produit de ces deux

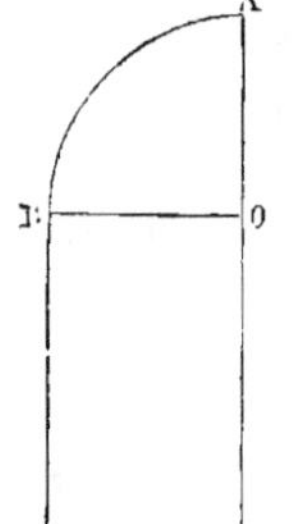

termes est constant, égal à $a^2$. Il en résulte, d'après l'égalité (1), que $AB = AC$, c'est-à-dire que le triangle rectangle doit être isocèle.

3° *Trouver le minimum de la surface totale d'une niche de volume donné* $\dfrac{\pi a^3}{6}$.

La niche est le solide engendré par le rectangle CDBO surmonté du quart de cercle BAO en tournant de 180° autour de OA ; soient $x$ le rayon du cercle OA, et $y$ la hauteur OC, la surface a pour expression :

$$\pi \frac{\overline{DC}^2}{2} + \frac{2\pi DC}{2} \cdot OC + \pi \overline{OA}^2$$

ou

$$\pi \frac{x^2}{2} + \pi x y + \pi x^2 = \frac{\pi}{2}\left(3x^2 + 2xy\right).$$

D'ailleurs on a :

$$\frac{\pi a^3}{6} = \frac{\pi \overline{DC}^2}{2} \cdot OC + \frac{\pi OA^3}{3} = \frac{\pi}{2} x^2 y + \frac{\pi x^3}{3},$$

d'où

$$y = \frac{a^3 - 2x^3}{3x^2}.$$

Substituant cette valeur dans l'expression de la surface, on obtient

$$\frac{\pi}{2}\left(3x^2 + \frac{2a^3 - 4x^3}{3x}\right) = \frac{\pi}{2}\left(\frac{5}{3}x^2 + \frac{2a^3}{3x}\right)$$

ou

$$\frac{\pi}{6}\left(5x^2 + \frac{2a^3}{x}\right).$$

Si on pose

$$5x^2 = u$$

$$\frac{2a^3}{x} = v,$$

on voit que l'on a :

$$uv^2 = \text{const.} = 20a^6.$$

Donc la somme $u + v$, ou $5x^2 + \dfrac{2a^3}{x}$ est minimum, lorsqu'on a :

$$\frac{5x^2}{1} = \frac{2\dfrac{a^3}{x}}{2},$$

d'où

$$x = \frac{a}{\sqrt[3]{5}}.$$

Il en résulte :

$$y = \frac{a}{\sqrt[3]{5}} = x.$$

4° *Étant donné le produit* m² *de la hauteur d'un triangle rectangle par l'un des deux segments que celle-ci détermine sur l'hypoténuse, déterminer le triangle dont l'hypoténuse est minimum.*

Soit AD. DC $= m^2$.

On a :

$$BC = BD + DC = \frac{\overline{AD}^2}{DC} + DC;$$

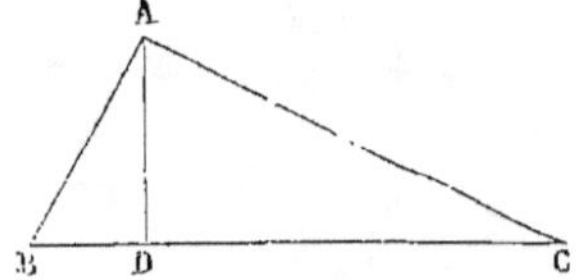

or $AD^2 = \dfrac{m^4}{DC^2}$, donc

$$BC = \frac{m^4}{DC^2} + DC$$

Soient $\dfrac{m^4}{DC^3} = x$, et $DC = y$, on a $xy^3 = m^4 =$ constante,

donc BC sera minimum pour

$$\frac{x}{1} = \frac{y}{3} \quad \text{ou} \quad \frac{m^4}{DC^3} = \frac{DC}{3},$$

d'où

$$DC = m \sqrt[4]{3}$$

et

$$BC = \frac{4}{3} m \sqrt[4]{3}.$$

THÉORÈME GÉNÉRAL. — *Le produit* $x^m y^n z^p u^q \ldots$ *est maximum, la somme* $x + y + z + u + \ldots$, *étant constante et* $x, y, z, \ldots$ *positifs, lorsqu'on a :* $\dfrac{x}{m} = \dfrac{y}{n} = \dfrac{z}{p} = \dfrac{u}{q} = \ldots$.

En effet, le maximum cherché est le même que celui du produit :

$$\left(\frac{x}{m}\right)^m \left(\frac{y}{n}\right)^n \left(\frac{z}{p}\right)^p \ldots$$

Or la somme :

$$m \frac{x}{m} + n \frac{y}{n} + p \frac{z}{p} + \ldots \qquad x + y + z + \ldots$$

de ces $m + n + p + \ldots$ facteurs étant constante, ce produit est maximum, lorsque tous ces facteurs sont égaux entre eux, ce qui exige que l'on ait :

$$\frac{x}{m} = \frac{y}{n} = \frac{z}{p} \quad \ldots$$

CoROLLAIRE. — *Le produit*

$$(a + x)^m (b + x)^n (c + x)^p \ldots (a' - x)^{m'} (b' - x)^{n'} \ldots$$

*est maximum lorsqu'on a*

$$\frac{m}{a + x} + \frac{n}{b + x} + \frac{p}{c + x} + \cdots : \frac{m'}{a' - x} + \frac{n'}{b' - x} + \cdots$$

*pourvu que la valeur de* x *déduite de cette équation, rende positifs tous les facteurs du produit.*

En effet, le maximum du produit a lieu en même temps que celui du produit

$$\left(\frac{a + x}{A}\right)^m \left(\frac{b + x}{B}\right)^n \left(\frac{c + x}{C}\right)^p \ldots \left(\frac{a' - x}{A'}\right)^{m'} \left(\frac{b' - x}{B'}\right)^{n'} \ldots$$

A, B, C... étant des coefficients à déterminer et positifs ; or, la somme de tous ces facteurs est constante si l'on a :

$$1) \qquad \frac{m}{A} + \frac{n}{B} + \frac{p}{C} + \cdots - \frac{m'}{A'} - \frac{n'}{B'} - \cdots = 0 ;$$

donc le produit sera maximum, lorsque tous ces facteurs seront égaux entre eux, ce qui donne :

$$\frac{a + x}{A} = \frac{b + x}{B} = \frac{c + x}{C} = \cdots = \frac{a' - x}{A'} = \frac{b' - x}{B'}.$$

Si on remplace les quantités A, B, C.... par les quantités proportionnelles $a + x$, $b + x$, $c + x$.... dans l'égalité (1), on obtient pour déterminer $x$ l'équation :

$$\frac{m}{a + x} + \frac{n}{b + x} + \frac{p}{c + x} + \cdots = \frac{m'}{a' - x} + \frac{n'}{b' - x} + \cdots$$

EXEMPLE. — *Inscrire dans une sphère le cône de surface totale maximum.*

Soient R le rayon de la sphère et $h$ la hauteur du cône ; la surface totale du cône a pour expression

$$\pi h (2R - h) + \pi \sqrt{h (2R - h)} \sqrt{2Rh}$$

Si on pose $2R - h = z$, d'où

$$h = 2R - z$$

cette expression devient :

$$\pi (2R - z) z + \pi (2R - z) \sqrt{2Rz}$$
$$= \pi (2R - z) (z + \sqrt{2Rz}) = \pi (\sqrt{2R} - \sqrt{z}) (\sqrt{2R} + \sqrt{z}) \sqrt{z} (\sqrt{z} + \sqrt{2R})$$

Soit : $\sqrt{z} = x$ ; on a à trouver le maximum de l'expression :

$$\pi x (\sqrt{2R} - x) (\sqrt{2R} + x)^2.$$

L'équation de condition pour qu'il y ait maximum, est donc :

$$\frac{1}{x} + \frac{2}{\sqrt{2R} + x} = \frac{2}{\sqrt{2R} - x}$$

ou

$$2R - x^2 + 2x (\sqrt{2R} - x) = x (\sqrt{2R} + x),$$
$$4x^2 - x\sqrt{2R} - 2R = 0 ;$$

or, $z = x^2$, donc l'équation qui détermine $z$ est :

$$4z - \sqrt{z} \sqrt{2R} - 2R = 0$$

ou

$$(4z - 2R) = \sqrt{2Rz},$$

ou

$$8z^2 - 9Rz + 2R^2 = 0,$$

équation qui a ses deux racines réelles et positives ; mais d'après la forme précédente, on doit avoir :

$$4z - 2R > 0 \quad \text{ou} \quad z > \frac{R}{2} ;$$

or, si dans le premier membre de la dernière équation, on substitue $\frac{R}{2}$ à $z$, on trouve un résultat négatif $- \frac{R^2}{2}$, donc l'une des racines est inférieure à $\frac{R}{2}$, et l'autre, qui seule convient, est supérieure à $\frac{R}{2}$ et inférieure à 2R. Ainsi, la hauteur du cône de surface latérale maximum a pour valeur :

$$h - 2R - R \frac{9 + \sqrt{17}}{16} - \frac{R (23 - \sqrt{17})}{16}.$$

§ 4. — **Maxima et minima de la fraction** $\dfrac{ax^2 + bx + c}{a'x^2 + b'x + c'}$.

PREMIÈRE MÉTHODE. — Appliquant le procédé de démonstration de la troisième propriété, on a à rechercher s'il est possible de déterminer $x$ de manière que l'on ait, quel que soit le signe de $h$, l'inégalité :

$$\frac{a(x+h)^2 + b(x+h) + c}{a'(x+h)^2 + b'(x+h) + c'} - \frac{ax^2 + bx + c}{a'x^2 + b'x + c'} \lessgtr 0,$$

le signe $<$ s'appliquant au cas où la fraction serait maximum et le signe $>$ au cas où elle serait minimum.

Multipliant par le produit des dénominateurs, qui est positif, car le polynôme $a'(x+h)^2 + b'(x+h) + c'$ différant très-peu de $a'x^2 + b'x + c'$, ces deux polynômes sont de même signe, on a à satisfaire à l'inégalité :

$$[a(x+h)^2 + b(x+h) + c]\,[a'x^2 + b'x + c') - (ax^2 + bx + c)$$
$$\times\,[a'(x+h)^2 + b'(x+h) + c'] \lessgtr 0,$$

ou en développant et simplifiant

$$(ab' - ba')x(x+h)h + (ac' - ca')(2x+h)h$$
$$+ (bc' - cb')h \gtrless 0 ;$$

ordonnant par rapport aux puissances croissantes de $h$, il vient :

$$(1) \qquad h[(ab' - ba')x^2 + 2(ac' - ca')x + bc' - cb']$$
$$+ h^2[(ab' - ba')x + ac' - ca'] \lessgtr 0.$$

Le coefficient de $h$ doit donc être nul, pour que cette expression ne change pas de signe avec le signe de $h$, par conséquent les valeurs qui peuvent rendre maximum ou minimum la fraction sont les racines de l'équation :

$$(2) \qquad (ab' - ba')x^2 + 2(ac' - ca')x + (bc' - cb') = 0.$$

La première condition pour qu'il y ait maximum ou minimum est donc que l'équation précédente ait ses racines réelles, c'est-à-dire que l'on ait

$$(3) \qquad (ac' - ca')^2 - (ab' - ba')(bc' - cb') > 0.$$

D'ailleurs, si cette même expression était nulle, c'est-à-dire si les racines étaient égales, leur valeur commune étant donnée par l'égalité

$$x = -\frac{ac' - ca'}{ab' - ba'},$$

d'où

$$x(ab' - ba') + ac' - ca' = 0,$$

on voit que l'inégalité (1) se réduirait à l'identité $0 = 0$, quel que soit $h$, il n'y a donc ni maximum ni minimum dans ce cas.

Si on se reporte à l'égalité

$$(ac' - ca')^2 - (ab' - ba')(bc' - cb') = 0,$$

on a vu (p. 116) qu'elle exprime la condition pour que les deux équations

$$ax^2 + bx + c = 0, \qquad a'x^2 + b'x + c' = 0$$

aient une racine commune, savoir : $x_1 = \dfrac{-(ac' - ca')}{ab' - ba'}$ : par conséquent les deux termes de la fraction proposée sont divisibles par $x - x_1$ ; si on enlève ce facteur commun, la fraction prend la forme $\dfrac{\alpha x + \beta}{\alpha' x + \beta'}$ , qui n'a ni maximum ni minimum.

Supposons donc l'inégalité (3) satisfaite et soient $x'$, $x''$ les deux racines par ordre de grandeur de l'équation (2), en comparant celles-ci à leur demi-somme, on a les inégalités

$$x' < -\frac{(ac' - ca')}{ab' - ba'} < x''.$$

**Premier cas :** $ab' - ba' > 0$. — Les inégalités précédentes sont équivalentes aux suivantes :

$$(ab' - ba')x' + ac' - ca' < 0,$$
$$(ab' - ba')x'' + ac' - ca' > 0.$$

Il en résulte

$$[(ab' - ba')x' + (ac' - ca')]h^2 < 0,$$
$$[(ab' - ba')x'' + (ac' - ca')]h^2 > 0.$$

D'après ce qui précède, la première condition exprime donc qu'à la valeur $x'$ correspond un maximum de la fraction, et la seconde, qu'à la plus grande racine $x''$ correspond un minimum de la fraction.

**Deuxième cas :** $ab' - ba' < 0$. — Multipliant par la quantité positive $-(ab' - ba')$, on aura au contraire

$$[(ab' - ba')x' + ac' - ca']h^2 > 0 ;$$

et

$$[(ab' - ba')x'' + ac' - ca']h^2 < 0 ;$$

les conclusions sont donc les inverses des précédentes.

**Troisième cas :** $ab' - ba' = 0$. — L'équation (2) est alors du premier degré, la fraction possède donc un maximum ou un minimum, selon que $ac' - ca'$ est négatif ou positif, puisque l'inégalité (1) se réduit à

$$h^2(ac' - ca') \lesseqgtr 0.$$

Enfin, si l'on avait en outre $ac' - ca' = 0$, par conséquent $\dfrac{a}{a'} = \dfrac{b}{b'} = \dfrac{c}{c'}$, il n'y aurait ni maximum ni minimum ; dans ces hypothèses, la fraction a une valeur constante, quel que soit $x$, savoir $\dfrac{a}{a'}$; car

$$\frac{ax^2 + bx + c}{a'x^2 + b'x + c'} = \frac{a}{a'}\, \frac{x^2 + \dfrac{b}{a}x + \dfrac{c}{a}}{x^2 + \dfrac{b'}{a'}x + \dfrac{c'}{a'}} = \frac{a}{a'} ,$$

puisque

$$\frac{b}{a} = \frac{b'}{a'} \quad \text{et} \quad \frac{c}{a} = \frac{c'}{a'} .$$

De cette analyse, résulte la règle suivante pour trouver les maximum et minimum de la fraction proposée.

*On forme l'équation :*

$$(ab' - ba')x^2 + 2(ac' - ca')x + bc' - cb' = 0. \qquad (2)$$

*Si ses racines sont égales ou imaginaires, il n'y a ni maximum ni minimum ; si elles sont réelles, à la plus petite racine correspond un maximum et à la plus grande un minimum, si le coefficient*

$ab' - ba'$ *est positif; au contraire à la plus petite racine correspond un minimum et à la plus grande un maximum, si* $ab' - ba'$ *est négatif; et si* $ab' - ba'$ *est nul, il y a un maximum ou un minimum, suivant que la quantité* $ac' - ca'$ *est négative ou positive.*

Pour trouver la valeur correspondante de la fraction, on pourra remplacer la valeur de $x$ déduite de l'équation (2) dans l'expression

$$\frac{(bx + c)(ab' - ba') - a\left[2(ac' - ca')x + bc' - cb'\right]}{(b'x + c')(ab' - ba') - a'\left[2(ac' - ca')x + bc' - cb'\right]}.$$

Si on représente par $q$ la quantité

$$(ac' - ca')^2 - (ab' - ba')(bc' - cb')$$

le tableau suivant n'est que l'expression de la règle précédente :

$$q \leqslant 0 \ldots\ldots\ldots \ \mid \text{ni max. ni min.}$$

$$q > 0 \begin{cases} ab' - ba' > 0 \begin{cases} \text{max. pour } x = \dfrac{-(ac' - ca') - \sqrt{q}}{ab' - ba'}, \\[2ex] \text{min. pour } x = \dfrac{-(ac' - ca') + \sqrt{q}}{ab' - ba'}. \end{cases} \\[6ex] ab' - ba' < 0 \begin{cases} \text{min. pour } x = \dfrac{-(ac' - ca') - \sqrt{q}}{ab' - ba'}, \\[2ex] \text{max. pour } x = \dfrac{-(ac' - ca') + \sqrt{q}}{ab' - ba'}. \end{cases} \\[6ex] ab' - ba' = 0 \ \begin{cases} ac' - ca' > 0 \text{ min.} \\ ac' - ca' < 0 \text{ max.} \end{cases} \text{pour } x = \dfrac{ab' - bc'}{2(ac' - ca')}. \end{cases}$$

EXEMPLES. — 1° *Trouver les maximum et minimum de la fraction* $\dfrac{ax^2 + bx + c}{x^2 + 1}$.

L'équation donnant les valeurs de $x$, qui rendent cette fraction maximum et minimum, est

$$- bx^2 + 2(a - c)x + b = 0 ;$$

elle a toujours ses racines réelles et inégales, puisque la quantité sous le radical est une somme de deux carrés ; on a donc,

si $b$ est positif, un maximum pour $x = \dfrac{a - c + \sqrt{(a-c)^2 + b^2}}{b}$ ;

ce maximum est égal à

$$\dfrac{a + c + \sqrt{(a-c)^2 + b^2}}{2},$$

et un minimum, savoir

$$\dfrac{a + c - \sqrt{(a-c)^2 + b^2}}{2} ;$$

pour

$$x = \dfrac{a - c - \sqrt{(a-c)^2 + b^2}}{b},$$

c'est le contraire si $b$ est négatif.

2° *Trouver les maximum et minimum de* $\dfrac{5x - 1}{4x^2}$.

L'équation, analogue à l'équation (2), est

$$- 20x^2 + 8x = 0,$$

d'où

$$x' = 0 \qquad x'' = \frac{2}{5}$$

A la plus petite racine correspond ici un minimum absolu : $- \infty$, et à la plus grande un maximum égal à $\dfrac{25}{16}$.

DEUXIÈME MÉTHODE. — Appliquant la quatrième propriété, on résoudra l'équation

$$(1) \qquad \frac{ax^2 + bx + c}{a'x^2 + b'x + c'} = y$$

ou

$$(2) \qquad (a - a'y)\, x^2 + (b - b'y)\, x + c - c'y = 0.$$

La quantité sous le radical est :

$$(b - b'y)^2 - 4\, (a - a'y)\, (c - c'y)$$

ou

$$(b^2 - 4a'c')\, y^2 - 2\, (bb' - 2ac' - 2ca')\, y + b^2 - 4ac.$$

Posons

$$A = b^2 - 4a'c',$$
$$B = bb' - 2ac' - 2ca',$$
$$C = b^2 - 4ac.$$

Le trinôme en $y$ sous le radical est alors :

$$Ay^2 - 2By + C.$$

**Premier cas :** $A > 0$. — Si l'on a $B^2 - AC < 0$, le trinôme précédent ne pouvant s'annuler pour aucune valeur de $y$, et étant toujours positif, quel que soit $y$, il n'y a ni maximum ni minimum ; la conclusion est la même, si l'on a $B^2 - AC = 0$, puisque $y$ peut être mis en dehors du radical.

Mais si l'on a $B^2 - AC > 0$ et que $y'$, $y''$ soient les deux racines de l'équation

$$(3) \qquad Ay^2 - 2By + C = 0,$$

on peut mettre la quantité sous le radical sous la forme

$$A(y - y')(y - y'')$$

et si l'on suppose $y' < y''$, c'est-à-dire $y' - y'' < 0$, on sait que l'on doit avoir

$$y < y', \quad \text{ou} \quad y > y'' ;$$

donc la plus petite racine $y'$ est le maximum de la fraction, et la plus grande $y''$ est le minimum de cette même fraction.

**Deuxième cas :** $A < 0$. — Cette condition entraîne la suivante :

$$B^2 - AC > 0.$$

Car si l'on avait $B^2 - AC < 0$, le trinôme en $y$ serait constamment de même signe que son premier terme $A$, c'est-à-dire négatif, par conséquent $x$ serait imaginaire, quel que soit $y$ ; or, si dans l'égalité (1), on donne à $x$ une valeur réelle quelconque $\alpha$, $y$ prendra une valeur correspondante $\beta$ ; donc si inversement dans l'équation (2) on donne à $y$ la valeur $\beta$, l'une des racines de cette équation doit être $\alpha$, par conséquent réelle, ce qui est contradictoire avec ce qui précède. Soient encore $y'$, $y''$ les deux racines de l'équation (3), puisque $A$ est négatif, il faudra que l'on ait

$$y' < y < y'',$$

donc la plus petite racine $y'$ est un minimum et la plus grande $y''$ un maximum. En particulier, si l'on avait

$$B^2 - AC = 0$$

pour que $x$ soit réel, on ne pourrait attribuer à $y$ que la valeur $y'$, puisque $y' = y''$, c'est-à-dire que la fraction serait une constante.

Ces conséquences peuvent s'établir par le calcul suivant.

Soient

$$A = b'^2 - 4a'c' = -\alpha'^2$$

et

$$C = b^2 - 4ac = -\alpha^2$$

pour mettre les signes de A et C en évidence; on suppose que l'on a :

$$B^2 - AC \leqslant 0$$

ou

$$(bb' - 2ac' - 2ca')^2 - \alpha^2\alpha'^2 \leqslant 0.$$

Multipliant par $4a^2a'^2$, on a :

$$(2aa'bb' - 4a^2a'c' - 4a'^2ac)^2 - 4a^2a'^2\alpha^2\alpha'^2 \leqslant 0,$$

Or, $4ac = b^2 + \alpha^2$ et $4a'c' = b'^2 + \alpha'^2$; substituant, on aura la suite des inégalités équivalentes :

$$(2aa'bb' - a^2b'^2 - a'^2b^2 - a^2\alpha'^2 - a'^2\alpha^2)^2 - 4a^2a'^2\alpha^2\alpha'^2 \leqslant 0 :$$

$$[-(ab' - ba')^2 - a^2\alpha'^2 - a'^2\alpha^2 - 2aa'\alpha\alpha'][-(ab' - ba')^2 - a^2\alpha'^2 - a'^2\alpha^2 + 2aa'\alpha\alpha''] \leqslant 0;$$

$$[(ab' - ba')^2 + (a\alpha' + \alpha a')^2][(ab' - ba')^2 + (a\alpha' - a'\alpha)^2] \leqslant 0.$$

Le premier membre étant un produit de 2 quantités essentiellement positives, il en résulte que cette inégalité ne peut avoir lieu; donc supposer $A < 0$ et $B^2 - AC < 0$ est contradictoire. Enfin, pour que cette expression soit nulle, il faut que l'on ait en même temps

$$ab' - ba' = 0, \quad a\alpha' - a'\alpha = 0;$$

d'où

$$\frac{a}{a'} = \frac{b}{b'} \quad \text{et} \quad \frac{\alpha}{\alpha'} = \frac{a}{a'}.$$

Par suite

$$\frac{4ac - b^2}{4a'c' - b'^2} = \frac{a^2}{a'^2} = \frac{b^2}{b'^2} = \frac{4ac}{4a'c'},$$

d'où

$$\frac{a}{a'} = \frac{c}{c'} = \frac{b}{b'}.$$

Conditions qui expriment que la fraction proposée a une valeur constante $\dfrac{a}{a'}$.

**Troisième cas :** $A = 0$. — L'expression placée sous le radical n'étant que du premier degré en $y$, la fraction ne possède qu'un maximum ou qu'un minimum, savoir $\dfrac{C}{2B}$, selon que la quantité B est positive ou négative.

En particulier, si l'on avait en outre $B = 0$, on a nécessairement $C > 0$; il en résulte que la fraction n'a, dans ce cas, ni maximum ni minimum.

Le tableau suivant permet donc d'établir les maximum et minimum de toute fraction renfermée dans la forme

$$\frac{ax^2 + bx + c}{a'x^2 + b'x + c'}.$$

$b'^2 - 4a'c' > 0$
$\begin{cases} (bb' - 2ac' - 2ca')^2 - (b^2 - 4ac)(b'^2 - 4a'c') \leqq 0 \text{ ni max. ni min.} \\[4pt] (bb' - 2ac' - 2ca')^2 - (b^2 - 4ac)(b'^2 - 4a'c') > 0 \begin{cases} \text{la plus petite racine } y' \\ \text{est le max. et la plus} \\ \text{grande } y'' \text{ le minim.} \end{cases} \end{cases}$

$b'^2 - 4a'c' < 0$ | la plus grande racine $y''$ est le max. et la plus petite $y'$ est le min.

$b'^2 - 4a'c' = 0$
$\begin{cases} bb' - 2ac' - 2ca' > 0 \quad \dfrac{b^2 - 4ac}{2(bb' - 2ac' - 2ca')} \quad \text{est le maximum.} \\[10pt] bb' - 2ac' - 2ca' < 0 \quad \dfrac{b^2 - 4ac}{2(bb' - 2ac' - 2ca')} \quad \text{est le minimum.} \end{cases}$

Dans tous les cas, la valeur correspondante de $x$ est représentée par $-\dfrac{b - b'y}{2(a - a'y)}$, puisque l'équation en $x$ a ses racines égales, lorsque $y$ atteint une valeur maxima ou minima.

EXEMPLES. — 1° *Trouver les maximum et minimum de la fraction* $\dfrac{2x^2 - 2x + 5}{x^2 - 2x + 3}$.

Égalant à $y$ et résolvant par rapport à $x$, on a l'équation

$$x^2 (2 - y) - 2x (1 - y) + 3 - 3y = 0.$$

La quantité sous le radical est

$$- 2y^2 + 9y - 9 = - 2 \left( y - \frac{3}{2} \right) (y - 3).$$

Pour qu'elle soit positive, on doit donc avoir

$$\frac{3}{2} < y < 3 \, ;$$

donc $\dfrac{3}{2}$ est le minimum et 3 le maximum de la fraction, les valeurs correspondantes de $x$ sont

$$\frac{1 - \frac{3}{2}}{2 - \frac{3}{2}} = - 1 \quad \text{et} \quad \frac{1 - \frac{3}{2}}{2 - 3} = 2.$$

2° *Trouver les maximum et minimum de l'expression* $\dfrac{b}{x} + \dfrac{c}{z}$, *la somme* x + z *étant constante, égale à* a. (On suppose $b$ et $c$ positifs.)

Soit $y$ cette expression, éliminant $z$, on a :

$$y = \frac{b}{x} + \frac{c}{a - x} = \frac{(c - b) x + ab}{x (a - x)}$$

ou

$$yx^2 - (ay + b - c) x + ab = 0.$$

La quantité sous le radical est :

$$a^2 y^2 - 2ay (b + c) + (b - c)^2$$

ou

$$[ay - (\sqrt{b} - \sqrt{c})^2] \, [ay - (\sqrt{b} + \sqrt{c})^2].$$

On doit donc avoir :

$$ay \leqslant (\sqrt{b} - \sqrt{c})^2 \quad \text{ou} \quad ay \geqslant (\sqrt{b} + \sqrt{c})^2.$$

Donc, si $a$ est positif, $\dfrac{(\sqrt{b} - \sqrt{c})^2}{a}$ est le maximum de $y$ et

$\dfrac{\left(\sqrt{b} + \sqrt{c}\right)^2}{a}$ est son minimum; les valeurs correspondantes de $x$ sont

$$\frac{2a\sqrt{b}}{\sqrt{b} - \sqrt{c}}, \qquad \frac{2a\sqrt{b}}{\sqrt{b} + \sqrt{c}} \; \cdot$$

3° *Trouver les maximum et minimum du rapport de la somme des volumes de deux cônes à bases parallèles ayant pour sommet commun le centre d'une sphère donnée, ces bases étant des petits cercles de la sphère, au volume du segment sphérique compris entre ces bases, la distance de celles-ci étant constante, égale à* h.

Soient $x'$ et $x''$ les hauteurs de ces cônes, R le rayon de la sphère, la somme des volumes des cônes est représentée par

$$\frac{\pi}{3}\, x'\, (\mathrm{R}^2 - x'^2) + \frac{\pi}{3}\, x''\, (\mathrm{R}^2 - x''^2)$$

et le volume segment par

$$\frac{\pi}{6^2}\, h^3 + \frac{\pi}{2}\, h\, (\mathrm{R}^2 - x'^2 + \mathrm{R}^2 - x''^2) = \frac{\pi h}{6}\, (h^2 + 6\mathrm{R}^2 - 3x'^2 - 3x''^2)$$

et le rapport $y$ de ces deux volumes est

$$\frac{2x'\,(\mathrm{R}^2 - x'^2) + 2x''\,(\mathrm{R}^2 - x''^2)}{h\,(h^2 + 6\mathrm{R}^2 - 3x'^2 - 3x''^2)} = y \; \cdot$$

On a donc les deux relations

$$x' + x'' = h,$$

$$2\,(x'^3 + x''^3) - 3y\,(x'^2 + x''^2)\,h - 2\mathrm{R}^2 h + hy\,(h^2 + 6\mathrm{R}^2) = 0.$$

Or,

$$x'^2 + x''^2 = h^2 - 2x'x''$$

et

$$x'^3 + x''^3 = h\,(h^2 - 3x'x'')$$

et en substituant on a :

$$2h\,(h^2 - 3x'x'') - 3hy\,(h^2 - 2x'x'') - 2\mathrm{R}^2 h + hy\,(h^2 + 6\mathrm{R}^2) = 0,$$

d'où

$$x'x'' = \frac{\mathrm{R}^2 - h^2 - y\,(3\mathrm{R}^2 - h^2)}{3\,(y - 1)} \; \cdot$$

Donc $x'$ et $x''$ sont les deux racines de l'équation :

$$x^2 - hx + \frac{R^2 - h^2 - y\,(3R^2 - h^2)}{3\,(y - 1)} = 0.$$

La quantité sous le radical est :

$$\frac{3h^2\,(y - 1) - 4\,(R^2 - h^2) + 4y\,(3R^2 - h^2)}{12\,(y - 1)}$$

ou

$$\frac{y\,(12R^2 - h^2) - (4R^2 - h^2)}{y - 1}$$

Or, $y$ est constamment inférieur à 1 d'après la question, en d'autres termes 1 est un maximum absolu de $y$ ; donc le numérateur de la fraction précédente devant être de même signe que le dénominateur, on doit avoir :

$$y \leqslant \frac{4R^2 - h^2}{12R^2 - h^2}$$

car on a évidemment $12R^2 - h^2 > 0$.

Ainsi le rapport demandé est minimum et égal à $\frac{4R^2 - h^2}{12R^2 - h^2}$ lorsque $x' = x''$, c'est-à-dire lorsque les deux cônes sont égaux entre eux.

4° *Trouver les maximum et minimum du rapport des volumes engendrés par le trapèze birectangle curviligne* OABP *et le triangle* OBP *en tournant autour de* OP; *on donne le rayon* OA *du cercle* ($= R$).

Le volume engendré par le trapèze OABP est égal à celui de la demi-sphère diminué du volume segment à une base BB′, et celui engendré par le triangle OBP est un cône de même base que le segment ; si on désigne par $x$ la hauteur PM du segment et par $y$ le rapport en question, on a :

$$y = \frac{\dfrac{2}{3}\,\pi R^3 - \dfrac{\pi x^2}{3}\,(3R - x)}{\dfrac{\pi x}{3}\,(2R - x)\,(R - x)},$$

$$y = \frac{x^3 - 3Rx^2 + 2R^3}{x\,(2R - x)\,(R - x)} = \frac{(x^2 - 2Rx - 2R^2)\,(x - R)}{x\,(2R - x)\,(R - x)}.$$

Supprimant le facteur commun $R - x$ et ordonnant par rapport à $x$, on a l'équation :

$$x^2 (y - 1) - 2Rx (y - 1) + 2R^2 = 0.$$

La quantité sous le radical est :

$$(y - 1)(y - 3).$$

D'après la géométrie $y$ est supérieur à 1, il faut donc que l'on ait :

$$y > 3$$

Ainsi 3 est un minimum de $y$, alors $x = R$, les deux volumes sont nuls, par conséquent 3 est la limite du rapport de ces deux volumes lorsque $x$ tend vers $R$, et ce rapport tend vers cette limite en décroissant.

TROISIÈME MÉTHODE, DITE DE LA DIVISION. — Dans l'application, il est une méthode conduisant généralement d'une manière plus rapide à la connaissance des maximum et minimum. Cette méthode consiste à mettre la fraction sous la forme d'une partie entière, qui est une constante, et d'une autre fraction dont le numérateur est au plus du degré 1 par rapport à la variable, ce qui est toujours possible en effectuant la division du numérateur par le dénominateur. D'après cela, on a identiquement :

$$y = \frac{ax^2 + bx + c}{a'x^2 + b'x + c'} = \frac{a}{a'} + \frac{x (ba' - ab') + (ac' - ca')}{a' (a'x^2 + b'x + c')}$$

et si on pose

$$x (ab' - ba') + (ac' - ca') = z,$$

on a, en éliminant :

$$y = \frac{a}{a'} - \frac{z}{Az^2 + Bz + C},$$

$$y = \frac{a}{a'} - \frac{1}{Az + \dfrac{C}{z} + B}$$

A, B, C étant fonctions des coefficients $a$, $b$, $c$, $a'$, $b'$, $c'$. Les maxima et minima de $y$ dépendent donc de ceux de la somme :

$$Az + \frac{C}{z}$$

dont les deux termes ont un produit constant, savoir AC. La question est donc résolue, voir page 273.

EXEMPLES. — 1° *Trouver les maximum et minimum de la fraction :* $\dfrac{x^2 + 2x - 3}{x^2 - 2x + 3}.$

On a :

$$y = \frac{x^2 + 2x - 3}{x^2 - 2x + 3} = 1 + \frac{4x - 6}{x^2 - 2x + 3} = 1 + \frac{2(2x - 3)}{x^2 - 2x + 3},$$

soit $2x - 3 = z$, d'où $x = \dfrac{z + 3}{2}.$

On a :

$$y = 1 + \frac{2^3 z}{(z + 3)^2 - 4(z + 3) + 12} = 1 + \frac{8z}{z^2 + 2z + 9},$$

$$y = 1 + \frac{8}{z + \dfrac{9}{z} + 2}.$$

Pour $z = 3$, le dénominateur est minimum, donc $y$ est maximum et a pour valeur $1 + \dfrac{8}{8} = 2$; pour $z = -3$, au contraire, le dénominateur est maximum, et par conséquent $y$ minimum, égal à $1 + \dfrac{8}{-4} = -1$, les valeurs de $x$ correspondantes sont $\dfrac{3 + 3}{2} = 3$, et 0.

2° *Étant donnée une pyramide triangulaire* SABC, *on mène un plan* abc *parallèle à la base, trouver les maxima et minima du rapport des volumes des deux troncs de pyramide* abcABC, a'b'c'ABC, a', b', c' *étant les milieux des côtés du triangle* abc.

Soient $\dfrac{ab}{AB} = x$, $x$ étant considéré comme positif, si $ab$ est

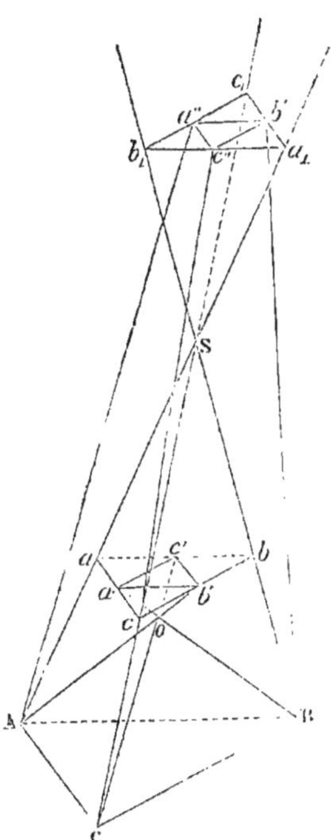

dans le même sens que AB ou dirigé en sens contraire, tel que $a_1b_1$, et $h$ la hauteur commune aux deux troncs, on a :

$$y = \frac{\frac{1}{3}\, h\mathrm{ABC}\, (1 + x + x^2)}{\frac{1}{3}\, h\mathrm{ABC}\left(1 - \frac{x}{2} + \frac{x^2}{4}\right)},$$

d'où

$$y = 4 + 12\,\frac{x - 1}{x^2 - 2x + 4} = 4 + 12\,\frac{x - 1}{(x - 1)^2 + 3},$$

$$y = 4 + \cfrac{12}{x - 1 + \cfrac{3}{x - 1}}.$$

Le rapport $y$ est donc maximum pour $x - 1 = \sqrt{3}$, d'où :

$$x = 1 + \sqrt{3} \quad \text{et} \quad y = 4 + 2\sqrt{3},$$

et minimum pour $x = 1 - \sqrt{3}$, alors

$$y = 4 - 2\sqrt{3}.$$

D'après la valeur négative de $x$, on voit que dans le cas du minimum, les deux troncs sont intervertis, c'est-à-dire que le premier est devenu un tronc de seconde espèce $a_1b_1c_1\mathrm{SABC}$ et le second un tronc de première espèce $a''b''c''\mathrm{ABC}$.

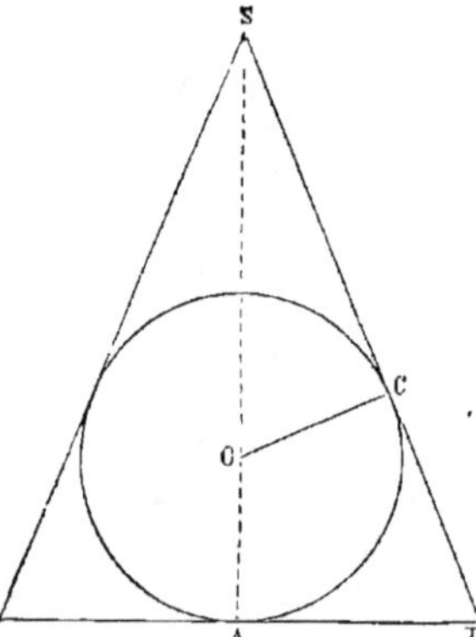

3° *Trouver le minimum de la surface totale du cône circonscrit à une sphère donnée, sa base étant sur un plan tangent à la sphère.*

Soient $x$ le rayon de base du cône, R le rayon de la sphère et $\pi y$ la surface totale, on a :

$$\pi y = \pi x^2 + \pi x\mathrm{SB};$$

or SB = SC + CB = SC + $x$, et les triangles semblables SOC, SAB, donnent

$$\frac{\mathrm{SC}}{\mathrm{OC}} = \frac{\mathrm{SA}}{\mathrm{AB}} = \frac{\sqrt{(\mathrm{SC} + x)^2 - x^2}}{x} = \frac{\sqrt{\mathrm{SC}\,(\mathrm{SC} + 2x)}}{x},$$

d'où

$$x^2 SC = \overline{OC}^2 \,(SC + 2x) = R^2\,(SC + 2x)$$

et

$$SC = \frac{2R^2 x}{x^2 - R^2}.$$

On a donc :

$$y = x^2 + x\left(\frac{2R^2 x}{x^2 - R^2} + x\right),$$

$$y = \frac{2x^4}{x^2 - R^2} = \frac{2R^2}{\dfrac{R^2}{x^2}\left(1 - \dfrac{R}{x^2}\right)}.$$

Le dénominateur de $y$ est maximum, lorsque l'on a :

$$\frac{R^2}{x^2} = 1 - \frac{R^2}{x^2},$$

d'où

$$x = R\sqrt{2},$$

par suite $y$ est minimum et égal à $8R^2$.

§ 5. — **Variation de la fraction** $\dfrac{ax^2 + bx + c}{a'x^2 + b'x + c'}$ **lorsque** $x$ **varie de** $-\infty$ **à** $+\infty$.

La dernière méthode permet de suivre facilement les différentes valeurs par lesquelles passe cette fraction lorsque $x$ varie d'une manière continue, puisqu'on est ramené à l'étude de la variation de la fonction :

$$z + \frac{q}{z},$$

mais pour cela, il a fallu faire un changement de variable indépendante ; il est alors préférable de conserver $x$ comme variable. Dans ce qui suit, on ne considérera que le cas le plus important et le plus complexe, savoir : celui où les équations obtenues en égalant à zéro chacun des termes de la fraction ont leurs racines réelles ; on supposera en outre que les coefficients $a$ et $a'$ sont de même signe, ce qui ne diminue pas la généralité, car s'ils étaient de signes contraires, on pourrait changer le signe de l'un d'eux en changeant le signe de la fraction $y$.

Soient donc :

$$ax^2 + bx + c = a\,(x - \alpha)\,(x - \beta),$$
$$a'x^2 + b'x + c' = a'\,(x - \alpha')\,(x - \beta').$$

L'ordre de grandeur des quatre racines $\alpha$, $\beta$, $\alpha'$, $\beta'$, peut présenter trois dispositions différentes, savoir :

$$\alpha, \beta, \alpha', \beta'; \quad \alpha, \alpha', \beta, \beta'; \quad \alpha, \alpha', \beta', \beta.$$

$1°$ Soit : $\alpha < \beta < \alpha' < \beta'$. — $x$ variant de $-\infty$ à $\alpha'$, les deux termes sont positifs, et la fraction $y$ *décroît* de $\dfrac{a}{a'}$ à $0$ ; $x$ variant de $\alpha$ à $\beta$, le numérateur est négatif et le dénominateur constamment positif, donc la fraction est négative dans cet intervalle, et puisque pour $x = \beta$, le numérateur est nul, et le dénominateur toujours différent de zéro, $y$ a donc varié de $0$ à $0$ en restant négatif et sans prendre des valeurs absolues infinies ; donc il a passé par un *minimum* dans cet intervalle. $x$ variant de $\beta$ à $\alpha'$, la fraction croît de $0$ à $+\infty$, puis $x$ variant de $\alpha'$ à $\beta'$, la fraction est négative, puisque son dénominateur seul est négatif ; en outre le numérateur ne s'annulant pas dans cet intervalle, $y$ ayant varié de $-\infty$ à $-\infty$ sans atteindre zéro, a passé par un *maximum*. Enfin, si $x$ varie de $\beta'$ à $+\infty$, $y$ décroît de $+\infty$ à $\dfrac{a}{a'}$ ; dans cet intervalle, ainsi que dans les précédents, il n'y a pas d'autres maximum ni minimum, que ceux signalés, puisqu'on a établi précédemment que la fraction $y$ ne possédait au plus qu'un maximum et qu'un minimum.

$2°$ $\alpha < \alpha' < \beta < \beta'$. — $x$ variant de $-\infty$ à $\alpha$, $y$ décroît de $\dfrac{a}{a'}$ à $0$ ; puis décroît de $0$ à $-\infty$, $x$ variant de $\alpha$ à $\alpha'$ ; si $x$ varie de $\alpha'$ à $\beta$, $y$ a ses deux termes négatifs, par conséquent décroît de $+\infty$ à $0$ ; puis de $0$ à $-\infty$, lorsque $x$ varie de $\beta$ à $\beta'$ ; enfin $y$ décroît de $+\infty$ à $\dfrac{a}{a'}$ lorsque $x$ varie de $\beta'$ à $+\infty$ : ainsi $y$ passe toujours deux fois par une valeur déterminée, lorsque $x$ varie de $-\infty$ à $+\infty$ ; il en résulte que $y$ ne peut avoir ni maximum, ni minimum ; car s'il y avait un maximum $m$ pour $x = x_1$ et qui soit compris dans le premier intervalle, par exemple, de la variation de $x$. Soient $x_1 - h$, $x_1 + h'$, les valeurs correspondantes de $x$, lorsque $y$ possède une valeur $m - \varepsilon$ voisine de $m$ ; et soit $x_2$ la valeur de $x$, lorsque dans l'un des autres intervalles $y$ passe par cette même valeur $m - \varepsilon$, il en résulterait qu'en faisant dans l'équation :

$$ax^2 + bx + c = y(a'x^2 + b'x' + c')$$

$y = m - \varepsilon$, on aurait trois valeurs de $x$ satisfaisant à cette équation du second degré, ce qui est impossible.

3° $\alpha < \alpha' < \beta' < \beta$. — $x$ variant de $-\infty$ à $\alpha$ et $\alpha'$, $y$ décroît de $\dfrac{a}{a'}$ à 0 et à $-\infty$ ; puis $x$ variant de $\alpha'$ à $\beta'$, $y$ a ses deux termes négatifs, et son numérateur constamment différent de zéro, donc $y$ décroissant d'abord à partir de $+\infty$, puis croissant jusqu'à $+\infty$, lorsque $x = \beta'$, et ne pouvant s'annuler, passe par un *minimum* dans cet intervalle. $x$ variant ensuite de $\beta'$ à $\beta$, $y$ varie de $-\infty$ à 0 ; enfin $x$ variant de $\beta$ à $+\infty$, $y$ varie de 0 à $\dfrac{a}{a'}$. Dans ce dernier intervalle ou dans le premier ($x$ variant de $-\infty$ à $\alpha$), $y$ a passé par un *maximum* ; en d'autres termes, il existe toujours une valeur de $x$ ou inférieure à $\alpha$ ou supérieure à $\beta$ telle, que l'on ait $\dfrac{ax^2 + bx + c}{a'x^2 + b'x + c'} > \dfrac{a}{a'}$, par suite $y$ étant nul pour $x = \alpha$ ou $\beta$, $y$ aura passé par un maximum.

En effet, supposons que l'on ait, au contraire, constamment dans l'un de ces deux intervalles :

$$\frac{ax^2 + bx + c}{a'x^2 + b'x + c'} < \frac{a}{a'}.$$

Multipliant par $a'(a'x^2 + b'x + c')$, quantité positive, puisque $\alpha'$, $\beta'$ sont comprises entre $\alpha$ et $\beta$, on a en réduisant :

$$x(ab' - ba') > -(ac' - ca');$$

or il est toujours possible d'attribuer des valeurs à $x$, de telle manière que ce soit l'inégalité contraire à la précédente qui ait lieu ; en outre cette limite de $x$, savoir : $-\dfrac{ac' - ca'}{ab' - ba'}$, ne peut être comprise entre $\alpha$ et $\beta$, car pour qu'il en fût ainsi, il faudrait que le résultat de la substitution de $-\dfrac{ac' - ca'}{ab' - ba'}$ à $x$ dans le trinôme $ax^2 + bx + c$ fût négatif, c'est-à-dire que l'on eût

$$a\,(ac' - ca')^2 - b\,(ab' - ba')\,(ac' - ca') + c\,(ab' - ba')^2 < 0$$

ou

$$(ac' - ca')^2 - (ab' - ba')\,(bc' - cb') < 0$$

en divisant par $a$, qui est positif ; or, d'après la première méthode, si cette inégalité a lieu, la fraction ne possède ni maximum ni minimum, ce qui est contradictoire avec ce que l'on vient d'établir, savoir, qu'il y a un minimum lorsque $x$ varie de $\alpha'$ à $\beta'$.

REMARQUE. — Les cas où l'une des équations :

$$ax^2 + bx + c = 0,$$
$$a'x^2 + b'x + c' = 0$$

aurait ses racines imaginaires et où toutes les deux auraient leurs racines imaginaires, présentent, quant aux maximum et minimum, des résultats analogues à ceux du premier et du troisième cas ; de sorte que la fraction, à moins d'être une constante, ne possède ni maximum ni minimum seulement dans le second cas : ce qui peut s'exprimer géométriquement ainsi. Si on représente les quatre racines $\alpha, \beta, \alpha', \beta'$, respectivement par les longueurs OA, OB, OA', OB' portées sur une même droite à partir d'une même origine, *la fraction y ne possède ni maximum ni minimum, si les deux segments* AB, A'B' *empiètent l'un sur l'autre.*

Dans la première méthode, on a vu que si l'on a :

$$(ac' - ca')^2 - (ab' - ba')\,(bc' - cb') \leqslant 0, \qquad (1)$$

il n'y a ni maximum ni minimum ; on peut montrer que

cette condition exprime que les deux segments AB, A′B′ empiètent l'un sur l'autre.

En effet, des relations :

$$\alpha + \beta = -\frac{b}{a}, \quad \alpha\beta = \frac{c}{a},$$

$$\alpha' + \beta' = -\frac{b'}{a'}, \quad \alpha'\beta' = \frac{c'}{a'}$$

on déduit :

$$\frac{ac' - ca'}{aa'} = \alpha'\beta' - \alpha\beta,$$

$$\frac{ab' - ba'}{aa'} = \alpha + \beta - (\alpha' + \beta'),$$

$$\frac{bc' - cb'}{aa'} = \alpha\beta(\alpha' + \beta') - \alpha'\beta'(\alpha + \beta).$$

Substituant dans l'inégalité (1), on a :

$$(\alpha'\beta' - \alpha\beta)^2 - [\alpha + \beta - (\alpha' + \beta')][\alpha\beta(\alpha' + \beta') - \alpha'\beta'(\alpha + \beta)] \leqslant 0.$$

Or le premier membre de cette inégalité s'annule pour $\alpha = \alpha'$, $\alpha = \beta'$, et par symétrie pour $\beta = \alpha'$, $\beta = \beta'$; il est donc identique au produit :

$$(\alpha - \alpha')(\alpha - \beta')(\beta - \alpha')(\beta - \beta').$$

Or, écrire que ce produit est négatif, si on suppose que $\alpha$, par exemple, soit la plus petite, revient à écrire que l'on a :

$$(\beta - \alpha')(\beta - \beta') < 0 ;$$

par conséquent :

$$\beta' < \beta < \alpha'$$

ou

$$\alpha' < \beta < \beta'.$$

Ainsi les deux segments présentent l'une des dispositions (1) et (2) ; donc ils empiètent l'un sur l'autre.

EXEMPLES DE VARIATIONS. — 1° *Étudier la variation de la fraction* :

$$y = \frac{x^2 + 2x - 3}{x^2 - 2x + 3}.$$

On a vu (p. 293) que cette fraction est maxima pour $x = 3$ et minima pour $x = 0$; d'autre part, le numérateur seul s'annule pour $x = 1$ et $x = -3$; on peut former le tableau suivant sur lequel il est facile de suivre les variations de $y$.

| VARIATIONS DE $x$ | VARIATIONS DE $y$ |
|---|---|
| de $-\infty$ à $-3$ | décroît de 1 à 0 |
| de $-3$ à 0 | décroît de 0 à $-1$ |
| de 0 à 1 | croît de $-1$ à 0 |
| de 1 à 3 | croît de 0 à 2 |
| de 3 à $+\infty$. | décroît de 2 à 1 |

2° *Étudier la variation du rapport des deux volumes de la seconde question* (p. 293).

Les deux termes de la fraction

$$\frac{1 + x + x^2}{1 - \dfrac{x}{2} + \dfrac{x^2}{4}}$$

ne peuvent s'annuler.

Par conséquent si $x$ varie de $-\infty$ à $1 - \sqrt{3}$, c'est-à-dire, si le plan sécant se déplace au-dessus de S jusqu'au point $C_1$ tel que $\dfrac{SC_1}{SC} = \sqrt{3} - 1$, le rapport des volumes décroît de 4 à $4 - 2\sqrt{3}$; puis $x$ variant de $1 - \sqrt{3}$ à $1 + \sqrt{3}$, le plan passe donc de la position $a_1 b_1 c_1$ à la position $abc$, telle que $\dfrac{Sc}{SC} = \sqrt{3} + 1$, et le rapport croît de $4 - 2\sqrt{3}$ à $4 + 2\sqrt{3}$; enfin $x$ variant de $1 + \sqrt{3}$ à $+8$ le rapport décroît de $4 + 2\sqrt{3}$ à 4.

3° *Étudier la variation de* $y = \dfrac{x^2 + 3x + 2}{x^2 - 3x + 2}$.

On a :

$$y = \frac{(x + 1)(x + 2)}{(x - 1)(x - 2)}.$$

D'autre part, on trouve qu'il y a maximum pour $x = +\sqrt{2}$, et minimum pour $x = -\sqrt{2}$, d'où le tableau suivant :

| VARIATIONS DE $x$ | VARIATIONS DE $y$ |
|---|---|
| de $-\infty$ à $-2$ | décroît de $1$ à $0$ |
| de $-2$ à $-\sqrt{2}$ | et de $0$ à $-17 + 12\sqrt{2}$ |
| de $-\sqrt{2}$ à $-1$ | croît de $-17 + 12\sqrt{2}$ à $0$ |
| de $-1$ à $+1$ | et de $0$ à $+\infty$ |
| de $+1$ à $+\sqrt{2}$ | croît de $-\infty$ à $-17 - 12\sqrt{2}$ |
| de $+\sqrt{2}$ à $+2$ | décroît de $-17 - 12\sqrt{2}$ à $-\infty$ |
| de $+2$ à $+\infty$ | décroît de $+\infty$ à $1$ |

## EXERCICES

I.　Résoudre les inégalités :

1.　$x^2 - 13x + 40 > 0.$

2.　$x^2 - 4x - 140 > 0.$

3.　$9x^2 - 12x + 2 < 0.$

4.　$x^2 - 5x - 6000 < 0.$

5.　$11x^2 + x - 180 < 0.$

6.　$x^2 + 2ax - a^2 > 0.$

7.　$x + \dfrac{1}{x} > 1.$

8.　$x^6 - 19x^3 - 216 < 0.$

9.　$(a^2 + 3a + 3)(x^2 + x) + a^2 < 0.$

10.　$3ax^2 - 3b^2x + b^3 - a^3 < 0.$

11.　$x(x - 1) - p(p - 1) - q(q - 1) + 2pq > 0.$

12.　$(2a - b)x^2 + bx(2b^2 - 5a) + 2ab^2 > 0.$

13.　$(2 - 3ab)x^2 + 3bx(1 - ab) - 3b - 2b^3 < 0.$

14.　$a(a - 1)(x - b)^2 + a'(a' + 1)x^2 - 2aa'x(x - b) > 0.$

15.　$(a - b)(a - 10b)x^2 - 2(a^2 - b^2)x + a^2 + 11ab - 2b^2 < 0.$

16.　$x^3 + 1 > x^2 + x.$

17.　$x(x^2 - 4) + x - 2 < 0.$

18.　$2(2x^4 + 3x^2 + 1) < 3(x + x^3).$

19.　$2(2x^4 + 3x^2 + 1) > 3(2x^3 + x).$

20.　$\sqrt{a + \dfrac{1}{x}} + \sqrt{x + \dfrac{1}{a}} - 2\sqrt{2} > 0.$

21.　$x^2 < 2a\sqrt{2x^2 - a^2}.$ On suppose $a > 0.$

22.　$4(a^2 - x^2) - a\sqrt{a^2 - x^2} - 2a^2 > 0.$

II.　Résoudre les inégalités simultanées :

1.　$x^2 - x - 2 < 0, \quad x < 1.$

2.　$112x^2 - 1055x + 1662 < 0, \quad x > 1.$

3.   $3x^2 - 4x - 15 > 0, \quad x + 1 < 0.$

4.   $3x^2 - 4x - 15 < 0, \quad x + 1 < 0.$

5.   $3x^2 - 4x - 15 > 0, \quad x > 2.$

6.   $3x^2 - 4x - 15 > 0, \quad x > 4.$

7.   $2x^2 - 2ax - 4a^2 + 18a - 18 < 0, \quad x + a < 2.$

8.   $\sqrt{(x-1)(x-2)} + \sqrt{(x-3)(x-4)} < \sqrt{2}, \quad x < \dfrac{25}{9}.$

9.   $bx^2 - (a^3 + b^3)x + a^3b^2 > 0, \quad (x - a^2)(x - b^2) < 0.$

10.   $(x - a)(x - b) > 0, \quad (x - x^2)a + b(1 - x) > 0.$

11.   $\dfrac{x^2 + px + q}{(x - a)(x - b)} > 0.$

12.   $\dfrac{x^4 + px^2 + q}{(x^2 - a^2)(x^2 - b^2)} > 0.$

Faire la discussion dans ces deux derniers exercices en supposant que les équations, obtenues en égalant à zéro les numérateurs, ont leurs racines réelles.

III.   Résoudre et discuter les systèmes suivants :

1.   $x + y = m, \quad (x^2 + y^2)(x^3 + y^3) = a^5.$

2.   $ax - by = c, \quad x^2 - y^2 = d^2.$

3.   $\dfrac{a}{x} + by = m, \quad ax + \dfrac{b}{y} = n.$

4.   $x + y = m, \quad x^5 + y^5 = a^5.$

5.   $x^2 + y^2 = z^2, \quad x + y + z = 2p, \quad xy = 2m^2.$

6.   $x^2 + y^2 = a^2, \quad xy = az, \quad x + y + z = 2p.$

7.   $x + y + z = 2p, \quad x^2 + y^2 = z^2, \quad xy = uz, \quad u + z = 2a.$

8.   $x + y + z + u = 2p, \quad x^2 + y^2 + z^2 + u^2 = 2c^2, \quad xy = a^2,$
    $zu = b^2.$

IV.   Résoudre et discuter les problèmes suivants :

1. Trouver le rayon d'un hémisphère, sachant que, plongé dans l'eau des deux seules manières possibles, les hauteurs des segments hors de l'eau sont $h$ et $h'$.

2. On donne une circonférence et une tangente, mener une corde BC parallèle à la tangente, telle que le rectangle formé en menant les perpendiculaires des extrémités B et C de la corde sur la tangente ait une diagonale de longueur déterminée.

3. Mener une tangente A'CB' à une demi-circonférence don-

née, telle que l'aire du triangle A′DB′, formé en joignant
les points de rencontre A′ et B′
de cette droite avec les tangentes menées aux extrémités du
diamètre AB, soit égale à $m^2$.

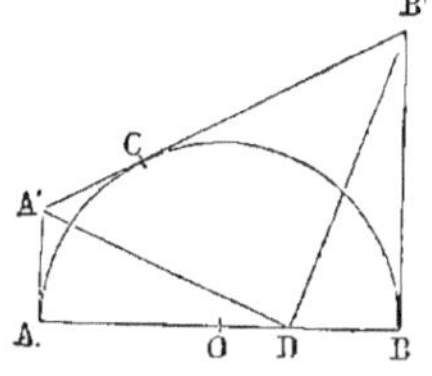

4. Étant donné l'angle $\alpha$ de deux diamètres d'une circonférence don-
née, mener une tangente CMB,
telle que le rapport des segments MB, MC déterminés
sur cette tangente à partir du point de contact M par
chacun des diamètres, soit égal à $\dfrac{m}{n}$.

5. Trouver sur la droite des centres de deux circonférences
données un point, tel que la différence des tangentes
menées de ce point à chacune des circonférences soit
égale à une longueur donnée.

6. Trouver le volume compris entre la surface d'une sphère
de rayon R et un cône circonscrit à cette sphère connaissant la somme $\pi a^2$ des surfaces du cône et de la zone
qui limite le volume demandé.

7. Trouver le volume compris entre la surface d'une sphère
et un cône circonscrit à cette sphère, connaissant la
surface latérale $\pi a^2$ du cône et la hauteur de la zone qui
limite ce volume.

8. Déterminer la distance du centre d'une sphère de rayon R
à l'une des bases d'un tronc de cône inscrit, sachant que
le rapport du volume de ce tronc de cône au segment
sphérique ayant mêmes bases que le tronc est $\dfrac{1}{3}$ ; la hauteur du tronc de cône étant $h$.

9. Déterminer les trois côtés d'un triangle rectangle, connaissant son périmètre et la surface engendrée par ce
périmètre en tournant autour de l'hypoténuse.

10. Déterminer les côtés d'un triangle rectangle, connaissant
son périmètre et la somme de l'hypoténuse et de la
hauteur correspondante.

11. Trouver quatre nombres en proportion, connaissant la
somme des extrêmes, la somme des moyens et l'excès
de la somme des cinquièmes puissances des extrêmes
sur la somme des cinquièmes puissances des moyens.

12. Inscrire dans un demi-cercle un trapèze de périmètre
donné.

13. Inscrire un carré dans un segment de cercle de rayon R, la hauteur du segment étant $h$.

14. Trouver sur la droite des centres de deux sphères données, un point pour lequel les zones vues de ce point soient équivalentes entre elles.

V.  Trouver les valeurs de $x$ qui rendent maximum ou minimum les fonctions suivantes, et déterminer ces valeurs maxima ou minima.

1. $x^2 - 4x - 140.$

2. $x^2 + x + 1.$

3. $3x^2 - 5x + 2.$

4. $-4x^2 + 7x + 492.$

5. $-x^2 + x + 2.$

6. $2x^2 - 24x + 1.$

7. $(2x - 3)^2 - 8x.$

8. $8x - (2x - 3)^2.$

9. $x + \dfrac{1}{16x} - \dfrac{1}{2}.$

10. $x^2 - 3 - \dfrac{x - 3}{6}.$

11. $cx^2 - b(a - x)^2.$

12. $ab - x^2 - (a - b)x.$

13. $x^3 + (19 - x)^3 - 1843.$

14. $\dfrac{3x}{x + 2} - \dfrac{6x - 1}{6} + 9 + x.$

VI.  Trouver les valeurs de $x$ qui rendent maximum et minimum les fonctions suivantes et déterminer ces valeurs maxima et minima.

1. $x^3 - 12x + 16.$

2. $x^3 + 3x^2 - 4.$

3. $8x^3 - 11x^2 - 4x + 1.$

4. $x^3 - 6x^2 + 12x - 1.$

5. $-4x^3 - x^2 + 5x - 8.$

6. $9 - x^2(4x + 1).$

7. $2x^3 - 3(a + b)x^2 + 6(5ab - 2a^2 - 2b^2)x.$

8. $3(a - b)^2x + 6ab(a - b) - x^3.$

9. $x^3 - 3ax^2 + 3(a^2 - b)x - 2b\sqrt{b}.$

VII.  1. Maximum de $\sqrt{x} + \sqrt{y}$, la somme $x + y$ étant constante.

2. Minimum de $\dfrac{1}{x^2} + \dfrac{1}{y^2}$, la somme $x + y$ étant constante.

3. Minimum de $\dfrac{1}{\sqrt{x}} + \dfrac{1}{\sqrt{y}}$, la somme $x + y$ étant constante.

4. Maximum de $xy + yz + zx$, la somme $x + y + z$ étant
   constante.

5. Maximum de $x + y$, la somme $x^2 + y^2$ étant constante.

6. Minimum de $ax + by$, le produit $xy$ étant constant.

7. Minimum du volume des troncs de cône de même base
   $\pi R^2$ et de même hauteur $h$.

8. Maximum du rapport du volume segment sphérique à
   une base au secteur correspondant; on donne le rayon R
   de la sphère.

9. Maximum du volume compris entre les deux troncs de
   cône du premier et du second genre ayant même hauteur $h$, leurs bases communes, la somme des rayons de
   ces bases étant constante.

10. Étant donnés dans un triangle, le rayon R du cercle cir-
    conscrit et une hauteur, trouver le minimum de la
    somme des deux côtés adjacents à cette hauteur.

11. Maximum du périmètre du trapèze isocèle inscrit dans
    une demi-circonférence.

12. Maximum de l'aire du secteur circulaire dont le périmètre
    est donné.

13. Étant donné le rayon $r$ de base d'une calotte sphérique,
    déterminer le rayon de la sphère correspondante, de
    telle sorte que la somme des volumes des cônes ayant
    même base, celle de la calotte et leurs sommets, l'un
    au centre de la sphère, l'autre étant celui du cône cir-
    conscrit à la calotte sphérique, soit minima.

14. Quel est le cylindre de surface latérale maximum inscrip-
    tible dans une sphère donnée ?

15. Étant données trois droites concourantes, par un point
    donné de l'une, mener une sécante telle que le triangle
    qu'elle forme avec les deux autres droites ait une surface
    minimum.

16. Étant donnés une sphère et le cône équilatéral inscrit,
    mener un plan parallèle à la base du cône, tel que la
    différence des surfaces déterminées dans la sphère et le
    cône soit maximum.

17. Déterminer le trapèze birectangle de surface constante et
    dont l'un des côtés parallèles est déterminé, de manière
    que le volume, engendré par ce trapèze en tournant
    autour de ce côté, soit maximum.

18. Déterminer le trapèze de surface maximum inscrit dans

une circonférence donnée, connaissant le rapport $m$ de sa hauteur et de son côté.

19. Trouver les valeurs de $x$ qui rendent maxima et minima les produits suivants :

$$x(x^2 - p^2), \quad (x - 1)^2 (x + 1), \quad (x - a)^3 (x - 2a)^2,$$
$$x (a + x) (a - x)^3.$$

20. Minimum de $x^m + y^n$, le produit $xy$ étant constant ; maximum de $\dfrac{x^m}{y^n}$, la différence $y - x$ étant constante.

21. Trouver le maximum de la différence entre un nombre et son carré ; entre un nombre et son cube ; entre le carré d'un nombre et son cube.

22. Dans un triangle on donne un côté et le diamètre du cercle circonscrit, déterminer le triangle pour lequel le produit des hauteurs correspondantes aux deux autres côtés est maximum.

23. Dans un triangle on donne un côté et le diamètre du cercle circonscrit, déterminer celui-ci de manière que le produit des trois hauteurs soit maximum.

24. Sur un cercle donné, on prend un arc quelconque AMB ; sur la corde AB de cet arc on décrit une demi-circonférence APB ; on fait tourner la figure autour du diamètre perpendiculaire à AB, trouver l'arc AB pour lequel la somme des surfaces ainsi décrites par les arcs AMB, APB est maximum.

25. Étant donné le périmètre d'un triangle ABC, rectangle en A, calculer ses trois côtés de manière que le volume engendré par le triangle en tournant autour de l'arc $xy$ mené par le sommet B parallèlement au côté AC soit maximum.

26. Maximum de la surface totale du cône inscrit dans une sphère donnée.

27. Aux extrémités du diamètre AB d'un demi-cercle, on mène les tangentes et la parallèle CD au diamètre AB, qui rencontre la circonférence en E et F, déterminer la position de la sécante EF, de telle sorte que la somme ou la différence des surfaces ABDC, OEF soit maximum ou minimum.

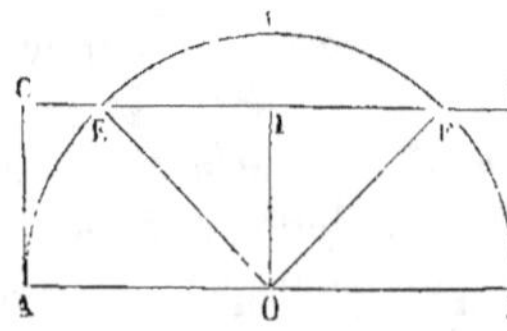

28. Déterminer la position de EF de telle manière que la

somme des volumes engendrés par les surfaces précédentes DABC, OEF en tournant autour de AB soit maximum.

29. Déterminer le rayon d'un arc AB, tel que le volume engendré par la figure OABC en tournant autour de OC perpendiculaire à OA (BC étant tangente à l'extrémité B) soit maximum, connaissant la surface engendrée par le contour OABC.

30. Maximum et minimum de la différence des volumes du cône inscrit dans une sphère donnée et le segment sphérique ayant même base que le cône et extérieur à celui-ci.

31. Maximum de la somme des aires des deux solides précédents.

32. Maximum de la différence des aires de deux cônes inscrits dans une sphère donnée, ayant même base et leurs sommets aux extrémités du diamètre perpendiculaire à cette base.

33. Maximum du volume d'une chaudière cylindrique terminée par deux hémisphères, soit que le périmètre de la section par un plan passant par l'axe soit constant, soit que la surface totale de la chaudière soit constante, soit que la longueur de l'axe soit constante.

34. Maximum de la différence des volumes du cylindre et du tronc de cône ayant même hauteur, une base commune donnée, et sachant que le diamètre de l'autre base du cône est égal à la hauteur.

35. Maximum du volume du cône dont le côté est donné.

36. Maximum du volume du cône, dans lequel la somme de la hauteur et du diamètre de base est constante.

37. Maximum de la somme des surfaces du triangle et du rectangle inscrits dans un cercle donné et ayant même base.

38. Volume maximum du prisme à base pentagonale régulière inscrit dans une sphère donnée.

39. Minimum de l'hypoténuse d'un triangle rectangle, le produit de la hauteur par l'un des segments, que celle-ci détermine sur l'hypoténuse, étant constant.

40. Étant données la somme des arêtes et la surface d'un parallélipipède rectangle, déterminer le volume maximum.

41. Déterminer le triangle isocèle de surface maximum, son sommet étant au milieu A du rayon OB de la circonférence R, et sa base étant une corde perpendiculaire à ce rayon.

42. Trouver sur la droite des centres de deux sphères extérieures l'une à l'autre un point tel que la somme des parties de sphère visibles de ce point soit maximum.

43. Trouver le point le moins échauffé sur la droite qui joint deux sources de chaleur d'intensités $a$ et $b$. (L'intensité calorifique varie en raison inverse du carré de la distance à la source de chaleur.)

44. Minimum de la distance de l'axe radical de deux cercles au centre du premier qu'on suppose fixe; les rayons de ces deux cercles sont constants.

45. On fait tourner, autour du sommet de l'angle droit d'un triangle rectangle, ce triangle dont les deux autres sommets s'appuient sur deux parallèles données, déterminer pour quelle position du triangle la surface engendrée sera minimum.

46. Minimum de la surface totale ou de la surface latérale du cône circonscrit à une sphère donnée, le plan de la base du cône reposant sur un plan passant par le centre de la sphère.

47. Maximum du volume du segment sphérique à une base, la surface de la calotte correspondante étant donnée.

48. Maximum du volume du segment sphérique à une base, sa surface totale étant donnée.

49. Minimum de l'aire latérale du cône de volume donné.

50. Minimum de l'aire totale du parallélipipède droit à base carrée de volume donné.

51. Minimum de la surface totale de la niche de volume donné.

52. Surface maximum du trapèze isocèle de côté $a$ et dont l'un des côtés parallèles est $b$.

53. Maximum du volume de la niche dont la surface totale est donnée.

54. Maximum du volume du parallélipipède droit à base carrée dont la surface est donnée.

55. Parmi les triangles rectangles ayant même hypoténuse $a$, trouver celui pour lequel la somme de l'un des côtés de l'angle droit et de la hauteur correspondante à l'hypoténuse soit maxima.

56. Maximum de la surface du triangle isocèle dont la base est une corde de la circonférence R et dont le sommet est en un point donné A, situé à la distance $h$ du centre.

VIII. Déterminer les valeurs de $x$ qui rendent maximum ou minimum les expressions suivantes, et déterminer ces valeurs maxima ou minima :

1. $\dfrac{2x}{x^2 + 2x + 2}$.

2. $\dfrac{x^2 + 4x + 16}{2x + 2}$.

3. $\dfrac{x}{x^2 + 4x + 3}$.

4. $\dfrac{3x^2 - 12x + 1}{x^2 + 2}$.

5. $\dfrac{x^2 + x + 1}{x^2 - x - 1}$.

6. $\dfrac{x^2 - 5x + 6}{x^2 + 1}$.

7. $\dfrac{2x - 1}{x^2 - x + 2}$.

8. $\dfrac{x^2 + 2x - 3}{x^2 - 2x + 3}$.

9. $\dfrac{x^2 - 2x + 21}{6x - 4}$.

10. $\dfrac{x^2 - 1}{x^2 + 1}$.

11. $\dfrac{5x - 1}{4x^2}$.

12. $\dfrac{x - 1}{x + 1} + \dfrac{x + 1}{x - 1}$.

13. $\dfrac{x^2}{(x - 1)(x - 2)}$.

14. $\dfrac{(x + 1)(x - 3)}{x^2}$.

15. $\dfrac{x^2 + x + 1}{x^2 - x + 1}$.

16. $\dfrac{x^2 + 4x + 1}{x^2 - 4x + 1}$.

17. $\dfrac{(x - 1)^2}{x^2 + x + 1}$.

18. $\dfrac{x^2 + 4}{x^2 - x}$.

19. $\dfrac{(x - 3)^2}{x + 3}$.

20. $\dfrac{x^2 + 2}{x + 2}$.

21. $\dfrac{x^2 + 1}{x}$.

22. $\dfrac{x^2 + 3x + 5}{x^2 + 1}$.

23. $\dfrac{ax}{x^2 + b}$.

24. $\dfrac{x^2 + a^2}{x + a}$.

25. $\dfrac{ax^2 + bx + c}{x^2 + 1}$.

26. $\dfrac{x}{x + a} - \dfrac{x}{x + b}$.

27. $\dfrac{(x + a)(x + b)}{x^2}$.

28. $\dfrac{3x^2 - 2x - 8}{5x^2 - 9x - 2}$.

IX. 1. Maximum et minimum de $\dfrac{m}{x} + \dfrac{y}{n}$, lorsque la somme $x + y$ est constante.

2. Maximum de la surface du trapèze birectangle de périmètre constant et dont l'une des bases est donnée.

3. Minimum du rapport de l'hypoténuse d'un triangle rectangle à son périmètre.

4. Maximum et minimum du rapport de la somme des volumes des deux cônes ayant pour bases celles d'un segment sphérique et pour sommets les extrémités du diamètre perpendiculaire à ces bases, au volume de ce segment, la hauteur de ce segment étant constante; on donne le rayon R de la sphère.

5. Même question, en supposant que les deux cônes ont leur sommet au centre de la sphère.

6. Minimum de la surface latérale du cône circonscrit à une sphère donnée.

7. Minimum de la surface totale du cône circonscrit à une sphère donnée.

8. Par le point extérieur P à une circonférence de rayon R,

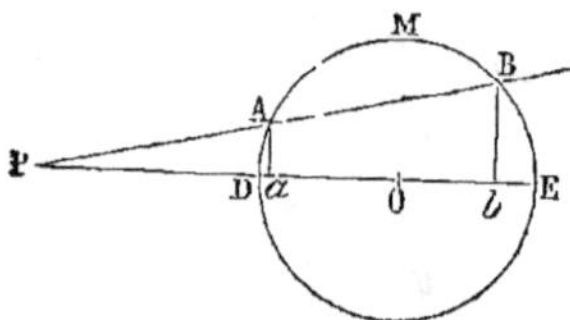

on mène le diamètre PDOE et la corde PAB, on mène les perpendiculaires A$a$, B$b$ au diamètre POE, trouver le maximum du rapport des volumes engendrés par les surfaces $a$AMB$b$, $a$AB$b$, en tournant autour de PO; on donne la distance OP $= d$.

9. Surface maximum du trapèze birectangle de périmètre $2p$ et dont l'une des bases est donnée égale à $a$.

10. Étant donné un segment de droite AB, un point O se déplace sur cette droite, étudier la variation de $\overline{AO}^2 + K\overline{OB}^2$.

11. Mêmes données, étudier la variation de $\sqrt{\overline{AO}} + K\sqrt{\overline{OB}}$.

12. Variation de la somme des surfaces du rectangle inscrit et du losange circonscrit correspondant au même cercle (R).

13. Variation de la somme des surfaces latérales de deux cônes tangents entre eux de même sommet : le centre d'une sphère donnée, et dont les bases, qui ont leurs plans perpendiculaires entre eux, sont des petits cercles de cette sphère.

14. Résoudre les inégalités :

$$\frac{x^2 + px + q}{x^2 + p'x + q'} > m, \qquad \frac{x^4 + px^2 + q}{x^4 + p'x^2 + q'} > m.$$

X.   1. Trouver les valeurs maxima et minima de $x$ et $y$ qui vérifient les équations :

$$x^2 + 2y^2 - 2xy + x - y - 1 = 0,$$
$$x^2(2a + y) - 4axy + 2ay(3a - 2y) = 0,$$
$$2x^2 - 4axy + y(6a^2 - 2ay - y^2) = 0,$$
$$x^4 - 24x^2 + 25y^2 - y^4 = 0,$$
$$ax^2 + 26xy + a'y^2 + 2cx + 2c'y + d = 0,$$
$$x^2[(2a^2 - 1)y + b] - 2a^2cxy + a^2y^2(y - b) = 0.$$

2. Trouver les valeurs maxima et minima des variables $x, y, z$
qui vérifient l'équation :

$$2x^2 + 3y^2 + z^2 + 4xy - 2xz - 2yz - 1 = 0.$$

3. Maximum de $mx + ny$, la somme $x^2 + y^2$ étant constante.

4. Minimum de la différence des zones obtenues en faisant
tourner un arc variable AB autour du diamètre perpendiculaire à sa corde, puis autour du diamètre perpendiculaire à cette même corde, le
rayon R de la circonférence à
laquelle appartient l'arc étant
donné.

5. Maximum de la surface engendrée par le contour OBA en
tournant autour de OA, étant donné le rayon (R = OA)
de l'arc AB.

6. Maximum de la somme des surfaces du cylindre inscrit
dans une sphère de rayon R, et de la sphère inscrite
dans ce cylindre.

7. Maximum de la somme des aires de la zone et du cône
ayant même base, le sommet du cône étant le centre de
la sphère, dont on donne le rayon.

8. Minimum du volume du cône circonscrit à un cylindre
donné.

9. Maximum de l'aire totale du secteur sphérique de volume
donné.

10. Maximum du rapport des volumes du segment sphérique
à deux bases dont l'une est constante et du cône de
même hauteur que le segment et ayant pour base la
base variable du segment; on donne le rayon R de la
sphère.

11. Minimum et maximum d'un aréomètre de surface totale
constante et dont le rayon est donné.

12. Étudier la variation de la somme des surfaces latérales des deux cônes circonscrits à des sphères égales, ces deux cônes ayant leur sommet commun situé sur la droite des centres.

13. Étudier la variation de la somme des zones vues sur deux sphères égales d'un point de la demi-circonférence décrite sur la distance des centres de deux sphères.

14. Minimum de la surface engendrée par le contour ABC en tournant autour de OA, l'angle AOD

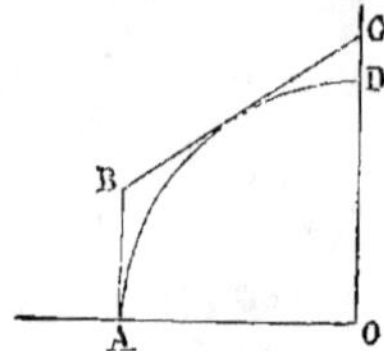

étant droit, et les deux côtés AB, BC étant tangents au quart de cercle, le premier au point fixe A ; on donne le rayon R du quart de cercle.

15. Même question en faisant tourner autour de OD.

16. Étudier la variation du segment sphérique à deux bases dont la surface totale est constante $\pi S$; on donne le rayon R de la sphère.

17. Maximum du volume engendré par le trapèze birectangle, de périmètre constant et dont le côté est donné, en tournant autour de sa hauteur.

18. Même question, en supposant que le rapport du côté à la hauteur est constant, au lieu de supposer ce côté constant.

19. Trouver la relation qui doit exister entre les coefficients des deux fractions :

$$\frac{ax^2 + bx + c}{a'x^2 + b'x + c'}, \quad \frac{\alpha x^2 + \beta x + \gamma}{\alpha'x^2 + \beta'x + \gamma'}$$

pour que leurs valeurs maxima et minima soient données par les mêmes valeurs de $x$.

20. Trouver la relation qui doit exister entre les coefficients de ces deux mêmes fractions, pour que leurs valeurs maxima et minima soient les mêmes.

21. Démontrer que si l'équation :

$$(b'^2 - 4a'c')\, y - 2(bb' - 2ac' - 2ca')y + b^2 - 4ac = 0$$

a ses racines égales, celles de l'équation :

$$(ab' - ba')x^2 - 2(ca' - ac')x + (bc' - cb') = 0$$

le sont aussi. La réciproque a-t-elle lieu ?

# QUATRIÈME PARTIE

## DES LOGARITHMES

—

## CHAPITRE I

### DES PROGRESSIONS

**§ I. — Progressions par différence.**

**Définitions.** — On nomme *progression arithmétique* ou *par différence* une série de quantités telles que chacune d'elles surpasse celle qui la précède d'une quantité constante, qu'on appelle *raison* de la progression. Si la raison est positive, la progression est dite *croissante;* si elle est négative, elle est dite *décroissante.* Il est évident que toute progression est à la fois croissante et décroissante, selon qu'elle est lue de gauche à droite ou de droite à gauche; aussi dans ce qui suit la raison sera toujours supposée positive.

Pour indiquer qu'une suite de quantités forment une progression arithmétique, on écrit les termes les uns à la suite des autres en les séparant par un point et en mettant le signe $\div$ devant le premier terme.

Ex. : $\div 2 . 7 . 12 . 17 . 22 ....$ est une progression par différence dont la raison est 5. On appelle aussi les termes de la progression *moyens arithmétiques.*

Nous représenterons par $a, b, c, ... h, k, l$, les différents termes de la progression dont la raison est $r$, $a$ étant le premier terme, $b$ le second, etc... et $l$ le dernier, et par $n$ le nombre des termes.

**Propriétés des progressions par différence.**

Première propriété. — *Dans toute progression par différence, le terme de rang* n *est égal au premier augmenté d'autant de fois la raison qu'il y a de termes avant lui.*

Ce qui se traduit par la formule :

$$l = a + (n - 1)\, r.$$

En effet, par définition, on a :

$$b = a + r$$
$$c = b + r$$
$$d = c + r$$
$$\cdots\cdots\cdots$$
$$\cdots\cdots\cdots$$
$$k = h + r$$
$$l = k + r$$

Ajoutant membre à membre ces $n - 1$ égalités et supprimant les termes communs aux deux membres, on a :

$$l = a + (n - 1)\, r. \qquad (1)$$

Cette relation entre les quatre quantités $a$, $l$, $n$, $r$ permet de résoudre les quatre problèmes compris dans l'énoncé suivant :

*Étant données trois des grandeurs* a, l, n *et* r *appartenant à une même progression par différence, trouver la quatrième.*

Nous ne nous arrêterons qu'au cas suivant :

*Trouver la raison* r *d'une progression par différence, connaissant les termes extrêmes* a *et* l *et le nombre* n *des termes.*

Résolvant l'égalité (1) par rapport à $r$, on a :

$$r = \frac{l - a}{n - 1}$$

C'est ce qu'on appelle *insérer* $n - 2$ *moyens arithmétiques* entre deux quantités données $a$ et $l$.

Deuxième propriété. — *Si l'on insère entre les termes consécutifs d'une progression par différence, pris deux à deux, le même nombre* m *de moyens arithmétiques, on obtient une suite de progressions n'en formant qu'une dont la raison est égale au quotient de la raison de la première progression par le nombre* m *des moyens insérés, plus* 1.

En effet, d'après le problème précédent, les raisons des nouvelles progressions sont :

$$\frac{b - a}{m + 1} = \frac{r}{m + 1}, \qquad \frac{c - a}{m + 1} + \frac{r}{m + 1}\,.$$

Ainsi toutes ces progressions ont même raison, d'ailleurs le dernier terme de chacune n'est autre que le premier terme de celle qui suit; donc ces progressions en forment une nouvelle dont la raison est $\dfrac{r}{m+1}$.

REMARQUE. — *Étant donnée une progression par différence, on peut toujours prendre* m *assez grand pour que la différence entre deux termes quelconques de la nouvelle progression formée en insérant* m *moyens entre les termes de la première soit moindre qu'une quantité donnée* ε.

Car il suffit de satisfaire à l'inégalité

$$\frac{r}{m+1} < \varepsilon, \quad \text{ou} \quad m > \frac{r}{\varepsilon} - 1,$$

ce qui est toujours possible, en prenant pour $m$ le quotient par défaut, à une unité près, de $r$ par $\varepsilon$.

TROISIÈME PROPRIÉTÉ. — *Dans toute progression par différence, dont le nombre* n *des termes est limité, la somme de deux termes également distants des extrêmes est constante, égale à la somme des extrêmes.*

En effet, le terme de rang $p$, à partir du premier, a pour expression

$$a + (p-1)r$$

et celui $g$ de rang $p$, en comptant les termes en sens inverse, à partir du dernier, est tel que l'on ait $l = g + (p-1)r$, il a donc pour expression

$$l - (p-1)r.$$

Or, la somme de ces deux termes est

$$a + l.$$

QUATRIÈME PROPRIÉTÉ. — *La somme des termes d'une progression par différence est égale au produit de la demi-somme des extrêmes par le nombre des termes.*

En effet, soit S cette somme, on a :

$$S = a + b + c + \ldots + h + k + l$$

et

$$S = l + k + h + \ldots + c + b + a$$

en renversant l'ordre des termes.

Ajoutant membre à membre ces deux égalités, et observant que dans les seconds membres ce sont des termes à égale distance des extrêmes qui se correspondent verticalement, on a :

$$2S = (a + l)\, n,$$

d'où

$$S = \frac{(a + l)\, n}{2}.$$

EXEMPLE. — *Trouver la somme des* n *premiers nombres impairs.*

On a :

$$l = 1 + 2\,(n - 1),$$

d'où

$$S = \left( \frac{1 + 1 + 2\,(n - 1)}{2} \right) n = n^2.$$

Ainsi la somme des $n$ premiers nombres impairs est égale au carré de $n$.

REMARQUE. — Les deux relations

$$l = a + (n - 1)\, r, \quad S = \frac{(a + l)\, n}{2}$$

entre les cinq quantités $a$, $l$, $n$, $r$ et S permettent de déterminer deux d'entre elles, connaissant les trois autres; ce qui donne lieu à *dix* problèmes différents.

### § 2. — Progressions par quotient.

**Définitions.** — On nomme *progression géométrique* ou *par quotient* une série de quantités telles que chacune soit égale à la précédente, multipliée par une quantité constante *positive*, appelée *raison;* selon que cette raison est *supérieure* ou *inférieure* à l'unité, la progression est dite *croissante* ou *décroissante;* d'ailleurs une progression croissante lue de gauche à droite est évidemment décroissante si on la lit en sens inverse.

Pour indiquer qu'une suite de quantités sont en progression géométrique, on écrit les termes les uns à la suite des autres

en les séparant par deux points (:) et en mettant le signe $\div$
devant le premier terme.

EXEMPLE. — La suite $\div$ 2 : 6 : 18 : 54 : 162 : ..... représente
une progression géométrique dont la raison est 3.

On appelle *moyens géométriques* les termes de la progression
par quotient.

Nous représenterons par $a, b, c \ldots h, k, l$ les termes d'une
progression, $a$ étant le premier, $b$ le second, etc... $l$ le dernier; par $n$ le nombre des termes, et par $q$ la raison.

Les propriétés des progressions par quotient et leur démonstration présentent avec celles des progressions par différence une analogie résultant de ce que la loi de formation
des moyens arithmétiques qui consiste dans l'*addition* d'une
quantité constante au terme qui précède, consiste ici dans la
*multiplication* par une quantité constante du terme précédent;
de sorte qu'aux opérations de soustraction, de multiplication,
de division doivent correspondre respectivement dans les
progressions géométriques les opérations de division, puissance et extraction de racines.

PREMIÈRE PROPRIÉTÉ. — *Dans toute progression géométrique,
le terme de rang* n *est égal au premier multiplié par une puissance de la raison dont l'indice est égal au nombre des termes
précédant celui que l'on considère.*

Ce qui s'exprime par la formule

$$l = aq^{n-1}.$$

En effet, par définition, on a la suite des $n - 1$ égalités :

$$b = aq$$
$$c = bq$$
$$\ldots\ldots$$
$$k = hq$$
$$l = kq$$

Multipliant toutes ces égalités membre à membre, et supprimant les facteurs communs, on a :

$$l = a \cdot q \cdot q \cdot q \ldots\ldots q \cdot q \cdot q = aq^{n-1}.$$

REMARQUE. — Cette relation permet de résoudre les quatre
problèmes compris dans l'énoncé suivant :

*Étant données trois des quatre quantités* a, l, n *et* q *appartenant à une même progression par quotient, trouver la quatrième.*

Nous ne traiterons que le cas suivant :

*Trouver la raison* q *d'une progression géométrique, connaissant les termes extrêmes* a *et* l *et le nombre* n *des termes.*

Résolvant l'égalité précédente par rapport à $q$, on a :

$$q^{n-1} = \frac{a}{l},$$

d'où

$$q = \sqrt[n-1]{\frac{a}{l}}.$$

C'est ce qu'on appelle *insérer* $n-2$ moyens géométriques entre deux quantités $a$ et $l$.

Deuxième propriété. — *Si l'on insère entre les termes consécutifs d'une progression par quotient, pris deux à deux, le même nombre* m *de moyens, on obtient une suite de progressions n'en formant qu'une dont la raison est égale à la racine* $(m+1)^e$ *de la raison primitive.*

En effet, d'après le dernier problème, les raisons des progressions nouvelles sont :

$$\sqrt[m+1]{\frac{b}{a}} = \sqrt[m+1]{q}, \quad \sqrt[m+1]{\frac{c}{b}} \cdot \sqrt[m+1]{q}, \ldots$$

Ainsi toutes ces progressions ont même raison $\sqrt[m+1]{q}$, d'ailleurs le dernier terme de chacune n'est autre que le premier de la suivante, donc ces progressions en forment une seule.

Remarque. — *On peut toujours prendre* m *assez grand pour que la différence entre deux termes consécutifs de la nouvelle progression soit moindre qu'une quantité donnée* $\varepsilon$.

En effet, les expressions de deux termes consécutifs, par exemple, ceux de rang $k$ et $k+1$, sont :

$$a\left(\sqrt[m+1]{q}\right)^{k-1}, \quad a\left(\sqrt[m+1]{q}\right)^{k}$$

ou

$$a\sqrt[m+1]{q^{k-1}}, \quad a\sqrt[m+1]{q^{k}};$$

or, on satisfera à l'inégalité :

$$a \sqrt[m+1]{q^k} - a \sqrt[m+1]{q^{k-1}} = a \sqrt[m+1]{} \left( \sqrt[m+1]{q} - 1 \right) < \varepsilon$$

si on satisfait à la suivante :

$$A \left( \sqrt[m+1]{q} - 1 \right) < \varepsilon, \qquad\qquad (1)$$

A étant une quantité fixe supérieure à la quantité variable $\sqrt[m+1]{q^k - 1}$ décroissant lorsque $m$ augmente, puisque $q$ est supérieur à l'unité ; or, de (1) on déduit :

$$\sqrt[m+1]{q} - 1 > \frac{\varepsilon}{A},$$

d'où

$$q < \left( 1 + \frac{\varepsilon}{A} \right)^{m+1},$$

inégalité à laquelle il est toujours possible de satisfaire, en prenant $m$ assez grand.

TROISIÈME PROPRIÉTÉ. — *Dans toute progression par quotient, dont le nombre des termes est limité, le produit de deux termes e et g également distants des extrêmes est constant, égal au produit des extrêmes.*

En effet, le terme $e$ de rang $p$ à partir du premier a pour expression $e = a \cdot q^{p-1}$, et le terme $g$ en comptant dans l'ordre inverse est tel que l'on a $l = g \cdot q^{p-1}$, d'où

$$g = \frac{l}{q^{p-1}},$$

d'où, par multiplication, $e \cdot g = al$.

QUATRIÈME PROPRIÉTÉ. — *Le produit des termes d'une progression géométrique est égal à la racine carrée du produit des extrêmes élevé à une puissance dont l'indice est égal au nombre des termes.*

En effet, soit P ce produit, on a les deux égalités :

$$P = a \cdot b \cdot c \ldots\ldots h \cdot k \cdot l,$$
$$P = l \cdot k \cdot h \ldots\ldots c \cdot b \cdot a.$$

Multipliant membre à membre, et observant que dans les

deux produits ce sont des termes à égale distance des extrêmes qui se correspondent verticalement, on a :

$$P^2 = (al)^n,$$

si on suppose qu'il y ait $n$ termes, donc

$$P = \sqrt[2]{(al)^n}.$$

Remarque. — Les deux relations

$$l = a \cdot q^{n-1}, \quad P = \sqrt[2]{(al)^n}$$

entre les cinq quantités $a$, $l$, $n$, $r$ et P permettent de déterminer deux de ces quantités, connaissant les trois autres ; ce qui donne lieu à dix problèmes ; mais la plupart d'entre eux exigeant la connaissance des logarithmes pour les résoudre, on ne devra les aborder qu'après l'étude des logarithmes.

Problème. — *Trouver la somme des termes d'une progression par quotient.*

Soit S cette somme, on a :

$$S = a + aq + aq^2 + \dots + aq^{n-2} + aq^{n-1}$$

et

$$Sq = \quad aq + aq^2 + \dots + aq^{n-1} + aq^n$$

en multipliant les deux membres de la première par $q$ ; retranchant la première égalité de la seconde, on a :

$$Sq - S = aq^n - a = lq - a,$$

d'où

$$S = \frac{lq - a}{q - 1}.$$

Si on suppose la progression décroissante, c'est-à-dire $q < 1$, on changera les signes des deux termes, ce qui donne

$$S = \frac{a - lq}{1 - q}.$$

Cette dernière formule peut s'écrire :

$$S = \frac{a}{1 - q} - \frac{lq}{1 - q}.$$

Sous cette forme, on voit que la somme S des $n$ premiers

termes de la progression diffère de la quantité déterminée

$$\frac{a}{1-q} \quad \text{de} \quad \frac{lq}{1-q} = l \cdot \frac{q}{1-q}$$

Or, si on suppose que le nombre des termes augmente, le produit $l \cdot \dfrac{q}{1-q} = q^n \dfrac{a}{1-q}$ diminue, puisque le seul facteur variable $q^n$ diminue; d'ailleurs $q^n$ tend vers zéro, lorsque $n$ croît au delà de toute limite, donc la quantité S a pour limite $\dfrac{a}{1-q}$; en d'autres termes $\dfrac{a}{1-q}$ représente la somme des termes de la progression en nombre infini.

**Applications.** — Une fraction périodique quelconque 0,4141 ... peut être considérée comme la somme des fractions décimales

$$\frac{41}{100}, \quad \frac{41}{100^2}, \quad \frac{41}{100^3}, \dots$$

en nombre infini; or, ces fractions sont les termes successifs de la progression géométrique ayant pour premier terme $\dfrac{41}{100}$ et $\dfrac{1}{100}$ pour raison; donc:

$$0,4141\dots = \frac{\dfrac{41}{100}}{1 - \dfrac{1}{100}} = \frac{41}{99}.$$

# CHAPITRE II.

## DES LOGARITHMES.

**Définitions.** — Étant données deux progressions, l'une par quotient et dont le premier terme est 1, l'autre par différence et dont le premier terme est 0, on appelle *logarithme* d'un terme quelconque de la première progression le terme de même rang dans la seconde.

Ainsi, soient les deux progressions :

$$\div 1 : q^1 : q^2 : q^3 : \dots q^n : q^{n+1} \dots$$
$$: 0 \,.\, r \,.\, 2r \,.\, 3r \dots nr.\, (n+1)\,r \dots$$

on a, par définition :

$$nr = \text{logarithme de } q^n,$$

ce qu'on écrit ainsi :

$$nr = \log q^n.$$

Ces deux progressions constituent ce qu'on appelle un *système de logarithmes;* un système est donc déterminé si on se donne $q$ et le logarithme $r$ de $q$, en ayant soin de faire correspondre 0 à 1 dans les deux progressions, c'est-à-dire que dans tous les systèmes *le logarithme de* 1 *est* 0.

Dans ce qui suit, il sera supposé la raison $q$ supérieure à l'unité et $r$ ou $\log q$ égal à l'unité. La quantité $q$ telle que $\log q = 1$ est appelée *base* du système.

Prolongeons les deux progressions à gauche des termes 1 et 0, et considérons les deux séries illimitées dans les deux sens :

$$\ldots \quad \frac{1}{q^{n+1}}, \quad \frac{1}{q^n} \ldots \frac{1}{q^2}, \quad \frac{1}{q}, \quad 1, q, q^2 \ldots q^n \ldots$$
$$- (n+1), -n, \ldots -2, -1, 0, 1, 2, \ldots n \ldots$$

Comme précédemment, on appelle logarithme d'un terme quelconque de la première série le terme correspondant de la progression arithmétique.

Il semble, d'après cette définition, que tout nombre qui ne ferait pas partie de la progression géométrique n'aurait pas de logarithme ; mais si on insère entre deux termes consécutifs de chacune des séries un même nombre $m$ de moyens, on obtiendra deux nouvelles progressions telles qu'au terme 1 de la première correspondra toujours le terme 0 de la seconde, et dans lesquelles les termes des progressions primitives qui se correspondaient se correspondront encore, alors on peut étendre aux nouveaux termes introduits la définition précédente.

Or, on a vu que l'on pouvait toujours prendre $m$ assez grand pour que deux termes consécutifs quelconques de la nouvelle progression par quotient diffèrent entre eux aussi peu que l'on voudra ; par conséquent, étant donné un nombre non compris dans cette nouvelle progression, il existe toujours un terme de celle-ci ne différant du nombre donné que d'une quantité aussi petite que l'on veut, alors le terme correspondant de la progression arithmétique est le *logarithme* du nombre proposé, puisque l'on peut déterminer $m$ de manière que l'erreur commise en substituant ce terme de la progression géométrique au nombre soit plus petite que tout ce que l'on veut, c'est-à-dire soit négligeable.

Et inversement, on peut dire qu'étant donné un nombre quelconque, considéré comme logarithme, il existe un terme de la première série admettant celui-ci pour logarithme. Il est d'ailleurs évident que dans les deux cas, à cause de la continuité dans l'accroissement des termes de chaque progression, ce terme correspondant est le seul.

Enfin, la progression géométrique ne renfermant que des termes positifs, on peut énoncer le théorème suivant :

*Tout nombre positif a un logarithme et un seul, positif ou négatif, selon que ce nombre est supérieur ou inférieur à l'unité ; et inversement tout nombre, positif ou négatif, est le logarithme d'un nombre déterminé et d'un seul.*

REMARQUE. — Le logarithme de zéro est — $\infty$ et les nombres négatifs n'ont pas de logarithme.

### § 1. — Propriétés des logarithmes.

PREMIÈRE PROPRIÉTÉ. — *Le logarithme d'un produit de deux facteurs N et N' est égal à la somme des logarithmes des deux facteurs.*

Soient $q^n = N$, $q^{n'} = N'$, égalités qu'on peut toujours écrire d'après le théorème précédent.

On a :

$$N \cdot N' = q^n \cdot q^{n'} = q^{n+n'}.$$

Le produit NN' a donc pour logarithme :

$$(n + n')\, r \text{ ou } nr + n'r,$$

mais

$$nr = \log q^n = \log N,$$

$$n'r = \log q^{n'} = \log N';$$

donc, en ajoutant, on a :

$$\log N \cdot N' = \log N + \log N'.$$

La propriété précédente s'étend à un nombre quelconque de facteurs, car on a :

$$\log (A . B . CD) = \log (ABC) + \log D = \log (AB) + \log C + \log D$$
$$= \log A + \log B + \log C + \log D.$$

DEUXIÈME PROPRIÉTÉ. — *Le logarithme d'un quotient est égal au logarithme du dividende diminué du logarithme du diviseur.*

Soit $A = B . Q$ ; prenant les logarithmes des deux membres, il y a encore égalité :

$$\log A = \log B + \log Q,$$

d'où

$$\log Q \quad \text{ou} \quad \log \frac{A}{B} = \log A - \log B.$$

TROISIÈME PROPRIÉTÉ. — *Le logarithme d'une puissance entière et positive d'un nombre est égal au produit du logarithme de ce nombre par l'indice de cette puissance.*

En effet, soit $P = A^m$, on a :

$$\log P = \log (A . A . A . A . \ldots\ldots A),$$

le facteur A étant répété $m$ fois, or

$$\log (A . A . A \ldots A) = \log A + \log A + \log A + \ldots = m \log A;$$

donc

$$\log P = \log A^m = m \log A.$$

QUATRIÈME PROPRIÉTÉ. — *Le logarithme de la racine* $m^e$ *d'un nombre est égal au quotient du logarithme de ce nombre par l'indice de la racine.*

Soit $R = \sqrt[m]{A}$ ; élevant les deux membres à la puissance $m^e$, on a :

$$R^m = A,$$

donc

$$\log R^m = m \log R = \log A,$$

d'où

$$\log R = \log \sqrt[m]{A} = \frac{\log A}{m}.$$

Ces propriétés montrent que si l'on avait des tables où seraient inscrits tous les nombres et en regard de chacun d'eux le logarithme, une multiplication sur les nombres serait remplacée par l'addition de leurs logarithmes, la division par une soustraction, l'élévation à une puissance par une multiplication, et l'extraction d'une racine par une division.

Par exemple, pour calculer $287^5$, on prendrait dans les tables le logarithme de 287 qu'on multiplierait par 5; le produit représentant le logarithme de $287^5$, en cherchant parmi les logarithmes ce produit, le nombre correspondant serait la cinquième puissance de 287.

Comme les nombres entiers sont en nombre infini et qu'entre deux nombres quelconques, il existe un nombre infini de nombres fractionnaires, il n'a pas fallu songer à construire une table de logarithmes de tous les nombres. On a seulement construit une table renfermant les logarithmes des nombres entiers de 1 à 108000 avec sept décimales exactes, et dans ce qui suit on expliquera et l'usage des tables et comment on trouve le logarithme de tel nombre que l'on voudra, mais avec une approximation limitée; et inversement comment on trouve le nombre admettant un logarithme donné.

### § 2. — Du calcul logarithmique.

Le système de logarithmes en usage pour faire les calculs est celui dont la base est 10, c'est-à-dire qui est défini par les deux progressions :

$$\cdots\cdots \frac{1}{10^2}, \frac{1}{10}, \ 1, 10, 10^2 \cdots\cdots 10^3 \cdots\cdots 10^n.$$
$$\cdots\cdots -2, -1, \ 0, \ 1 \ \ 2 \cdots\cdots 3 \cdots\cdots n.$$

Ces logarithmes sont appelés *logarithmes vulgaires* ou *de Briggs*, du nom de celui qui construisit le premier ces tables.

Dans ce système, on voit que les puissances de 10 sont les seuls nombres dont les logarithmes soient des nombres entiers, et l'exposant $n$ de la puissance est le logarithme de cette puissance de 10. Il en résulte que tout nombre qui n'est pas de la forme $10^n$, possède un logarithme ayant une partie décimale.

On nomme *caractéristique* du logarithme d'un nombre la partie entière de ce logarithme.

PREMIÈRE PROPRIÉTÉ. — *La caractéristique du logarithme d'un nombre est égale au nombre des chiffres de la partie entière du nombre proposé moins un.*

En effet, le nombre N qui possède $n$ chiffres à sa partie entière est compris entre :

$$10^{n-1} \quad \text{et} \quad 10^{n},$$

donc son logarithme est compris entre les logarithmes de ces deux puissances de 10, c'est-à-dire entre les deux nombres entiers consécutifs $n - 1$, $n$, donc sa partie entière est $n - 1$.

DEUXIÈME PROPRIÉTÉ. — *La partie décimale du logarithme d'un nombre n'est pas altérée, lorsqu'on multiplie ou qu'on divise ce nombre par une puissance de 10.*

En effet, on a :

$$\log (N \cdot 10^p) = \log N + \log 10^p = \log N + p,$$

$$\log \left( \frac{N}{10^p} \right) = \log N - \log 10^p = \log N - p,$$

$p$ étant un nombre entier, la partie décimale des logarithmes des nombres $N \cdot 10^p$ et $\dfrac{N}{10^p}$ est donc la même que celle du logarithme de N.

Dans ce qui suit, on suppose qu'on a entre les mains les tables de Callet et que leur disposition est connue. Pour faire les calculs numériques à l'aide des logarithmes, il reste à résoudre les deux questions suivantes :

PREMIÈRE QUESTION. — *Étant donné un nombre, trouver son logarithme dans les tables.*

On distingue deux cas selon que ce nombre est supérieur ou inférieur à l'unité.

**Premier cas :** *Le nombre donné est supérieur à l'unité.* — Si les chiffres de ce nombre, entier ou décimal, forment, abstraction faite de la virgule, un nombre moindre que 108000, la partie décimale de son logarithme se lira dans la table, et on donnera ensuite au logarithme la caractéristique convenable. Par exemple, soit à trouver le logarithme de 8437,8, on cherche 8437 dans la colonne N et on suit de l'œil la ligne horizontale où il se trouve, en la parcourant de gauche à droite, jusqu'à ce que l'on arrive dans la colonne au haut de laquelle est inscrit le chiffre 8, cinquième chiffre significatif du nombre proposé; les trois premières décimales du logarithme sont 926 que l'on trouve dans la colonne intitulée 0 et les quatre dernières décimales sont 2292, qui se trouvent à la fois sur la ligne horizontale contenant les quatre premiers chiffres du nombre donné et dans la colonne répondant au cinquième chiffre 8; la partie décimale du logarithme est donc 0,9262292, et on a :

$$\log 8437,8 = 3,9262292.$$

Si les chiffres du nombre donné forment, abstraction faite de la virgule, un nombre supérieur à 108000, par exemple, soit 527,4857, on cherche dans la table, comme on vient de l'indiquer, la partie décimale 0,7222060 du logarithme du nombre 52748, mais le nombre proposé surpasse 5274800 de 57 unités, par conséquent son logarithme est supérieur à celui-ci.

Pour évaluer cette différence, on admet que *dans des limites peu éloignées, l'accroissement des logarithmes est proportionnel à celui des nombres*. Or, le logarithme de 5274900 a pour partie décimale 0,7222142 : ainsi, lorsque le nombre augmente d'une centaine représentée dans ce cas par une unité du cinquième chiffre des tables, le logarithme augmente de 82 unités du septième ordre décimal, par conséquent, si le nombre augmente de 57 unités, le logarithme augmentera de la quantité $x$ donnée par la proportion :

$$\frac{x}{82} = \frac{57}{100} = \frac{0,57}{1},$$

d'où

$$x = 82 \times 0,57 = 46,74 = 46$$

en négligeant la fraction 0,74 moindre qu'une unité du septième ordre ; la partie décimale du logarithme de 527,4857 est donc

$$0,7222060 + 0,0000046 = 0,7222106$$

et enfin

$$\log 528,4857 = 2,7222106.$$

TABLEAU DU CALCUL PRÉCÉDENT.

$$N = 527,4857 \quad \log 52748 \ldots\ldots\ldots \quad 0,7222060$$
$$\text{pour} \quad 0,57 \ldots\ldots \quad \underline{\qquad 46}$$
$$\log \quad 527,4857 = 2,7222106$$

Remarque. — Dans les tables de Callet, les différences entre deux logarithmes consécutifs, appelées *différences tabulaires*, sont toutes calculées et inscrites dans la dernière colonne à droite, au haut de laquelle on lit la lettre D ; pour avoir l'*accroissement du logarithme il faut donc multiplier l'accroissement du nombre par la différence tabulaire.*

On peut se dispenser de cette multiplication en se servant des tables de Callet, car au-dessous de la différence tabulaire 82 on voit une colonne de parties proportionnelles, ce sont les produits de la différence tabulaire 82 par 1, 2, 3, 4, 5, 6, 7, 8, 9, produits dont on n'a inscrit que les chiffres à conserver, en supposant que le multiplicateur exprime des dixièmes d'unité de l'ordre du cinquième chiffre des tables.

Ainsi, dans l'exemple précédent, vis-à-vis du chiffre 5 on lit 41 et vis-à-vis de 7 on lit 57, par conséquent l'accroissement correspondant à 0,57 d'augmentation dans le nombre, est égal à $41 + 5,7 = 46,7$.

**Deuxième cas :** *Le nombre donné est inférieur à l'unité.* — On a vu que les logarithmes des nombres inférieurs à l'unité sont négatifs ; pour les trouver à l'aide des tables, d'après la seconde propriété, on multiplie le nombre proposé par une puissance $n$ de 10, telle que ce produit soit supérieur à l'unité et inférieur à 10, puis on cherche le logarithme de ce produit et on retranche le résultat de $n$, en donnant le signe — à l'excès, car on a identiquement :

$$\log N = \log\left(\frac{N \cdot 10^n}{10^n}\right) = \log(N \cdot 10^n) - n \qquad (1)$$

ou

$$\log N = -[n - \log(N \cdot 10^n)]. \qquad (2)$$

Dans la pratique, on ne fait pas cette soustraction, c'est-à-dire que l'on conserve pour log N l'expression (1), de sorte que le logarithme d'un nombre inférieur à l'unité se compose de deux parties, l'une *entière et négative* — n, c'est la caractéristique ; l'autre *décimale et positive*, qui est le logarithme du nombre dans lequel on a avancé la virgule jusqu'à ce qu'il possède un seul chiffre entier ; or, pour remplir cette condition, il faut avancer la virgule vers la droite d'autant de rangs qu'il y a d'unités dans le rang du premier chiffre significatif après la virgule, et puisque la caractéristique négative a pour valeur absolue ce nombre d'unités, on peut énoncer la règle suivante pour la recherche du logarithme des nombres inférieurs à l'unité.

RÈGLE. — *Rechercher la partie décimale du logarithme du nombre obtenu en faisant abstraction de la virgule, et donner au résultat une caractéristique négative dont la valeur arithmétique est égale au rang du premier chiffre significatif après la virgule.*

EXEMPLE. — *Soit à trouver le logarithme de* 0,0078347.

On a :

$$\log 0{,}0078347 = \frac{\log 7{,}8347}{10^3}$$
$$\log 0{,}0078347 = \log 7{,}8347 - 3.$$

Les tables donnent :

$$\log 7{,}8347 = 0{,}8940224,$$

donc

$$\log 0{,}0078347 = -3 + 0{,}8940224.$$

Au lieu d'écrire le binôme qui représente ce logarithme, on est convenu de l'écrire sous une forme en apparence monôme, en faisant figurer la caractéristique à la place du zéro, en ayant soin de mettre au-dessus de celle-ci le signe —, de sorte que l'on écrit ainsi par abréviation :

$$\log 0{,}0078347 = \overline{3}{,}8940224.$$

DEUXIÈME QUESTION. — *Un logarithme étant donné, trouver, à l'aide des tables, le nombre correspondant.*

**Premier cas :** *La caractéristique est positive.*

On fait abstraction de la caractéristique, on cherche les trois premières décimales de ce logarithme parmi les nombres isolés que l'on voit dans la colonne intitulée 0; ensuite on cherche les quatre dernières figures du logarithme parmi les nombres de quatre chiffres à droite du premier qui sont dans cette même colonne. Si l'on y trouve ces quatre dernières figures, le nombre cherché est à gauche en regard dans la colonne N, il restera à séparer sur la gauche de ce nombre autant de chiffres entiers qu'il y a d'unités plus 1 dans la caractéristique.

EXEMPLE. — *Soit à trouver le nombre qui a pour logarithme* 6,7237019.

Dans les tables, on voit que le nombre 5293 correspond à la partie décimale 7237019; la caractéristique étant 6, le nombre doit posséder sept chiffres à sa partie entière, donc 5293000 a pour logarithme 6,7230719.

Si l'on ne trouve pas dans la colonne intitulée 0, les quatre dernières figures du logarithme donné, on s'arrête à celles qui s'en approchent le plus *en moins;* on suit la ligne horizontale sur laquelle on s'est arrêté en allant de gauche à droite jusqu'à ce que l'on trouve les quatre dernières figures du logarithme proposé; celles-ci trouvées, on lit le chiffre qui se trouve en tête de cette colonne, c'est le cinquième chiffre du nombre cherché, les quatre premiers étant dans la colonne N sur la ligne horizontale qu'il a fallu suivre pour trouver les quatre dernières figures. On place ensuite la virgule d'après la valeur de la caractéristique.

EXEMPLE. — *Le logarithme* 1,7237511 *correspond au nombre* 52,936.

Généralement on ne trouve pas les quatre dernières figures du logarithme; on prend alors le logarithme qui en approche le plus *en moins,* on le retranche du logarithme donné, le reste *r*, d'après l'hypothèse que les logarithmes croissent proportionnellement aux nombres dans des limites assez rapprochées, servira à calculer les chiffres *x* du nombre cherché, qui viennent après les cinq premiers chiffres, à l'aide de la proportion :

$$\frac{x}{1} = \frac{r}{\Delta},$$

$\Delta$ étant la différence tabulaire correspondante.

EXEMPLE. — *Soit à trouver le nombre qui a pour logarithme* 3,7237557.

Le logarithme qui en approche le plus *en moins*, abstraction faite de la caractéristique, est 0,7237511 qui correspond au nombre 52936.

Si le logarithme était 0,7237593, le nombre correspondant serait 52937 ; la différence tabulaire est donc 82 unités du septième ordre, tandis que la différence entre le logarithme proposé et celui des tables qui lui est immédiatement inférieur est 46, donc le nombre correspondant surpasse celui des tables 52936 d'une quantité $x$, telle que $\dfrac{x}{1} = \dfrac{46}{82} = 0,56$ ; ainsi le nombre cherché est :

$$52936 + 0,56 = 52936,56 ;$$

d'ailleurs la caractéristique étant 3, on a :

$$3,7237557 = \log (5293,656).$$

TABLEAU DU CALCUL PRÉCÉDENT.

$$0,7237511 = \log 5,2936$$
$$0,7237557$$
$$\overline{\phantom{0,7237557}}$$
$$\text{pour } 0,0000046 \dots \dots \quad 0,56$$
$$3,7237557 = \log \quad 5293,656$$

REMARQUE. — L'exemple précédent montre que pour avoir l'accroissement du nombre correspondant à l'accroissement logarithmique, il faut *diviser* celui-ci par la différence tabulaire ; à l'aide des tables de Callet, on peut se dispenser de faire cette division, en se servant de la table des parties proportionnelles dont il a déjà été parlé. A cet effet, on cherche dans la colonne de droite située immédiatement au-dessous de la différence tabulaire 82, le nombre qui approche le plus en moins de 46 ; on trouve 41 et en regard à gauche 5 ; 5 est le chiffre des dixièmes du nombre cherché ; comme il reste, de 41 à 46, 5 unités du septième ordre ou 50 unités du huitième, on cherche de nouveau dans la colonne de droite le nombre qui approche le plus de 50, savoir 49, et le chiffre 6 à gauche est le chiffre des centièmes cherchés ; le nombre correspondant est donc 5293656.

**Deuxième cas :** *La caractéristique seule est négative.* RÈGLE. — *On cherche le nombre correspondant au logarithme donné dans lequel on fait abstraction de la caractéristique ; et l'on place ensuite la virgule dans ce nombre, de manière que le premier chiffre significatif à droite de la virgule occupe un rang marqué par le nombre d'unités de la caractéristique.*

Cette règle résulte évidemment de celle donnée dans la question inverse.

EXEMPLE. — *Soit à trouver le nombre qui a pour logarithme :*

$$\overline{4},5678976.$$

D'après les tables, le nombre correspondant au logarithme dont la partie décimale est 5678976 est égal à 369741, donc le nombre cherché est :

$$0,000369741.$$

**Troisième cas :** *Le logarithme donné est entièrement négatif.*

Soit N le nombre cherché et soit — α le logarithme donné, on doit avoir :

$$\log N = -\alpha \quad \text{ou} \quad -\log N = \alpha,$$

d'où :

$$\alpha = \log \frac{1}{N}. \tag{1}$$

Donc si on cherche le nombre N′ qui correspond au logarithme positif α, le nombre cherché sera tel que $N' = \dfrac{1}{N}$, il sera donc l'inverse de N′.

Il est plus simple, pour éviter cette division, de ramener le logarithme donné à un autre dont la caractéristique seule soit négative, en ajoutant et en retranchant une unité de ce logarithme, mais effectuant séparément la première opération entre cette unité et la partie décimale qui est négative, et la seconde entre cette unité et la caractéristique.

EXEMPLE. — *Soit le logarithme négatif*

$$- 3,6574273.$$

On a identiquement :

$$- 3,6574273 = 1 - 3,6574273 - 1$$

ou

$$- 3,6574273 = 1 - 0,6574273 - 3 - 1$$

$$- 3,6574273 = \ + 0,3425727 - 4 = \overline{4},3425727$$

### Exemples de calculs logarithmiques.

1° *Calculer l'expression* :

$$x = \sqrt[2]{\frac{572,47 \times 273578}{365}}$$

On a :

$$\log x = \frac{1}{2} \left[\log 572,47 + \log 273578 - \log 365\right]$$

$$\log 572,47 = 2,7577527$$
$$\log 273578 = 5,4370812$$

ajoutant, on a

$$8,1948339$$
$$\log 365 = 2,5622929$$

soustrayant

$$2 \log x = 5,6325410$$
$$\log x = 2,8162705$$

$$x = 655,044$$

2° *Calculer l'expression* :

$$x = \frac{595,4787 \ . \ 17^2}{572,943^3}$$

On a :

$$\log x = \log 595,4787 + 2 \log 17 - 3 \log 572,943$$

$$\log 595,4787 = 2,7748662$$
$$\log 17 = \quad 1,2304489 \qquad 2 \log 17 = 2,4608978$$

$$5,2357640$$
$$\log 572,943 = 2,7581114 \qquad 3 \log 572,943 = 8,2743342$$

$$\text{d'où par soustraction : } \log x = \overline{4},9164298$$

$$x = 0,0009150184$$

Dans la soustraction, on a opéré de manière à avoir de suite un logarithme à caractéristique seule négative.

3° *Calculer l'expression :*

$$x = \sqrt[5]{\frac{854,2765 \times 0,009748}{0,0672^3 \cdot 289^3}}.$$

On a :

$$\log x = \frac{1}{5}\left[\log 854,2765 + \log 0,009748 - (3\log 0,0672 + 3\log 289)\right]$$

$$\log 854,2765 = 2,9315985$$
$$\log 0,009748 = 3,9889155$$

$$\overline{0,9205140} \qquad 0,9205140$$

$$\log 0,0672 = \overline{2},8273693 \quad \text{d'où} \quad 3\log 0,0672 = \overline{4},4821079$$
$$\log 289 \quad = 2,4608978 \qquad\qquad 3\log 289 \quad = 7,3826934$$

Ajoutant ces deux logarithmes, on a : $\quad 3,8648013$

Retranchant ce dernier résultat de 0,9205140, on a :

$$5\log x = \overline{3},0557127$$

$$\log x = \frac{\overline{3},0557127}{5}$$

Dans cette division, comme dans les multiplications de logarithmes à caractéristique négative par un nombre, il faut appliquer la règle de la multiplication ou de la division des polynômes, puisque ces logarithmes sont de véritables binômes ; mais dans la division, il y a d'abord à transformer le logarithme en un autre égal ayant une caractéristique exactement divisible par 5, puisque la caractéristique d'un logarithme est, par définition, un nombre entier ; à cet effet, on ajoute d'une part — 2 à la caractéristique de 5 log $x$, ce qui donne — 5, afin d'avoir le plus petit multiple 5 immédiatement supérieur à la valeur absolue de la caractéristique, et d'autre part on ajoute 2 à la partie décimale ; ce second total, d'après le choix du nombre entier 2 divisé par 5, donnera certainement un quotient inférieur à l'unité ; ce sera la partie décimale du logarithme de $x$. On a donc :

$$\log x = \frac{-5 + 2 + 0,0557127}{5} = -1 + \frac{2,0557127}{5},$$

$$\log x = \overline{1},4111425,$$
$$x = 0,2577167.$$

# CHAPITRE III.

## APPLICATIONS DES LOGARITHMES.

### § 1. — Résolution de l'équation exponentielle.

On appelle équation exponentielle toute équation dans laquelle les inconnues figurent en exposant.

La plus simple de ces équations est celle ne renfermant qu'une inconnue $x$ et qu'un seul terme qui renferme cette inconnue ; elle est donc de la forme $a^x = b$, $a$ et $b$ étant des quantités connues positives. Cette égalité entraîne la suivante :

$$x \log a = \log b,$$

d'où

$$x = \frac{\log a}{\log b}.$$

Exemple. — 1° *Soit à résoudre l'équation :*

$$3^x = 177147.$$

On a :

$$\log 3 = 0,4771213$$
$$\log 177147 = 5,2483338 ;$$

donc

$$x = \frac{\log 177147}{\log 3} = \frac{5,2483338}{0,4771213} = 11.$$

2° *Soit à résoudre :*

$$3^{x^2 - 3x + 5} = 19683.$$

On a :

$$(x^2 - 3x + 5) \log 3 = \log 19683 ;$$

d'où

$$x^2 - 3x + 5 = \frac{\log 19683}{\log 3} = \frac{4,2940917}{0,4771213} = 9.$$

Ainsi

$$x^2 - 3x + 5 = 9 ;$$

d'où

$$x = \frac{3 \pm 5}{2}$$

La solution 4 convient, tandis que la solution négative — 1 doit être rejetée.

## § 2. — Des intérêts composés.

On dit qu'un capital est placé à intérêt *composé*, lorsqu'on laisse chaque année entre les mains de l'emprunteur l'intérêt que le capital a rapporté pendant l'année qui vient de s'écouler pour augmenter le capital et par conséquent l'intérêt de l'année suivante. On suppose, comme dans les questions d'intérêt simple, qu'une somme fixe de 100 francs, par exemple, rapporte par an telle somme de bénéfice : c'est cette dernière qu'on appelle le *taux de l'intérêt;* dans ce qui suit nous appellerons $r$ l'intérêt de *un* franc par an.

PREMIÈRE QUESTION. — *Une somme* A *étant placée à intérêt composé, que deviendra-t-elle par l'accumulation des intérêts après le temps* t, *l'intérêt de un franc pour un an étant* r ?

Supposons en premier lieu que le temps $t$ soit un nombre entier $n$ d'années, puisque $1^f$ rapporte $r^f$ par an, $A^f$ rapporteront $Ar^f$ après un an; le capital A s'est donc accru de $Ar$, c'est-à-dire qu'au bout d'un an, tout se passe comme si on plaçait après la première année le capital $A' = A + Ar = A(1 + r)$.

Ainsi, pour connaître la valeur du capital après un an, il faut le multiplier par $1 + r$; donc ce nouveau capital $A'$ après un an sera devenu $A'(1 + r)$ et le premier A après *deux* ans sera $A(1 + r)^2$; en général après $n$ années, il sera $A(1 + r)^n$; donc, on a la formule

$$C = A(1 + r)^n ;  \qquad (1)$$

C désignant le capital accru de ses intérêts après $n$ années.

Si le temps $t$ se compose de $n$ années et K jours, le capital A devient d'abord $A(1 + r)^n = C$ après $n$ années; or si 1 franc rapporte $r$ en un an ou 360 jours (année commerciale), 1 franc rapportera en K jours une somme $x$ donnée par la proportion

$$\frac{x}{r} = \frac{K}{360}, \quad \text{d'où} \quad x = \frac{Kr}{360},$$

et le capital C rapportera $\dfrac{CKr}{360}$, il sera donc devenu

$$C + \frac{CKr}{360} = C\left(1 + \frac{Kr}{360}\right),$$

et on a la formule

$$C' = C\left(1 + \frac{Kr}{360}\right) = A(1 + r)^n\left(1 + \frac{Kr}{360}\right), \qquad (2)$$

C' représentant le capital accru de ses intérêts après $n$ années et K jours.

EXEMPLE. — *Calculer ce que devient le capital de $1000^f$ après 27 ans 3 mois au taux de $5\dfrac{1}{2}$ pour 100.*

Appliquant la formule (2), on a :

$$C' = 1000\,(1 + 0{,}055)^{27}\left(1 + \frac{0{,}055 \times 90}{360}\right)$$

ou

$$C' = 1000 \times 1{,}055^{27} \times 1{,}014,$$

et

$$\log C' = \log 1000 + 27 \log 1{,}055 + \log 1{,}014$$

$$\log 1000 = 3$$

$$\log 1{,}055 = 0{,}02325246 \qquad 27 \log 1{,}055 = 0{,}62781642$$

$$\log 1{,}014 = 0{,}00603796$$

$$\text{ajoutant, on a :} \quad \log C' = 3{,}63385438$$

$$\text{et } C' = 1303^f{,}823$$

Les formules (1) et (2) servent à résoudre les problèmes suivants.

1° *Quelle somme faut-il placer aujourd'hui à un taux donné $r$ pour obtenir une certaine somme après le temps t ?*

Si le temps $t$ est un nombre entier $n$ d'années, en représentant par C la somme que l'on veut obtenir, et par A le capital à placer, on a :

$$A = \frac{C}{(1 + r)^n}.$$

Si le temps $t$ se compose de $n$ années et K jours, en représentant par C′ la somme que l'on veut obtenir, on a :

$$A = \frac{C'}{(1+r)^n \left(1 + \dfrac{Kr}{360}\right)}.$$

Dans les deux cas on fera le calcul par logarithmes.

2° *Un capital* A *placé à intérêt composé pendant le temps* t, *a produit une somme déterminée, quel est le taux de l'intérêt ?*

Si le temps $t$ est un nombre entier $n$ d'années, $r$ est déterminé par la formule

$$(1+r)^n = \frac{C}{A},$$

équation qu'on résoudra par logarithmes, de sorte qu'on calculera $1+r$ à l'aide de son logarithme, savoir $\dfrac{\log C - \log A}{n}$.

EXEMPLE. — *La somme de* 1000$^f$ *a été placée il y a* 53 *ans, elle a produit* 9000$^f$ ; *quel était le taux de l'intérêt ?*

On a :

$$\log (1+r) = \frac{\log 9000 - \log 100}{53} = \frac{3,95424251 - 3}{53}$$

$$\log (1+r) = 0,01800458 ;$$

d'où

$$1 + r = 1,042328$$

et

$$r = 0,042328.$$

Le taux est environ $4\frac{1}{4}$ pour 100.

Si le temps $t$ se compose d'un nombre $n$ d'années et de K jours, on emploie la formule

$$C' = A(1+r)^n \left(1 + \frac{Kr}{360}\right)$$

dans laquelle l'inconnue $r$ entre au $(n+1)^e$ degré ; la résolution de cette équation appartient à l'algèbre supérieure.

3° *Pendant combien de temps doit-on placer le capital* A *pour qu'il produise une somme déterminée* B, *au taux* r ?

Ne sachant pas si le temps inconnu est un nombre entier d'années ou non, on emploie d'abord la première formule :

$$(1 + r)^n = \frac{B}{A}, \quad \text{c'est-à-dire} \quad n \log (1 + r) = \log \frac{B}{A},$$

d'où

$$n = \frac{\log B - \log A}{\log (1 + r)}.$$

Si ce quotient est entier, il représente évidemmnt le temps cherché ; mais s'il ne l'est pas, le calcul fait n'est pas inutile, car *la partie entière de ce quotient par défaut est le nombre entier d'années dont se compose le temps cherché.*

En effet, soient $p$ la partie entière de ce quotient et R le reste de la division, on a l'identité :

$$\log \frac{B}{A} = p \log (1 + r) + R,$$

avec l'inégalité $R < \log (1 + r)$.

D'autre part $n$ et K désignant le nombre d'années et de jours répondant à la question, on a :

$$\log \frac{B}{A} = n \log (1 + r) + \log \left( 1 + \frac{Kr}{360} \right) ;$$

donc on a

$$n \log (1 + r) + \log \left( 1 + \frac{Kr}{360} \right) = p \log (1 + r) + R,$$

ou

$$(n - p) \log (1 + r) = R - \log \left( 1 + \frac{Kr}{360} \right) ;$$

or $\log \left( 1 + \dfrac{Kr}{360} \right)$ est moindre que $\log (1 + r)$ puisque K est inférieur à 360, par suite le second membre de la dernière égalité est inférieur à $\log (1 + r)$ ; donc, si les deux nombres entiers $n$ et $p$ différaient entre eux, on aurait un multiple entier de $\log (1 + r)$ égal à une fraction de $\log (1 + r)$, ce qui est impossible ; donc $n$ et $p$ sont égaux.

Il en résulte

$$R = \log \left( 1 + \frac{Kr}{360} \right), \tag{3}$$

égalité qui permettra de calculer K en cherchant le nombre $b$ qui a pour logarithme R, d'après l'équation $b = 1 + \dfrac{K r}{360}$.

REMARQUE. — La quotité de l'intérêt des capitaux et le mode de la calculer reposant sur des conventions, les praticiens admettent la formule $C = A (1 + r)^m$, quel que soit $m$, entier ou fractionnaire, et calculent la partie décimale du quotient $\dfrac{\log B - \log A}{\log (1 + r)}$, laquelle est ensuite convertie en jours ; d'ailleurs ces deux modes de calcul donnent des résultats très-peu différents.

EXEMPLE. — *Après combien de temps le capital* $1000^f$ *placé à 6 pour 100, sera-t-il devenu égal à* $100000^f$ ?

On a :

$$n = \frac{\log 100000 - \log 1000}{\log (1,06)} = \frac{2}{0,02530587},$$

ou

$$n = 79 + \frac{0,00083627}{0,02530587} ;$$

donc R $= 0,00083627$ et appliquant la formule (3), on a :

$$\log \left( 1 + \frac{K \cdot 0,06}{360} \right) = 0,00083627 = \log 1,001927,$$

donc

$$1 + \frac{K \cdot 0,06}{360} = 1,001927,$$

ou

$$\frac{K}{6000} = 0,001927,$$

$$K = 11,5.$$

Ainsi le temps cherché est de 79 ans 11 jours $\frac{1}{2}$.

Le calcul fait, d'après la remarque précédente, donne

$$n = 79,033 = 79 \text{ ans } 11 \text{ jours } \frac{8}{10}.$$

### § 3. — Des annuités.

**Définition.** — On nomme *annuité* la somme que doit payer chaque année une personne qui veut éteindre une dette en un nombre déterminé $n$ d'années, en tenant compte des intérêts au taux $r$ pour un franc.

Le problème des annuités peut être posé ainsi : Une personne emprunte aujourd'hui un capital A, au taux $r$ pour un franc, quelle annuité faut-il que cette personne paye pour être libérée après $n$ années ? Cette annuité doit être telle qu'en tenant compte de chaque annuité et de ses intérêts composés jusqu'au moment du dernier paiement, on ait une somme égale à ce que deviendrait le capital A placé pendant $n$ années à intérêts composés, au même taux, c'est-à-dire égale à $A (1 + r)^n$.

Si $a$ désigne la valeur de l'annuité, le paiement de cette somme un an après le jour de l'emprunt constitue un capital qui aura acquis une valeur égale à $(1 + r)^{n-1}$ à la fin de la $n^e$ année ; de même le paiement de la *somme* $a$ fait au commencement de la seconde année aura une valeur égale à

$$a(1 + r)^{n-2}$$

à la fin de la $n^e$ année, et ainsi de suite ; de sorte que la somme $a$ payée à la fin de l'avant-dernière année aura acquis la valeur

$$a (1 + r)$$

à la fin de la $n^e$ année, tandis que le $n^e$ paiement de l'annuité entre dans le compte final pour sa valeur $a$.

On doit donc avoir l'égalité :

$$A (1 + r)^n = a (1 + r)^{n-1} + a (1 + r)^{n-2} + \ldots + a(1 + r) + a.$$

Le second membre est une progression géométrique de $n$ termes, dont la somme est $\dfrac{a (1 + r)^n - a}{1 + r - 1}$ ou : $\dfrac{a}{r} [(1 + r)^n - 1]$, on a donc :

$$A (1 + r)^n = \frac{a[(1 + r)^n - 1]}{r},$$

d'où

$$a = \frac{A r (1 + r)^n}{(1 + r)^n - 1}. \tag{1}$$

Pour effectuer le calcul de $a$, on calculera par logarithmes

$(1 + r)^n$, on en retranchera l'unité, ce qui donne le dénominateur, et on terminera le calcul par logarithmes, d'après l'égalité

$$\log a = \log Ar + n \log (1 + r) - \log [(1 + r)^n - 1].$$

**Exemple.** — *Quelle est l'annuité amortissant en 60 ans la somme de* 10000ᶠ, *l'intérêt étant 6 pour 100 par an ?*

On a :

$$\log (1,06) = 0,02530587$$
$$\text{et } 60 \log (1,06) = 1,5183522 = \log (32,9878);$$

donc

$$(1,06)^{60} - 1 = 31,9878.$$

Puis

$$\log 10000 \times 0,06 = 2,7781513$$
$$60 \log (1,06) = 1,5183522$$

Ajoutant, on a :

$$\overline{\phantom{xxxxxxxxxxx} 4,2965035}$$
$$\log 31,9878 = 1,5049844$$

donc,

$$\overline{\log a = 2,7915191}$$
$$\text{et } a = 618ᶠ,755$$

La formule (1) permet de résoudre les trois problèmes suivants.

1° *Quelle somme doit-on emprunter aujourd'hui, si on veut la rembourser par* n *annuités égales à* a, *le taux étant* r *pour un franc ?*

Soit A cette somme; résolvant l'égalité (1) par rapport à A, on a :

$$A = \frac{a}{r} \frac{(1 + r)^n - 1}{(1 + r)^n}.$$

On fera le calcul par logarithmes comme précédemment.

2° *Quel temps a-t-il fallu pour éteindre une dette* A *au moyen d'annuités égales à* a, *le taux étant* r *pour un franc ?*

Résolvant l'égalité (1) par rapport à $(1 + r)^n$, on a :

$$(1 + r)^n = \frac{a}{a - Ar},$$

d'où

$$n = \frac{\log a - \log (a - Ar)}{\log (1 + r)}.$$

Pour que le problème soit possible, il faut que l'on ait $a - \mathrm{A}r > 0$, d'où

$$a > \mathrm{A}r;$$

c'est-à-dire l'annuité supérieure à l'intérêt de A francs par an, condition qu'on pouvait énoncer *à priori*.

Si la formule précédente donne un quotient entier $n$ sans reste, ce quotient $n$ satisfait évidemment à la question. Mais si la division donne un reste, il n'y a pas possibilité d'éteindre la dette par $n$ paiements égaux ; alors on paye $n$ annuités, et arrivé au dernier paiement, outre l'annuité $a$ on donne la différence $\mathrm{A}(1 + r)^n - \dfrac{a\,[(1 + r)^n - 1]}{r}$, car le nombre $n$ d'annuités n'acquitterait pas la dette, et le nombre $n + 1$ d'annuités suspasserait ce que l'on doit, ce que démontrent les inégalités successives résultant de la division ci-dessus effectuée à une unité près.

$$n < \frac{\log a - \log (a - \mathrm{A}r)}{\log (1 + r)} < n + 1,$$

$$\log (1 + r)^n < \log \frac{a}{a - \mathrm{A}r} < \log (1 + r)^{n + 1},$$

$$(1 + r)^n < \frac{a}{a - \mathrm{A}r} < (1 + r)^{n + 1},$$

$$(1 + r)^n\, a - \mathrm{A}r(1 + r)^n < a < a(1 + r)^{n + 1} - \mathrm{A}r(1 + r)^{n + 1};$$

enfin

$$\mathrm{A} > \frac{a\,[(1 + r)^n - 1]}{r\,(1 + r)^n} \quad \text{et} \quad \mathrm{A} < \frac{a\,[(1 + r)^{n + 1} - 1]}{r\,(1 + r)^{n + 1}}.$$

EXEMPLE. — *Combien de temps faut-il pour amortir une dette de 100000 francs par annuités de 5,000$^f$ au taux de 4$\frac{1}{2}$ pour 100 ?*

On a :

$$n = \frac{\log 5000 - \log (5000 - 100000 \times 0{,}45)}{\log (1{,}045)},$$

$$\log 5000 = 3{,}6989700$$

$$\log (5000 - 4500) = \log 500 = 2{,}6989700$$

d'où par soustraction :

$$1{,}0000000$$

d'ailleurs :

$$\log 1{,}045 = 0{,}0191163$$

Donc

$$n = \frac{1}{0,0191163} = 52,\ldots$$

On devra donc payer 52 annuités de 5,000$^f$. Comme la division n'a pas lieu exactement, à la fin de la dernière année on paiera

$$5000 + \left[ (100000 \quad 1,045)^{52} - \frac{5000\,[(1,045)^{52} - 1]}{0,045} \right]$$
$$= 5000^f + 1248^f,60.$$

*3° On contracte aujourd'hui une dette* A *dont on s'acquittera par* n *annuités de* a *francs, quel doit être le taux de l'intérêt ?*

La formule (1) étant de degré $(n + 1)$ par rapport à $r$, la solution de cette question ne peut être traitée ici.

EXERCICES.

I.    1. Le premier terme d'une progression arithmétique est $n^2 - n + 1$, le nombre des termes $n$ et la raison égale à 2, démontrer que la somme des termes est égale au cube du nombre des termes.

  2. Démontrer que le triple de la somme des $n$ termes d'une progression arithmétique à partir du terme de rang $n + 1$ est égale à la somme des $3\,n$ premiers termes.

  3. Démontrer que les sommes des $n$ premiers termes des trois progressions arithmétiques dont le premier terme est 1, et dont les raisons sont respectivement 1, 2, 3, sont elles-mêmes en progression arithmétique.

  4. Démontrer que si $a^2$, $b^2$, $c^2$ sont en progression arithmétique $\dfrac{1}{b + c}$, $\dfrac{1}{c + a}$, $\dfrac{1}{a + b}$ le sont aussi.

  5. Si $a$, $b$, $c$ sont les termes de rang $p$, $q$, $r$, d'une progression arithmétique, on a la relation :

$$a(q - r) + b(r - p) + c(p - q) = 0.$$

  6. Si dans deux progressions arithmétiques, deux termes de l'une sont proportionnels aux deux termes de même rang de l'autre, il en est de même pour tous les termes.

  7. Trouver la somme des derniers termes de $p$ progressions arithmétiques commençant par 1, ayant même nombre

de termes $n$, et pour raisons, les termes de la progression :
$$1, 2, 3....., p.$$

8. $S_1$, $S_2$, $S_3$... $S_p$, sont les sommes respectives des $n$ premiers
termes de $p$ progressions arithmétiques, dont les pre-
miers termes sont
$$1, 2, 3....., p,$$
et les raisons correspondantes, les termes de la progression :
$$1, 3, 5....., 2n - 1,$$
démontrer que l'on a :

$$S_1 + S_2 + S_3 +.... + S_p = \frac{np}{2}\,(np + 1).$$

9. Trouver 3 nombres en progression arithmétique, dont la
somme soit 15 et le produit égal à 120.

10. Trouver 3 nombres en progression arithmétique, dont la
somme soit 15 et la somme des carrés des extrêmes
égale à 58.

11. Trouver quatre nombres en progression arithmétique, la
somme des extrêmes étant 8, et le produit des deux
moyens, égal à 15.

12. Trouver 4 nombres en progression arithmétique, la somme
des carrés des extrêmes étant 18 et celle des carrés des
moyens 2.

13. Dans une progression arithmétique de 11 termes, la
somme des termes est 220 et la somme des cubes de ces
mêmes termes est 147400, déterminer la raison.

14. Déterminer la progression arithmétique de raison 2, la
somme des termes étant égale à 8 fois leur nombre et
sachant que si on ajoute 13 au second terme, le quotient de cette somme par le nombre des termes est égal
au premier terme.

15. Déterminer la progression arithmétique dont le premier
terme est 2, la somme des termes égale à 8 fois leur
nombre, et sachant que si on ajoute 7 au troisième
terme, le quotient de cette somme par le nombre des
termes est égal à la raison.

16. Trouver quatre nombres en progression arithmétique, connaissant leur somme $4a$ et la somme de leurs inverses $\frac{1}{b}$.

17. Trouver cinq nombres en progression arithmétique, connaissant leur somme $5a$ et leur produit $b^5$.

18. Trouver cinq nombres en progression arithmétique, connaissant la somme $b^4$ de leurs quatrièmes puissances, et le rapport K du terme moyen à la raison.

19. Trouver cinq nombres en progression arithmétique, connaissant la somme $b^4$ de leurs quatrièmes puissances et la différence $\delta$ entre les termes extrêmes.

20. Trouver trois nombres en progression arithmétique, sachant que la somme de leurs cubes est égale au demi-produit de leur somme par la somme de leurs carrés, et que le produit de ces trois nombres est 4.

II.    1. Faire la somme des $n$ premiers termes des progressions géométriques :

$$\frac{1}{\sqrt{2}}, \quad \frac{1}{2}, \quad \frac{1}{2\sqrt{2}}, \dots$$

$$\frac{a}{x}\sqrt{\frac{3}{2}}, \quad \sqrt{\frac{a}{x}}, \quad \sqrt{\frac{2}{3}}, \dots$$

2. Démontrer que si $a$, $b$, $c$, $d$ sont quatre termes consécutifs d'une progression géométrique, on a les relations :

$$(a + b + c + d)^2 = (a + b)^2 + (c + d)^2 + 2(b + c)^2$$

et

$$(a - d)^2 = (b - c)^2 + (c - a)^2 + (d - b)^2.$$

3. Démontrer que les différences entre les termes consécutifs deux à deux d'une progression géométrique sont aussi en progression géométrique.

4. Trouver le rapport de la somme des termes de rang pair d'une progression géométrique à la somme des termes de rang impair de cette même progression.

5. Si $S_1$, $S_2$, $S_3, \dots S_p$ sont les sommes des $p$ premiers termes de $p$ progressions géométriques ayant même raison $q$ et pour premiers termes respectivement ceux de la progression arithmétique :

$$a, \ 2a \dots, \ pa,$$

démontrer que l'on a :

$$S_1 + S_2 + \dots + S_p = \frac{ap(p+1)}{2}\left(\frac{q^p - 1}{q - 1}\right).$$

6. Si $S_1$, $S_2$, $S_3$,... $S_p$ sont les limites des sommes des termes de $p$ progressions géométriques décroissantes, dont le nombre des termes est infini, qui ont même premier terme, l'unité, et pour raison : $q$, $q^2$, .... $q^p$, démontrer que l'on a la relation :

$$\frac{1}{S_1} + \frac{1}{S_2} + ...., + \frac{1}{S_p} = p - \frac{q(1 - q^p)}{1 - q}.$$

7. Démontrer que, si $S_2$ représente la limite de la somme des carrés des termes d'une progression géométrique décroissante, dont le nombre des termes est infini, et $S_1$ la limite de la somme des mêmes termes, on a la relation :

$$S_2(1 + q) = S_1{}^2(1 - q),$$

$q$ étant la raison.

8. Trouver la somme des $n$ premiers termes de la série :

$$1 + 2q + 3q^2 + 4q^3 + ..... + nq^{n-1}.$$

9. Étant données deux demi-circonférences égales tangentes extérieurement, on mène la tangente commune et on décrit le *cercle* tangent à cette droite et aux deux circonférences, puis le *cercle* tangent à ce premier cercle et aux deux circonférences, et ainsi de suite, trouver la somme des rayons de ces cercles.

En déduire l'identité suivante :

$$\frac{1}{1 \cdot 2} + \frac{1}{2 \cdot 3} + \frac{1}{3 \cdot 4} + \frac{1}{4 \cdot 5} + ..... = 1,$$

le nombre des fractions étant infini.

10. On inscrit dans un triangle équilatéral donné la circonférence, puis le triangle équilatéral dans cette première circonférence et la circonférence dans ce second triangle équilatéral, et ainsi de suite indéfiniment ; évaluer la somme des côtés des triangles équilatéraux et la somme des carrés des circonférences.

11. Trouver trois nombres en progression géométrique, tels que leur produit soit 64, et la somme de leurs cubes 584.

12. Trouver trois nombres en progression géométrique, tels que leur somme soit 21 et la somme de leurs carrés 189.

13. Trouver trois nombres en progression géométrique, tels que

leur somme soit 13 et que le rapport de la somme des deux premiers au troisième soit $\frac{1}{3}$.

14. Trouver quatre nombres en progression géométrique dont la somme soit 30 et tels que le rapport de la somme des deux termes moyens au dernier soit $\frac{3}{4}$.

15. Trouver quatre nombres en progression géométrique, connaissant leur somme et celle de leurs carrés.

16. Trouver trois nombres en progression géométrique, connaissant leur somme 195 et la différence 120 entre les extrêmes.

17. Trouver trois nombres en progression géométrique, connaissant leur somme 126 et leur produit 13824.

18. Déterminer la progression géométrique dont la somme des termes est $S_1$, celle des carrés des termes est $S_2$ et celle des cubes des termes $S_3$.

19. Démontrer que les racines de l'équation réciproque du quatrième degré :

$$x^4 - bx^3 + ax^2 - bx + 1 = 0.$$

peuvent être en progression géométrique ; trouver la condition qui doit exister entre $a$ et $b$.

20. Démontrer que les racines de l'équation bicarrée

$$x^4 + px^2 + q = 0$$

peuvent être en progression arithmétique ; trouver la condition qui doit exister entre $p$ et $q$.

III. 1. Résoudre les équations :

$$3^x = 177147 ; \quad 2^x = 18446744073709551616 ;$$

$$\left(\frac{99}{100}\right)^x = 2^3 ; \quad a^{mx} \cdot b^{nx} = c ;$$

$$3^{2x} \cdot 5^{6x-7} = 9^{x-2} \cdot 7^{p-x} ; \quad \sqrt[x]{a} = b ;$$

$$3^{x^2-4x+5} = 1200 ; \quad \frac{1}{5} a^x - \frac{2}{3} = \frac{2a^x}{15} ;$$

$$5 \cdot 4^x + 3 \cdot 2^x = 344 ;$$

$$3^{x^2-13x-5} = 19683 ;$$

$$5^{x-1} + 5^{x-2} + 5^{x-3} + 5^{x-4} = 1739.$$

2. Résoudre les systèmes d'équations :

$$\begin{cases} \log x - \log y = \log n, \\ ax + by = c. \end{cases}$$

$$\begin{cases} \log x + \log y = \log n, \\ 2 \log x - 2 \log y = \log p. \end{cases}$$

$$\begin{cases} x^2 + y^2 = a^2, \\ \log x + \log y = m. \end{cases}$$

$$\begin{cases} x^p = y^q, \\ x^y = y^x. \quad \text{Cas de } p = 2q. \end{cases}$$

$$\begin{cases} (1 + y)^x = 100, \\ (y^4 - 2y^2 + 1)^{x-1} = \dfrac{(y-1)^{2x}}{(y+1)^2}. \end{cases}$$

3. Trouver un nombre tel qu'en divisant son logarithme par 2, on obtienne le même résultat qu'en retranchant log 2 de son logarithme.

4. Trouver un nombre tel qu'en divisant son logarithme par $a$, on obtienne le même résultat qu'en retranchant log $a$ de son logarithme.

5. Trouver $n$ nombres impairs consécutifs dont la somme soit égale à $n^p$.

6. Trouver le logarithme du nombre 256 dans le système dont la base est $2\sqrt{2}$.

7. La somme des termes d'une progression géométrique est 6560, le premier terme 2 et la raison égale à 3, trouver le nombre des termes.

8. Calculer les distances de Neptune et d'Uranus au soleil, sachant que la révolution sidérale de la première planète est de 60127 jours et celle de la seconde est de 84 ans. On prendra pour unité la distance de la terre au soleil.

9. Un joueur engage une mise de $a$ francs à la première partie ; il perd ; il engage ensuite $2a$, il perd, et ainsi de suite toujours en doublant sa mise ; il perd ainsi tout ce qu'il possédait. Il emprunte alors $b$ francs, joue et gagne ; à la partie suivante, il engage $2b$ et gagne ; il engage alors $4b$ et gagne, et ainsi de suite, jusqu'à ce qu'il se retire ; il emporte alors un gain de A francs ; le nombre total des parties jouées est $m$ ; combien de parties ce joueur a-t-il perdues et combien en a-t-il gagnées ? enfin quelle somme possédait-il avant de jouer ?

IV. 1. Pendant combien de temps faut-il placer 24000 francs au taux $0^f,055$ pour avoir $389484^f,70$ ?

2. Trouver ce que devient le capital de 100 francs placé à intérêts composés pendant 39 ans et 183 jours, au taux 0,06.

3. On a à payer $a$ francs dans $n$ années, $b$ francs dans $p$ années et $c$ francs dans $q$ années; quelle somme doit-on payer dans $r$ années, pour s'acquitter de ces trois dettes à la fois, le taux étant $i$ pour un franc?

4. Une personne place chaque année la somme $a$, pendant $n$ années; à la condition que la banque paiera une annuité $b$ pendant les $2n$ années qui suivront les $n$ premières; déterminer la valeur de l'annuité.

5. Démontrer que la formule des annuités, lorsque les paiements ont lieu mensuellement, est :

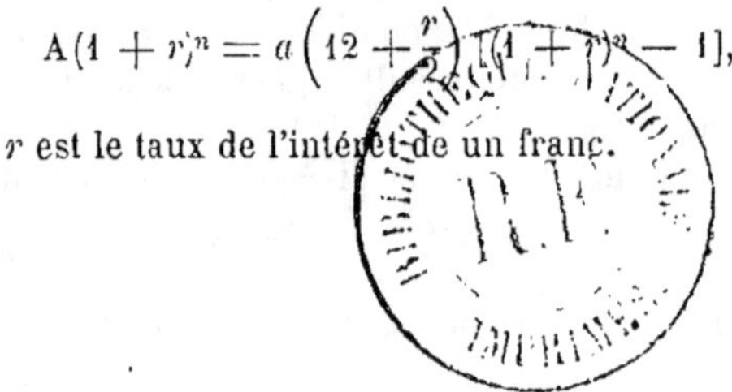

$$A(1 + r)^n = a\left(12 + \frac{r}{2}\right)[(1 + r)^n - 1],$$

$r$ est le taux de l'intérêt de un franc.

FIN

# TABLE DES MATIÈRES

## PREMIÈRE PARTIE

### Du calcul algébrique.

#### CHAPITRE I.

##### CALCUL DES EXPRESSIONS ENTIÈRES.



#### CHAPITRE II.

##### CALCUL DES EXPRESSIONS FRACTIONNAIRES ET DES EXPRESSIONS IRRATIONNELLES.



#### CHAPITRE III.

##### DES IDENTITÉS.

# DEUXIÈME PARTIE

## Résolution des équations.

### CHAPITRE I.

#### ÉQUATIONS DU PREMIER DEGRÉ A UNE INCONNUE.



### CHAPITRE II.

#### RÉSOLUTION DES SYSTÈMES D'ÉQUATIONS DU PREMIER DEGRÉ.



### CHAPITRE III.

#### ÉQUATIONS DU SECOND DEGRÉ.



### CHAPITRE IV.

#### DES ÉQUATIONS A UNE INCONNUE QUI SE RAMÈNENT A CELLES DU SECOND DEGRÉ

# TROISIÈME PARTIE

## Du trinôme du second degré et des questions de maxima et minima.

### CHAPITRE I.

#### ÉTUDE DU TRINÔME DU SECOND DEGRÉ.



### CHAPITRE II.

#### DES MAXIMUM ET MINIMUM.



# QUATRIÈME PARTIE

## Des logarithmes.

### CHAPITRE I.

#### DES PROGRESSIONS.



### CHAPITRE II.

#### DES LOGARITHMES.

## CHAPITRE III.

### APPLICATIONS.



FIN DE LA TABLE DES MATIÈRES

Corbeil. — Typ. et stér. de Crété fils.